アフィリエイト
報酬アップの絶対法則61

トップアフィリエイターの「新常識」と「実践ノウハウ」

株式会社スマートアレック
河井　大志

本書に掲載されている説明を運用して得られた結果について、筆者および株式会社ソーテック社は一切責任を負いません。個人の責任の範囲内にて実行してください。
本書の内容によって生じた損害および本書の内容に基づく運用の結果生じた損害について、筆者および株式会社ソーテック社は一切責任を負いませんので、あらかじめご了承ください。
本書の制作にあたり、正確な記述に努めておりますが、内容に誤りや不正確な記述がある場合も、筆者および株式会社ソーテック社は一切責任を負いません。
本書の内容は執筆時点においての情報であり、予告なく内容が変更されることがあります。また、環境によっては本書どおりに動作および実施できない場合がありますので、ご了承ください。
本文中に登場する会社名、商品名、製品名などは一般的に関係各社の商標または登録商標であることを明記して本文中での表記を省略させていただきます。本文中には ®、™ マークは明記しておりません。

はじめに

　この書籍は、アフィリエイト業界に存在する高額な「アフィリエイトスクール」や「アフィリエイト塾」に匹敵するほどの具体的なノウハウを盛り込んだ内容になっています。

とにかく実践的な内容にこだわっている

　「アフィリエイトとは」や「ASP の選び方や登録のしかた」といった基本すぎる内容は一切掲載しておりません。もっと具体的でトップアフィリエイターが重視するような「季節トレンドの考え方」「1 クリックあたりの報酬額」「アフィリエイト商品の転換率」「1 クリックあたりの広告費用」など、かなり具体的なノウハウについて言及しています。

章	アフィリエイトの種類	具体的な内容
Chapter-1	トップアフィリエイターの新常識	クリック単価を計算して商品を選定する、季節トレンドを押さえるなどの具体的な考え方を身につけます。
Chapter-2	サイトアフィリエイトの法則	記事制作のしかた、SEO 対策のリスク分散方法、サイト更新頻度などのサイトアフィリエイトに必要な情報を学びます。
Chapter-3	ブログアフィリエイトの法則	ブログへの集客ルートの紹介、ブログランキングでの 1 位の取り方、どのような記事を書くべきなのかなど、ブログアフィリエイトの具体的なノウハウを学びます。
Chapter-4	Googleアドセンスの法則	広告クリック率、広告単価、スマホへの対応など、これからアドセンスで稼ぎたいと思っている人にとっては非常に有益なノウハウを学びます。
Chapter-5	PPCアフィリエイトの法則	1 クリックあたりの報酬額という概念やリスティング広告を出すときの広告費用など、かなり技術的なことも含めて学びます。

寝ながら稼げるわけがない！

　アフィリエイト業界ではよく次頁のような過激なキャッチコピーで「アフィリエイトスクール」や「アフィリエイト塾」への勧誘が行われます。

「寝ながら1カ月で月200万円を稼ぐ方法」
「たった30日で1,000万円の借金を返済する方法」
「1日たった20分の作業で毎日5万円振り込まれる方法」

　誤解してほしくないのは、本書には「寝ながらで」や「たった30日で」や「20分の作業だけで」大金を稼ぐようなノウハウは書いていません。もう少し付け加えるなら、そのようなノウハウは存在しません。もし、「寝ながらで」や「たった30日で」や「20分の作業だけで」大金を稼ぐようなノウハウが存在するのなら、多くの人がアフィリエイトで大金を得ているでしょう。

　アフィリエイトで稼ぐには「しっかりとした技術や考え方」が必要なのです。決して大金がすぐに入ってくる裏ワザで稼ぐものではありません。なぜならアフィリエイトは「ビジネス」だからです。

　このような過激なキャッチコピーが広まっているので「アフィリエイトはうさん臭い博打」というようなイメージを持っている人も多いかもしれませんが、アフィリエイトは「サイトを構築し」「商品を宣伝し」「集客活動を行い」「商品が購入されれば企業から手数料」が入ってくるまともなビジネスなのです。

　だからこそ「まともな知識」や「まともな技術」という「まともなノウハウ」が必要になってくるのです。「アフィリエイト」というビジネス分野は情報の流れが速いため、常に勉強し、常に誰かの知識を吸収し続けなければなりません。にもかかわらず、アフィリエイトをしている人の多くは個人なので、高額なセミナーやコンサルを受けてまでアフィリエイトをしたいという人は少ないのです。

　だからこそ、私は「アフィリエイト」という時代の流れが速い分野の書籍を出版するにあたって、長く読者の皆様をサポートするべく「アフィリエイト専門大学」（あとがき参照）を立ちあげました。「儲ける」という概念を捨てて、より多くのアフィリエイターを書籍の中だけで指導するのではなく、長期間にわたって指導することにしました。

　最後になりますが、アフィリエイトというビジネスは「これから収益を得よう」「仕事とプライベートの両立をはかろう」「会社を辞めて独立しよう」「収入を増やして起業しよう」という人にとって最適なビジネスです。

　そんな目標を掲げたみなさんが、1歩でもその目標に近づけるような「アフィリエイトの具体的なノウハウや考え方が掲載された唯一の保存版書籍」にしましたので、ぜひ最後までお付きあいください。

株式会社スマートアレック　代表取締役　河井大志

CONTENTS

はじめに 3

Chapter-1
トップアフィリエイターの新常識　　　　　　　　15

絶対法則 01　クリック単価の高い商品をねらう 16

クリック単価とは　　クリック単価の見方
1つでもクリック単価の高い広告があれば、その商品は期待できる

絶対法則 02　季節のトレンドを確実に押さえる 21

季節トレンドとは　　一般的な季節トレンド一覧をつかんでおく
季節トレンドをねらうメリット

絶対法則 03　お勧めアフィリエイト ASP に登録する 24

お勧めのアフィリエイト ASP はどこ？
まずは1つのアフィリエイト ASP に絞り込む
クローズド案件は魅力がいっぱい

絶対法則 04　人気商品の落とし穴 28

アフィリエイトで人気のある商品とその理由
そのほかの人気のあるアフィリエイト商品一覧
集客の難しさ　　ライバルサイトとの差別化の難しさ
人気商品だけがアフィリエイトで売れる商品ではない

絶対法則 05　サイトアフィリエイトとブログアフィリエイトの違い 32

そもそもアフィリエイトの区分のしかたは？
サイトアフィリエイトの特徴とメリット
ブログアフィリエイトの特徴とメリット
サイトアフィリエイトとブログアフィリエイトのまとめ

絶対法則 06　モンスターサイトの罠 36

初心者が陥りがちなミス　　天才的な人しかつくれないモンスターサイト
まずは5万円稼ぐサイトをつくる！

絶対法則 07　スマホ対応のアフィリエイト商品を選定する 40

アクセスの6～7割はスマートフォンから
スマートフォン対応のアフィリエイト商品を選定する
スマホ対応しなくてもいい業種もある

絶対法則 08　年齢層の高い人が使う商品・サービスを選ぶ 43

ネットでは高くても商品は売れる
インターネット通販を利用している人をターゲットにする
若者向けの商品は承認率が落ちる

絶対法則 09　リード型アフィリエイトは転換率が高い 47

「転換率」は大事な指標
転換率が高い「リード型アフィリエイト」とは
転換率が高くても承認率が低い場合もあるので要注意！
特別単価プラス承認率の特典がある

絶対法則 10　お試し・サンプル商品の転換率 50

お試し・サンプル商品をアフィリエイトするメリット
魅力的な全額報酬
実際に使ってからアフィリエイトすることができる

絶対法則 11　お悩み関連商品の強さとは 54

人には言えない悩みとは　　ネットで購入する人が多い
詳しい情報を掲載することで、転換率が大幅にアップする

絶対法則 12　情報商材をアフィリエイトする難しさ 57

アフィリエイターなら知っている「情報商材」の特徴
自分にブランド力がないと売れない
アフィリエイトする情報商材の多くが詐欺まがい？

絶対法則 13　ランディングページへの誘導で転換率をアップ 61
ランディングページとEC型サイト
なぜランディングページの転換率は高いのか
EC型ページへの誘導　　EC型ページの転換率が低い3つの理由

絶対法則 14　アフィリエイター同士の情報共有戦略 66
そもそもアフィリエイトをはじめる動機とは
稼いでいる人はアフィリエイト仲間が多い
情報交換はアフィリエイト報酬への高速道路

絶対法則 15　トップアフィリエイターが投資していること 69
投資するメリットと勇気
あなたの時給はいくらなのか、よく考えてください
自分でやるべき作業を線引きする
　コラム　稼げているアフィリエイターの比率 73

Chapter-2
サイトアフィリエイトの法則　　　　　　　75

絶対法則 16　アフィリエイトのためのサイトにならない 76
アフィリエイトのためのサイトと情報コンテンツ提供型のサイト
上位表示は1つのブランド
Googleも目をしかめる事態になる

絶対法則 17　サイトアフィリエイトの記事制作方法 79
転換率の上がるサイト記事　　悩みを解決するための記事
その商品・サービスを使った体験談　　ニッチな情報を提供している記事
記事タイトルの決め方　　記事中に入れるキーワード

絶対法則 18　サイトデザインと配置 85
左カラムとメニューバー　　サイトデザインは青基調にする
サイトデザインはどこまでこだわればいいのか

絶対法則 19　サイトアフィリエイトで使用する写真 88

写真はアフィリエイト広告で配布されているものでいい
記事中に写真を使用するのは効果的？
無料サイトのフリー素材を使う

絶対法則 20　SEO対策に理想的なサイトボリュームって何だ？ 91

サイトボリュームと被リンクの関係
「サイトボリュームが大きいサイト」＝「被リンク数が多いサイト」
最低限必要なサイトボリューム
理想的なサイトボリューム

絶対法則 21　Googleへの配慮と客観的コンテンツ 95

何でもかんでも「お勧めですよ」は信頼されない
きちんとデメリットも記載する
ほかのサイトと差別化する方法
Googleへの配慮も忘れないで

絶対法則 22　1サイト5万円のサイトを複数維持する 99

稼げるキーワードは飽和状態
常に1つのサイトのSEO対策に追われてしまうスパイラルに陥る
モンスターサイトは知識と忍耐力が必要
リスクを分散するという考えがアフィリエイトにも必要

絶対法則 23　被リンク対策におけるリスク分散のしかた 102

あくまでも被リンク対策をせずに魅力的なコンテンツ
被リンクが似通っているとどうなるか
被リンク元の分け方

絶対法則 24　最適な更新頻度と内容。そして更新できないときの対策方法 106

サイトの更新はSEO対策に関係してくる
更新頻度は2週間に1度や1カ月に1度程度でいい
更新用記事の内容は読者に有益なものに
どうしても有益な記事を絞り出せないときは
更新用記事にはアフィリエイトリンクを張らない

| 絶対法則 25 | アフィリエイトリンクの張り方と注意点 .... 109 |

アフィリエイトリンクのダメな張り方
アフィリエイトリンクの理想的な張り方
アフィリエイトリンク以外のリンクが大切な理由

| 絶対法則 26 | サイト内部のペナルティ❶
〜商品ページと自社ページ編〜 .... 113 |

コピペ記事ではないのに警告が来る？
商品ページと自社ページが似ているとどうなるか？
ペナルティを回避するには独自コンテンツを増やす

| 絶対法則 27 | サイト内部のペナルティ❷
〜ほかのアフィリエイトサイトとの違い編〜 .... 116 |

ほかのアフィリエイトサイトだってがんばっている
ありきたりなコンテンツはペナルティ対象になる
デメリットを書いたり、写真つき記事などで独自性を出す

| 絶対法則 28 | サイト内部のペナルティ❸
〜自動生成編〜 .... 121 |

アフィリエイトリンクの自動生成
自動ページ生成・自動的に生成されたコンテンツ
被リンクも自動化してしまう
共通していえるペナルティ問題

| 絶対法則 29 | 稼げるサイトアフィリエイトの記事例 .... 125 |

サイトアフィリエイトの記事例❶　　サイトアフィリエイトの記事例❷
サイトアフィリエイトの記事例❸
コラム　芸能人がブログで稼ぐときの方法 129

Chapter-3
ブログアフィリエイトの法則　　　　　　　131

| 絶対法則 30 | ブログと運営者のブランディング戦略 .... 132 |

キャラ立ちしてブログをブランディング
ブログ運営者のブランディングテクニック

信頼感・安心感を与える記事制作のテクニック
文字数や色使いで読みやすい記事形式にする

絶対法則 31　情報提供の「速さ」「新鮮さ」「更新頻度」 137

ブログは更新していることが大前提　　ブログの訪問者はリピーターが多い
得意分野はブログアフィリエイトで、不得意分野はサイトアフィリエイトにする
頻繁に更新する裏ワザ

絶対法則 32　ブログアフィリエイトで使用する写真 140

届いたときの写真　　使用しているときの写真
申し込み完了時、サービスを利用したときの写真も効果的

絶対法則 33　さまざまな集客ルートを確保する 144

とにかく集客方法の幅を拡げる　　ブログアフィリエイトのリスク分散方法
まずは面白い情報を発信し続けること

絶対法則 34　ブログアフィリエイトの SEO 対策 148

トップページは SEO 対策をしなくてもいい
急上昇キーワードをねらう　　急上昇キーワードの見つけ方
急上昇キーワードの手軽な見つけ方

絶対法則 35　メルマガを有効活用する 153

今でもメルマガの効果はあるの？　　メールマガジンスタンドの紹介
読者が読みたくなるメルマガのつくり方

絶対法則 36　ブログランキングに登録する 158

ブログランキングとは　　ブログランキングの効果
ブログランキング会社紹介

絶対法則 37　ブログランキングを操作する方法 162

ブログランキングのランキング決定方法
ブログランキングを操作する方法 ❶「クリック代行」
ブログランキングを操作する方法 ❷「トラフィックエクスチェンジ」
裏ワザのデメリットを考える

| 絶対法則 38 | 同じジャンルのブログへコメントをする .... 167 |

同じジャンルのブログへアピールする　　コメントをするブログの選別のしかた
自動でコメントまわりをしてくれる「コメントまわりツール」は無意味
あからさまな宣伝は嫌われる
ほかのブログのコメントからユーザーを引き込む方法

| 絶対法則 39 | ほかのブログへの賞賛リンクを張る .... 172 |

同じジャンルのブログからリンクを受けることはアクセスが濃い
愛は与えてこそ受けることができる
結果的にユーザビリティが高くなりアクセスも増える
リンクをしてほしいときの連絡方法

| 絶対法則 40 | Q&Aサイトを活用する .... 178 |

Q&Aサイトからの誘導方法　　FAQサイトのメリット
Yahoo!知恵袋で優先的に回答する質問
ありきたりなステルスマーケティングはしない

| 絶対法則 41 | アフィリエイトには、無料ブログとWordPressはどちらがいいのか .... 185 |

無料ブログのメリット・デメリット　　商用利用できるブログ一覧
WordPressとは　　WordPressのメリット・デメリット
WordPressにお勧めな環境

| 絶対法則 42 | ブログアフィリエイトの記事例 .... 190 |

ブログアフィリエイトの記事例❶　　ブログアフィリエイトの記事例❷
ブログアフィリエイトの記事例❸
　コラム　「情報商材」と「一般書籍」の違い 194

Chapter-4
Googleアドセンスの法則　　195

| 絶対法則 43 | Googleアドセンスならコンテンツを自由に決められる .... 196 |

アドセンスのしくみ　　自分の得意分野で稼ぐことができるのがアドセンス
かなりニッチな情報を提供できる

絶対法則 44　Google アドセンスをやるなら人気アフィリエイト分野には手を出すな 200

Google アドセンスのデメリット　　ライバルが多いコンテンツは避けるべき
通常のアフィリエイト分野以外なら集客が簡単
引越し屋、葬儀屋、結婚式場だって儲かっている
ニッチな情報でなくても満足度が高い情報になる
ほかのサイトとコンテンツが重複する可能性が低い

絶対法則 45　Google アドセンス広告のクリック率とクリック単価 205

Google アドセンス広告の平均クリック率
Google アドセンスの広告には、テキスト広告とイメージ広告の 2 種類がある
Google アドセンス広告の平均クリック単価　　Google アドセンスの収益の計算方法

絶対法則 46　クリック単価の高い広告を表示する方法 209

もう一度、Google アドセンス広告のおさらい
クリック単価の高い広告を表示させる方法　　Google キーワードプランナーの使い方
Google アドセンスのアフィリエイト報酬の計算方法
クリック単価の高い広告のメリット・デメリット

絶対法則 47　はてなブックマーク戦略 ～まとめ記事の威力～ 215

はてなブックマークの活用方法　　爆発的な集客力が期待できる
SEO 的にも効果抜群　　「紹介したいコンテンツ」と「保存したいコンテンツ」
はてなブックマークされやすいコンテンツ

絶対法則 48　SNS を活用しやすい Google アドセンス 221

SNS で広まりにくいコンテンツ　　SNS で広まりやすいコンテンツ
Twitter と Facebook は広まりやすいコンテンツが違う

絶対法則 49　Google アドセンスは「テキスト広告」と「ディスプレイ広告」 225

テキスト広告の特徴　　ディスプレイ広告の特徴
お勧めの設定方法　　お勧めの広告サイズ

絶対法則 50　アドセンス広告が最もクリックされる方法 ～PC サイト編～ 229

Google が提供しているヒートマップとは
ヒートマップと推奨広告で最もクリックされやすくする
理想のサイト構成はこうなる

絶対法則 51
アドセンス広告が最もクリックされる方法 ～スマホサイト編～ 233

スマホではアドセンス広告がとにかく目立つ
スマホサイトの広告配置場所と推奨広告
画面上に2つの広告が表示されないようにする！
多い押し間違いが、ちゃんと報酬につながる

絶対法則 52
Google アドセンスで絶対にしてはいけないこと 238

唯一、突然アフィリエイトできなくなるアフィリエイト
なぜアフィリエイトできなくなるのか
禁止事項に書かれているコンテンツが書かれていないか
知らず知らずのうちに書いてしまう禁止コンテンツ
ファーストビューが広告ばかりのサイト構成は NG　　自分でクリックする行為
広告なのかどうかわからない表示方法も NG
クリックしてくださいという表示も NG

コラム 稼げたアフィリエイターのその後 245
コラム ブラックアフィリエイトとホワイトアフィリエイト 246

Chapter-5
PPC アフィリエイトの法則　　　　　　　　　247

絶対法則 53
PPC アフィリエイトのサイトはペラページ 248

PPC アフィリエイトとは　　ペラページの見本と集客方法
自分のサイトは誘導係をするだけでいい
訪問者1人ひとりに必ずお金がかかっているのが PPC アフィリエイト
商品ページをブックマークしてくれる　　口コミページを見て購入
価格ドットコムや楽天、アマゾンは驚異になるのか？

絶対法則 54
比較サイトで PPC アフィリエイト 253

比較サイトで PPC アフィリエイト　　商品の情報以外を与えない
ランキング形式で表示する　　多くの商品を購入するように仕向ける

絶対法則 55
PPC アフィリエイトの理想的な記事と写真 256

PPC アフィリエイトで使用する記事は商品ページにヒントがある
商品ページから引用する理由　　余計なひと言やデメリットなどは不要
写真は不要。ASP から配布されているバナーで十分

絶対法則 56 1クリック50円以上の報酬とクリック単価50円以下の広告 259

1クリック50円以上の報酬のおさらい　　PPCアフィリエイトのからくり
絶対に欲ばらないこと、強気になりすぎないこと

絶対法則 57 報酬額が1,000円以上のアフィリエイト商品をねらう 262

報酬額が大きいほどチャンスが増える　　報酬額が1,000円以上の商品がねらい目
サンプルやお試し品もねらい目

絶対法則 58 1クリックあたりの具体的な報酬額の計算方法 264

1クリックあたりの具体的な報酬額の調べ方
報酬額は1カ月以上測定して計算する
初心者は1クリックあたり50円以上の広告費は避ける

絶対法則 59 プロモーション広告に使う広告キーワードの選び方 267

絶対に使用してはいけないキーワード
[確認] PPCアフィリエイトは情報提供するべきではない
転換率の高いキーワードとは
キーワードの「完全一致」と「部分一致」の違いとは
部分一致のメリット、デメリット　　完全一致のメリット、デメリット

絶対法則 60 プロモーション広告のつくり方 271

広告文と広告タイトルに入れるべきキーワード
広告文と広告タイトルに入れてはいけないキーワード
プロモーション広告で1位はねらうな　　ユーザーの行動原理
5位前後をねらうことで広告費を削減

絶対法則 61 PPCアフィリエイトで気をつけること 275

唯一、赤字になる恐れのあるのが「PPCアフィリエイト」
リスティングNGのアフィリエイト商品
リスティング「一部可能」のアフィリエイト商品
明らかにおかしなアフィリエイトプログラム
[コラム] アフィリエイトと税金対策 278

あとがき 279

Chapter - 1

トップアフィリエイターの新常識

実際のアフィリエイト作業に入る前に、トップアフィリエイターの考え方やアフィリエイト商品の選び方などをしっかりと認識することで、Chapter-2 以降の作業に大きな差が出てきます。

絶対法則 01 クリック単価の高い商品をねらう

通常のアフィリエイト報酬は、商品が売れてから報酬が発生するので、アフィリエイトリンクのクリック率と報酬の発生状況から「クリック単価」を計測することができます。ということは「クリック単価」が高い商品を選定すれば、稼ぎやすくなるということです。

| 重要度 | ★★★★★ | 難易度 | ★☆☆☆☆ | 対応 | HTML | 無料ブログ | WordPress |

クリック単価とは

　Googleアドセンスを使用したアドセンスアフィリエイトは、アドセンス広告が1クリックされれば○○円という報酬が発生するので、「クリック単価」という考え方をします。ところが一般的なアフィリエイト報酬は、自分のアフィリエイトリンク経由で商品の購入が確定した時点で報酬が発生するので、基本的に「クリック単価」という概念はありません。

　しかし報酬額をクリック数で割ることで、クリック単価を計算することが可能になります。

● クリック単価の求め方

> 例　アフィリエイトリンクを100クリックされて1,000円の報酬が1件発生した場合
> 　　報酬額　÷　クリック数　＝　クリック単価（1クリックあたりの報酬額）
> 　1,000円 ÷ 100クリック ＝ 1クリック10円

　クリック単価を上げるには「少ないクリック数で報酬が発生する商品を選定（売れやすい商品を選定）」するか「報酬額が高いアフィリエイト商品を選定」する必要があります。

　つまり次のようにすれば、クリック単価は上がります。

● 報酬額が高いアフィリエイト商品を選定する

> **例** アフィリエイトリンクを 100 クリックされて 10,000 円の報酬が 1 件発生した場合
>
> 10,000 円 ÷ 100 クリック ＝ 1 クリック 100 円

● 売れやすいアフィリエイト商品を選定する

> **例** アフィリエイトリンクを 10 クリックされて 1,000 円の報酬が 1 件発生した場合
>
> 1,000 円 ÷ 10 クリック ＝ 1 クリック 100 円

クリック単価の見方

　では実際に、クリック単価の高いアフィリエイト商品を選定するにはどのようにすればいいのでしょうか？　確かにアフィリエイト報酬が高い商品を選定することは可能ですが、「売れやすいアフィリエイト商品」を選定するのは至難の技です。そこで参考にしたいのが「A8.net」というアフィリエイトASPで公開されている指標です。

　「A8.net」とはアフィリエイトASPの中で最も有名なアフィリエイトASPです。ほかのお勧めASPについては 絶対法則03 でお話しします。

● **アフィリエイトサービス A8.net**

　http://www.a8.net/

　株式会社ファンコミュニケーションズが運営するアフィリエイトASPです。初心者でも使いやすい管理画面が用意されているため、これからアフィリエイトをはじめる人にも最適です。またアフィリエイトするための広告もバナー広告、テキスト広告、メルマガ広告と豊富に用意されており、簡単にアフィリエイトすることができるのでお勧めです。

「A8.net」の管理画面にログインしたら、アフィリエイトしたいプログラムを検索します（提携しているとします）。「関連情報」の欄にある「広告リンク作成」というボタンをクリックすると、たくさんの広告が表示されます。各広告の一番右側にある「報酬発生額／クリック」欄の数字がクリック単価の指標となります。

あるアフィリエイト商品の「報酬発生額／クリック」が、下の例のように**「50以上」と表示されていたとします。これは「1クリックあたり50円以上の報酬が見込めますよ」ということ**です。この数値は50円以上のクリック単価の場合は「50以上」と表示され、クリック単価が50円以下のものは「30」や「10.08※」などのように詳細に表示されます。

※「10.08」は「1クリックあたり平均で10.08円の報酬ですよ」ということです。

● A8.netにおける1クリックあたりの報酬発生額の見方

ここで1つ注意してほしいのが、**「50以上」と表示されているものは「50円以上」のクリック単価ということなので、クリック単価が500円の場合もあれば1,000円以上の場合もあり、高い報酬が期待できる商品である**ということです。

逆にこの数値が「30」などのような表記の場合は、「30円以上」という意味ではなくて平均でクリック単価が30円ということなので、報酬があまり期待できない商品ということになります。

1つでもクリック単価の高い広告があれば、その商品は期待できる

　アフィリエイト商品の「広告の種類」によっても、クリック単価が異なる場合があります。

● 同じ商品でも広告によってクリック単価が違う

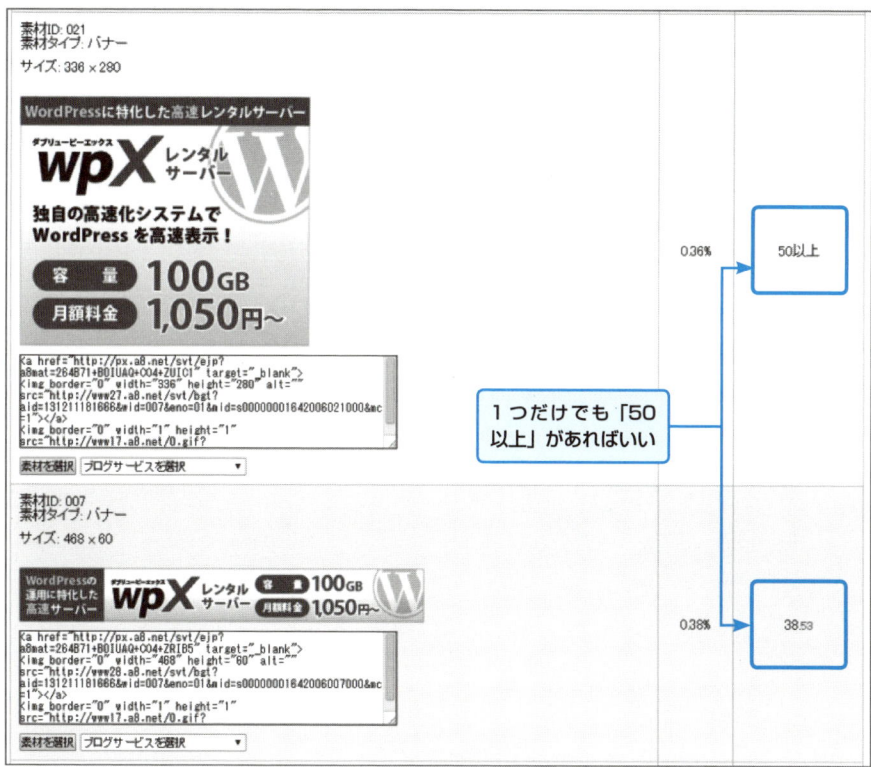

　同じアフィリエイト商品でも、上の広告はクリック単価が「50以上」と表示されていますが、下の広告は「38.53」と表示されています。この場合、下の広告が「38.53」と1クリックによる報酬があまり期待できる数値ではないので、この商品をアフィリエイトしないほうがいいのかといえば、そういうことではありません。1つの広告だけでも「50以上」と表示されているものがあれば問題

ありません。

　アフィリエイトする際、広告主はたくさんの広告画像を用意していますが、アフィリエイターは１番上から順に使用していく傾向にあり、下のほうに表示される広告をあまり使用しないので自然とクリック単価が下がっているだけです。よって、１つでも「50以上」の広告があれば問題ありません。

1 クリック単価という概念を考えろ
2 ASPの指標を巧みに使いこなせ
3 「報酬発生額／クリック」が「50以上」の商品をアフィリエイトしろ

絶対法則 02　季節のトレンドを確実に押さえる

商品やサービスには、必ずといっていいほど「季節需要」というものが存在します。この季節需要が伸びる期間は、ほかの期間と比べて季節ごとの商品が売れやすく、アフィリエイト報酬も伸びやすくなります。

| 重要度 | ★★★★★ | 難易度 | ★★★★☆ | 対応 | HTML | 無料ブログ | WordPress |

季節トレンドとは

　極端な例ですが、チョコは2月に大幅に売上を伸ばします。もちろんほかの時期にまったく売れないというものではありませんが、2月とそのほかの月では売上の差が歴然です。またカーネーションは母の日の5月にしか売れないといっても過言ではありません。もちろんカーネーションのように「5月にしか売れない」という商品はあまりなく、通年を通して売れるものがほとんどですが、**各商品・サービスには、必ずといっていいほど「季節需要」が存在します。**

1 季節トレンドを知らずに、時期がすぎてからはじめたのでは……

　この季節トレンドといわれるものを押さえておかないと、アフィリエイトは非常に効率が悪くなります。たとえば「バイク好きだから」という理由で、やみくもに「バイクの買取依頼」のアフィリエイトをはじめたとします。バイクは、4月に所有していれば税金がかかるので、バイクを売却したい場合、3月までに売却しようと考えている人がほとんどです。もちろん4月以降に売却する人もいますが、3月に比べると相当落ち込みます。そうとは知らずに、4月や5月からバイクの買取のアフィリエイトをはじめても報酬は一向に上がらず、「バイク買取のアフィリエイトは稼げないから、ほかの商品をアフィリエイトするか」とあきらめてしまうかもしれません。そうしたら、また一からサイトを新しく立ち上げることになってしまいます。

2 季節トレンドを知らずに、波に乗ってはじめたのはいいけれど……

　また逆に、2月からアフィリエイトをはじめた場合、3月にアフィリエイト報酬が伸びはじめて喜んでいると4月に入ってから一気にアフィリエイト報酬が落ちてしまい「なぜ報酬が上がらないのか」わからないので、困惑してしまいます。

こうなると「もっとサイトのデザインをきれいにしよう」「魅力的な記事を発信しよう」という勘違いを起こして、努力はするものの需要期はすぎているため、いくら魅力的なサイトになってきても需要期の3月ほど売上が上がらず、時間とお金の無駄をしてしまうことにもなりかねません。

一般的な季節トレンド一覧をつかんでおく

ではここで、一般的な季節トレンドを紹介しておきます。もちろん下記以外にもたくさんの季節トレンドが存在しますが、アフィリエイト商品の多い分野に絞って、季節トレンド商品を一覧にまとめてみました。

● 季節トレンド一覧

1月	資格の取得、受験、保湿化粧品、成人式
2月	バレンタイン、ひな祭り、恵方巻き
3月	引越し、花粉症、バイクの買取、ホワイトデー
4月	引越し、花粉症、GWの旅行、資格取得
5月	母の日、美白化粧品
6月	冷え性、除湿、むくみ
7月	エステ、脱毛、冷え性
8月	旅行、美白化粧品
9月	レジャーグッズ、ハイキング、敬老の日
10月	衣替え、ブランド品買取
11月	保湿化粧品、風邪の予防
12月	掃除グッズ、旅行、おせち料理、かにの通販、クリスマス

まず、「季節トレンド」があるということだけはしっかり認識しておきましょう。知っていると知らないとでは、確実に結果が違ってきます。

季節トレンドをねらうメリット

季節トレンドをねらうメリットは、ライバルが少ないからです。

季節トレンドというと「その時期しか売れない」という思い込みがあるため、多くのアフィリエイターは敬遠しがちです。つまりほとんどのアフィリエイターは、1年を通して平均的に売れる美容関連などの商品やサービスをアフィリエイ

トしようと思っているのです。確かにこの考え方は間違ってはいませんが、このような考え方を持っているアフィリエイターがたくさんいるので、1年を通して売れる商品は必然的にアフィリエイトサイト同士の競争が激しくなってしまいます。たとえば、ほかのサイトよりデザインや情報量を多くしなければならない、SEO対策でより多くの予算をかけてSEO対策をしなければならないということが起こってしまうのです。

⚠ 稼げるアフィリエイターがやっていること

　稼いでいるトップアフィリエイターは、もちろん通年売れる商品をアフィリエイトしているサイトを持っていますが、**季節トレンドにあわせたサイトを複数持っていて、その時期に稼げるサイトから報酬を得る**ということをしています。これらのサイトはライバルサイトが少ないので効率的に集客することができますし、集客したサイトはライバルサイトが少ない分、サイト内をじっくり見てくれる確率が高くなるので、アフィリエイトリンクをクリックしてくれやすくなるのです。

　また、**新規でアフィリエイトサイトをつくる場合でも、2カ月先の季節トレンドを見込んでサイトを仕込んでおく**ようにします。サイトができあがってすぐに稼ぐということをして効率化を図っています。

　1年12カ月ごとの季節トレンドを押さえているサイトを持っていると、毎月1つのサイトが爆発的に稼ぐので、ほかのアフィリエイターよりも多く稼ぐことができるのです。

1. 季節トレンドを理解しろ
2. 季節トレンドをねらったアフィリエイトサイトは少ない
3. 1年12カ月、毎月季節トレンドをねらえるサイトをつくれ

絶対法則 03 お勧めアフィリエイトASPに登録する

アフィリエイトASPとは、広告を掲載したい人（アフィリエイター）と広告を出したい企業（広告主）を仲介する業者のことです。アフィリエイトをするときは、まずこのアフィリエイトASPに登録しなければなりません。

重要度 ★★★☆☆　難易度 ★☆☆☆☆　対応 HTML 無料ブログ WordPress

お勧めのアフィリエイトASPはどこ？

最近ではアフィリエイトASPも独自色を強めるために、他社に掲載されていないユニークな商品をアフィリエイトできるようにしたり、報酬を支払う際の最低限度額を低くしたりと差別化を図っています。ですから、さまざまなアフィリエイトASPを比較しましょう。

現在では多数のASPが存在していますが、その中でも、ただ単にアフィリエイトASPとして存在しているのではなく、ほかのASPと差別化を図っている有力なASPを紹介していきたいと思います。

● **A8.net**
http://www.a8.net/

アフィリエイトできる商品も多く、種類も豊富なので、A8.netに登録さえしておけば困ることはありません。またとてもわかりやすい管理画面なので、初心者でも簡単にはじめることが可能です。加えてアフィリエイトセミナーなども積極的に行っているので、どんどん参加することで、いろいろなトレンドやテクニックを見つけることができます。

● リンクシェア
http://www.linkshare.ne.jp/

三井物産の子会社リンクシェアと楽天の子会社トラフィックゲートが合併して、現在ではアフィリエイトASPとしては最大手となりました。また報酬額は1円からの支払いになるので、繰り越されることがありません。トラフィックゲートは以前から金融系のアフィリエイトに強いので、報酬が高いアフィリエイト商品も多数存在しています。

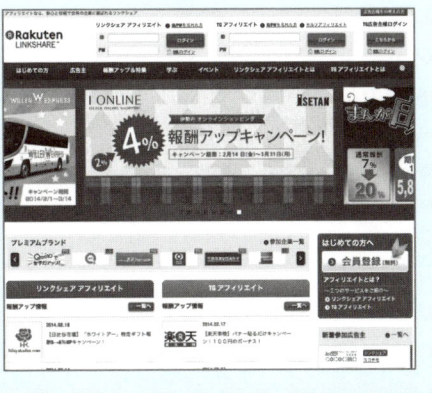

● バリューコマース
http://www.valuecommerce.ne.jp/

実は1999年に、日本で一番はじめに登場したアフィリエイトASPです。老舗だけに、有力ブランドもアフィリエイトすることができます。Yahoo! JAPANと提携しているのでYahoo!ショッピングやヤフオクなどのアフィリエイトをすることも可能です。

まずは1つのアフィリエイトASPに絞り込む

どのアフィリエイトASPにするのかは、自分がアフィリエイトしたい商品や分野、手法によって選定すればいいと思います。またどのような商品があるのかを見るために、**まずはすべてのアフィリエイトASPに登録する**のがいいでしょう。

しかし実際にアフィリエイトをはじめるときは、1つのASPに絞り込むようにします。なぜなら、**1つのASPに絞り込んで、より多くの報酬を発生させることにより、ASPの担当者とつながることができる可能性が出てくる**からです。

アフィリエイトASPもさまざまな企業から広告を依頼されているため、報酬がどんどん上がっているアフィリエイターには、もっと広告主の商品やサービスを紹介してもらい売ってほしいと思っています。

そこで、ある程度報酬が上がってくると、アフィリエイトASPから「今、こういう商品が売れているので、アフィリエイトしてください」「この商品に力を入れて売ってほしいので、特別単価を出すから積極的に売ってください」といった連絡が来て、結果的にほかのアフィリエイターよりも多くの報酬を得ることができるようになります。

ちなみに**特別単価とは、通常、商品を販売すると報酬額が1,000円入ってくるというアフィリエイト商品があった場合、1件1,000円の報酬額ではなく特別に1件2,000円でアフィリエイトできるなど、報酬単価が上がることです。**

トップアフィリエイターになれば、通常単価でアフィリエイトするよりも特別単価でアフィリエイトすることのほうが多くなる場合もあります。

⚠ ほかのASPよりも報酬額が安い場合はどうする

「稼いでいるアフィリエイター」とASPに認識してもらうには、そのASPでどれくらい稼いでいるのかが重要になります。複数のアフィリエイトASPに登録して各ASPからの報酬が10万円ずつあるよりも、1つのASPで30万円の報酬が上がっているほうが、ASP側から見ても「販売力のあるアフィリエイター」と認識されやすくなります。

自分が1度決めたASPの報酬額が、たとえほかのASPよりも少なかったとしても、長期的な利益を考えればがまんしてそのASPを利用するのが得策なのです。

クローズド案件は魅力がいっぱい

アフィリエイトにはクローズド案件というものがあります。アフィリエイトは誰でもはじめられますが、**クローズド案件とはある特定の人しかアフィリエイトできない商品やサービス**です。

たとえば、ASPの管理画面でアフィリエイト商品を選ぶ際に、一般のアフィリエイターも「アフィリエイトしたい」とそのアフィリエイトプログラムに提携

を申し込むことができるのですが、なぜか審査で落ちてしまうという案件があります。たいていの商品は、アダルトサイトではないかといった簡単な審査だけ行われるので、すぐにアフィリエイトをはじめることができるのですが、一部のアフィリエイトプログラムは、ブランドイメージを大切にするために審査が厳しい場合があります。

　ブランドイメージを大切にするという理由は理解できるのですが、そこまで審査を厳しくしなくてもいいのではないかという商品もたまに見受けられます。これらのアフィリエイト商品は、一応、一般のアフィリエイターも申し込むことはできるのですが、審査を通過させずに、有力なアフィリエイターだけにアフィリエイトしてもらいたいという商品だったりします。

　このようなクローズド案件は、ほかのライバルが少ないために集客がしやすいという特徴があります。また、管理画面には出てきていないアフィリエイト商品などのクローズド案件もあります。

⚠ 企業から直接打診が来ることもある

　そのほかにも、ある1つの商品を集中的にアフィリエイトしていると、ある企業から直接「弊社の商品もアフィリエイトしてほしい」という連絡が来る場合があります。たとえばAという美白化粧品をアフィリエイトしていて、すごく売れているとします。すると、Aとはライバル関係のBという化粧品を販売している企業から連絡が来て、「Aの報酬額よりも高い報酬を出すからBをアフィリエイトしてくれないか」という打診があるのです。

　こういった場合、Bという化粧品はどのASPでも登録されていないということが多く、これも1つのクローズド案件になります。特別単価やクローズド案件は、通常の報酬額よりも1.5～2倍の報酬額ということが多いので、一気にアフィリエイト報酬を増やすことが可能になるのです。

1. まずはさまざまな ASP に登録しろ
2. 1つの ASP に絞り込め
3. 特別単価や企業からのアプローチで報酬アップをねらえ

絶対法則 04 人気商品の落とし穴

アフィリエイトしやすい商品、つまり紹介しやすい商品は、商品を紹介したり、特化したサイトを構築すること自体は簡単なのですが、ライバルサイトと差別化するのが非常に難しく、ライバルが多くなるのがネックになります。

重要度 ★★★★☆　難易度 ★★★☆☆　対応 HTML　無料ブログ　WordPress

アフィリエイトで人気のある商品とその理由

　アフィリエイト商品で人気のあるのは、何といっても**美容関連の商品**です。美容関連のプログラムは非常に多く、「A8.net」でも美容関連のアフィリエイトプログラムが半分程度占めているといっても過言ではありません。

　美容関連の商品は、主婦でもブログで簡単に紹介できるので、美容関連の商品を中心にアフィリエイトしているアフィリエイターもたくさんいるのが特徴です。

　また、美容関連の企業の多くがアフィリエイトプログラムに参加している実情があります。直接お肌につけるものやサプリとして飲用するものが多く、健康や体に関連する商品なので、消費者は口コミや使用感などをしっかりと見てから購入するという特徴があります。そういったことから、**美容関連の企業もアフィリエイトという広告方法に力を入れている**のです。

そのほかの人気のあるアフィリエイト商品一覧

　美容関連以外では「**転職**」「**看護師の求人**」「**クレジットカード**」「**FX口座開設**」「**キャッシング**」といった報酬単価の高いプログラムに人気があります。これらのアフィリエイト報酬は1件につき1万円以上という高額報酬が多いため、クリック単価を上げることができるので人気があります。

● 人気のあるアフィリエイト商品一覧

- 美容関連商品
- 転職サイト

- 看護師の求人
- クレジットカード作成
- キャッシング（消費者金融申し込み）
- FXや株の口座開設
- コミュニティサイト
- ウォーターサーバー

　また、現在では「**コミュニティサイト**」と呼ばれていますが、昔の言い方でいえば「出会い系サイト」も人気があります。無料登録してもらうだけで、1件あたり2,000～3,000円程度の報酬を得ることができるので人気があります。
　そのほか、ニッチなところでは「**ウォーターサーバー**」も意外と人気が高い商品です。多くのウォーターサーバー会社がアフィリエイトプログラムに参加しているので、比較サイトがつくりやすいのが大きなポイントです。

集客の難しさ

　アフィリエイターに人気の商品は、「集客」という観点から難しくなります。たとえばSEO対策をして集客する場合、競合ひしめくキーワードでSEO対策をするわけですから、かなり力を入れてSEO対策をしなければ上位表示をすることができません。また上位表示が達成されたとしても、次から次へとライバルがSEO対策をしてくるので、放っておけばどんどん順位が落ちていてしまうということにもなりかねません。
　リスティングで集客する場合も、多数のサイトがリスティング広告を出稿しているので、1クリックあたりの広告単価が高くなって広告費用が高くつきます。美容関連では1クリック100円以上するキーワードも多数存在するので、このような広告費用で集客してアフィリエイト報酬が上がったとしても、広告費用がアフィリエイト報酬より高くなってしまうということになりかねません。

ライバルサイトとの差別化の難しさ

　またライバルサイトが多い分、サイトのコンテンツ自体も差別化しなければなりません。たとえば美白化粧品のアフィリエイトサイトであれば、「美白になるには」「美白化粧品の効果」「紫外線対策」「美白になれる栄養素」といったありきたりのコンテンツではほかのアフィリエイターも紹介しているので、サイトを

訪れる訪問者に「このサイトは美白について詳しく書いてあるわ」なんて思ってもらえません。

　さらに、ライバルが多いと「体験談」や「商品ランキング」「商品の特徴」といった本来は特徴的なコンテンツになる内容でさえも、ほかのサイトと類似してしまう傾向にあります。よってこれらの**人気商品でアフィリエイトをする場合は、ほかのサイトといかに差別化したコンテンツを掲載するのかがポイント**になってきます。

● アフィリエイト商品はここをねらう

人気商品だけがアフィリエイトで売れる商品ではない

　アフィリエイターに人気がある商品しか稼げないのかといえば、そうではありません。ただ単にアフィリエイターが紹介しやすいだけということなので、それ以外の商品でも十分稼ぐことはできます。

　人気商品以外の稼げる商品の見つけ方は、 絶対法則01 のクリック単価を参考にしたり、 絶対法則02 の季節トレンドを参考にしながら見つけていくようにします。

　また 絶対法則03 で紹介したASPの中で、1つのASPしか取り扱っていないという商品もライバルが少なくてお勧めです。

1. 人気商品は集客が難しい
2. いかにコンテンツで差をつけるかがポイント
3. ニッチな商品をねらうのも1つの戦略

絶対法則 05 サイトアフィリエイトとブログアフィリエイトの違い

さまざまなアフィリエイトがありますが、「サイトアフィリエイト」と「ブログアフィリエイト」は、非常に人気のあるアフィリエイト方法です。ここでは、2つの方法の違いや特徴をお話しします。

重要度 ★★☆☆☆　難易度 ★★★☆☆　対応 HTML　無料ブログ　WordPress

そもそもアフィリエイトの区分のしかたは？

　世の中には「サイトアフィリエイト」「ブログアフィリエイト」「メルマガアフィリエイト」「アドセンスアフィリエイト」「PPCアフィリエイト」「SNSアフィリエイト」「情報アフィリエイト」「アダルトアフィリエイト」など、多数のアフィリエイト方法が存在します。

　その区分のしかたは、「集客方法」や「アフィリエイト媒体」「アフィリエイト商品」などが掛けあわさって呼び方が変わってきますが、そこまで詳しく覚えておく必要はありません。また人それぞれ呼び方も違いますし、新しく自分で名づけて情報商材として販売する人もいるので、何が正解なのかということはありません。

　参考までに「集客方法」「媒体」「商品」の分類を示しておきます。

● アフィリエイトの分類方法

集客方法による分類	アフィリエイト媒体による分類	アフィリエイト商品による分類
❶ SEO対策で集客	❶ HTMLサイトを使う	❶ 物販（商品・サービス）を販売する
❷ ブログ記事更新で集客	❷ ブログを使う	❷ 情報商材を販売する
❸ リスティングで集客	❸ ペラページを使う（簡単なHTMLサイト）	❸ Googleアドセンスなどのクリック型広告を掲載する
❹ メルマガで集客	❹ サイトを持たずメルマガを使う	❹ アダルトなコンテンツを扱う
❺ SNS（FacebookやTwitter）で集客		

サイトアフィリエイトの特徴とメリット

　サイトアフィリエイトは、SEO対策で集客を行うアフィリエイト方法になります。商品としては、主に物販を取り扱います。つまり 絶対法則03 で紹介したアフィリエイトASPで扱っている商品・サービスを販売します。
　イメージとしては「**比較サイト**」や「**何かの商品に特化したサイト**」「**何かの分野に特化したサイト**」を制作します。運営者が個人であっても、企業が運営しているようなサイトというイメージです。

1 比較サイトの例

　「ウォーターサーバーの企業を比較したサイト」を制作し、各社のウォーターサーバーの料金や特徴などを比較します。その後「ウォーターサーバー　比較」「ウォーターサーバー　おススメ」などのキーワードでSEO対策を行い、アフィリエイトサイトに誘導します。

2 商品に特化したサイトの例

　「サンプル美白液」という商品に特化したサイトを制作し、「サンプル美白液」の特徴や使用感、口コミなどをコンテンツとします。その後「サンプル美容液　効果」や「サンプル美容液　口コミ」などのキーワードでSEO対策を行い、アフィリエイトサイトに誘導します。

3 分野に特化したサイトの例

　「美白」という分野に特化したサイトを制作し、「美白になる方法」や「しみの原因」「美白化粧品の特徴」などをコンテンツとします。その後「美白　方法」「くすみ　原因」などのキーワードでSEO対策を行い、アフィリエイトサイトに誘導します。比較サイトと掛けあわせたサイトになる場合もあります。

4 サイトアフィリエイトのメリット

　稼いでいるアフィリエイターの多くが、サイトアフィリエイトの方法をとっています。それくらい人気のアフィリエイト方法です。メリットとしては、SEO対策で上位表示後は、それほど手間をかけなくても集客することができて、報酬も上がるので、個人アフィリエイターだけでなく、企業もこのアフィリエイト方法を用いて、第二の収益源と位置づけて事業として行っている場合があります。

ブログアフィリエイトの特徴とメリット

　ブログアフィリエイトは、ブログを使用してアフィリエイトを行う方法になります。アフィリエイトする商品としては、サイトアフィリエイトと同じで、物販を扱いますが、そのほかにも情報などを販売している場合もあります。ただし情報販売をしているアフィリエイトは、集客方法や媒体を問わず「情報アフィリエイト」と呼ぶことがあります。**本書でのブログアフィリエイトの位置づけは「ブログを利用して物販をしているブログ」**です。

　イメージとしては「**体験談を語るブログ**」や「**自身の持っているニッチな情報を出していくブログ**」などです。またアフィリエイトするための記事だけではなくて、日常の出来事なども織り交ぜながら紹介しているブログも多数あります。たとえば人気モデルや芸能人のブログが、ブログアフィリエイトに1番近いイメージです。

1 体験談や自身の持っているニッチな情報を出しているブログ

　主に何かの分野に特化し、その分野の情報を紹介し続けるブログが多いです。たとえば「美白」に特化したブログであれば、「私のお気に入りのサンプル美容液！しみが少しでも薄くなるといいなー」といったような記事を書きます。その商品を売り込むのではなく、実際に使ってみてよかったから紹介するというスタンスです。そのほかにも「今日は曇りで気分がさえない……」などの記事では、「曇りで気分がさえない。こういうときは気晴らしに外出するのが一番。でも曇りのときも紫外線は強いので、しっかりと日焼け止めクリームを塗らなきゃ」といったように、特に商品は紹介していないものの「美白」に関する情報が出てくるというようなイメージです。ただし、**「効果」などを書く場合には、あくまでも販売業者ではなくブログで書くだけなので大きな問題になることはないと予測できます**が、薬事法の関係上あくまでも個人の感想だということは書いておきましょう。

2 人気モデルや芸能人ブログの例

　人気モデルや芸能人のブログの場合は、本人がわざわざアフィリエイトASPに登録してアフィリエイトリンクを張りつけていることはありませんが、ブログアフィリエイトのイメージに1番近いスタイルになります。普段は収録や撮影会、今日のランチのような情報を掲載していますが、ときどき何かの商品について書いた記事がアップされます。「今日、○○というエステに行ってきたよ〜」とか、「私

が使ってる化粧品です」「夜、寝る前に欠かせないサプリ！」というような記事です。このような商品を紹介しているところをアフィリエイトリンクに変更したと思えば1番イメージがつきやすいかもしれません。

3 ブログアフィリエイトのメリット

ブログアフィリエイトのメリットは、「**売り込まずして商品が売れる**」という**点**です。このブロガーはいつもおもしろい情報を提供してくれるというイメージがつけば、1記事書いてさりげなく紹介するだけで、商品を売ることができます。またこういったブランドイメージを確立していけばおもしろいほど売れるようになりますし、過去の記事を読み返して商品を購入してくれたりもするので、安定収益につながります。「普通の主婦が〇〇万円稼いだアフィリエイト方法」などは、大体がこのブログアフィリエイトです。

サイトアフィリエイトとブログアフィリエイトのまとめ

両者を比較すると、サイトアフィリエイトは自分にブランドがなくても、きっちりしたサイトがつくれれば、SEO対策をすることで集客して稼ぐことができます。一方ブログアフィリエイトは、自分にブランドイメージがつくまで時間がかかりますが（もちろんテレビ出演できるほどのブランド力はいりません）、簡単にブログはつくれるので、すぐにはじめることができます。

● サイトアフィリエイトとブログアフィリエイトの比較

	サイトアフィリエイト	ブログアフィリエイト
サイト形態	・比較サイト ・ランキングサイト ・商品紹介サイト ・何かの分野に特化したサイト	・体験談を語るブログ ・ニッチな情報を提供するブログ
ブランド力	なくてもよい	ブランド力は必要
サイト制作の簡単さ	少し難しい	ブログ感覚で簡単

Check!
1. サイトアフィリエイトで安定収益
2. ブログアフィリエイトで売り込まずに売れ
3. ネットの知識がなければブログアフィリエイト、あるならサイトアフィリエイトで稼げ！

絶対法則 06 モンスターサイトの罠

モンスターサイトという単語は私がつくった造語です。モンスターサイトとは、月50万円以上稼ぎ出すアフィリエイトサイトを意味します。初心者はモンスターサイトを夢見てアフィリエイトをはじめますが、それは間違っています。

| 重要度 | ★★★★☆ | 難易度 | ★★☆☆☆ | 対応 | HTML | 無料ブログ | WordPress |

初心者が陥りがちなミス

　初心者、とりわけアフィリエイトをはじめたばかりの人の多くが、「よし！絶対に稼ぐぞ！」と、やる気に満ち満ちています。それゆえアフィリエイトASPでどの商品をアフィリエイトしようか検討していくうちに、さまざまなアフィリエイト商品を一気にサイトで紹介したがる人が出てきます。

　美容関連の商品を探しているうちに、美容関連の商品があまりに多いことに気づき、「すべての商品を網羅した美容の口コミサイトをつくろう！」と考えつくのです。そのサイトでは、美白、しみ、しわ、ほうれい線、くすみ、乾燥肌、コラーゲン、プラセンタ、骨盤、ニキビ、便秘など、多数の悩みを解決するようなサイト構成になっていて、さまざまな商品が紹介されています。まさに女性からすれば、うれしいかぎりのサイトであることは間違いありません。

　はじめたばかりのアフィリエイターの人にとっては予想外かもしれませんが、実はこのようなサイトは世の中にたくさんあります。**すでにたくさんあるということは、こういった美容関連のネタを集めたサイトをつくったからといって、人気が出ることはまずないということ**です。

天才的な人しかつくれないモンスターサイト

　このようなサイトは、1サイトで月50万円以上の報酬を目指すモンスターサイトの分類に入ります。何かの分野に特化するしないにかぎらず、とにかく情報量を多くして、どんな人が来ても、ちゃんと見てくれそうなサイトにし（ターゲットを広く設定するということ）、どんどん稼いでいこうというものです。

　たとえば右頁のようなサイトです。

● 美容に関するポータルサイトサンプル

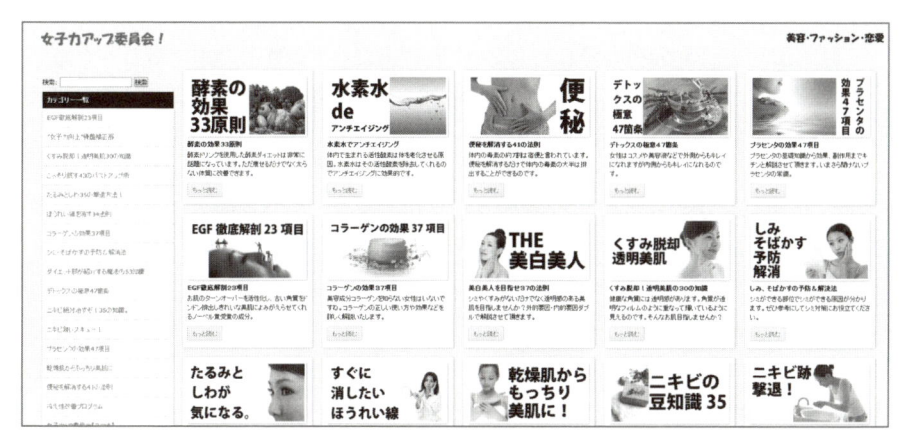

 しかしこれらのサイトは、とにかく情報量を多くすることに専念しているので、肝心の集客に力が回らないという結果に陥りやすいのです。さらに情報量が多くなればなるほど、SEO対策するときにキーワードの設定がずれてしまい、SEO対策がしづらいというデメリットが出てきます。もちろんコンテンツ量が多いというのはSEO対策上有利な条件になるのですが、それらの効果が出てくるまでには、初心者が想像している以上にはるかに時間がかかるため、多くの人がそれまでに燃え尽きてしまいます。
 リスティングで集客しようと思っても、ターゲット設定が広いだけにたくさんのキーワードで広告を出さなければならず、多額の広告費用が必要になってしまいます。

 もちろん情報量が多いだけでなく、掲載されている多数のコンテンツの内容が優れていて、TwitterやFacebookで紹介されたり、はてなブックマークでたくさんのブックマークを獲得できるサイトであれば、時間の経過とともに自然に集客ができるようになりますが、初心者レベルで、「情報量が多く」「それらの情報の質がいい」サイトをつくることは、おそらくできません。
 結局は、**このようなモンスターサイトを成功させるためには、天才的な才能を持っているかもしくはアフィリエイトにかなり慣れていて、訪問者がどのようなコンテンツが好きで、どのように順序立てて集客をすればいいのかを理解しているアフィリエイターでないかぎり、稼ぐことはできないのです。**

まずは5万円稼ぐサイトをつくる！

　では本書をお読みの初心者レベルのアフィリエイターはどのようなサイトをつくればいいのかというと、**とにかく何かに特化したサイトを制作し、1カ月で5万円を稼ぎ出す小・中規模のアフィリエイトサイトを制作すればいいのです。**

　インターネットショッピングでもアフィリエイトサイトでも同じことですが、1つのサイトで1カ月5万円を稼ぐというのはそれほど難しい話ではありません。また1カ月5万円レベルの売上というのは、企業からすれば「試作レベル」のネットショップでも達成できる小さな売上になります。
　1カ月5万円のイメージとしては、1件1万円のアフィリエイト商品があれば1週間に1回程度売上が上がればいいというイメージです。
　また1件2,000円程度のアフィリエイト商品であれば1日に1件でも成果が上がればいいというイメージです。
　まだ全然稼げていないアフィリエイターからすればイメージしづらいかもしれませんが、それほどハードルの高い数値ではありません。

　そして**そのようなサイトをつくったら、とにかくそのサイトを大きくして5万円の報酬を10万円にしよう、10万円の報酬を15万円にしようと、そのサイトを育てていくのではなく、同じようなレベルのサイトをもうひとつ別に制作することを考えます。**
　繰り返しますが、1つのサイトで50万円以上稼ぐサイトを制作するには、天才的な才能があるかもしくは手慣れたアフィリエイターしかできないことです。その代わり、1つのサイトで5万円稼げるサイトを10個制作することは、初心者でも天才的な才能がなくてもできるアフィリエイト方法なのです。

　もちろん「アフィリエイト」という行為を「稼ぐ行為」と見なさず、「趣味」として見なしているのであれば、逆に1サイト5万円のサイトを20サイトつくろう！　と思わなくてもいいです。そのサイトの報酬が5万円に達しようが、その分野が大好きでその分野の情報を発信し続けたいという人もいるでしょうから、そのような人に「報酬が5万円を超えたら別のサイトを制作しろ」とは言いません。そのまま1つのブログを大事に育てていくのがいいでしょう。もちろん稼ぐことはできませんが人生における1つの楽しみになるでしょう。ラーメン好きがラーメンブログを更新し続けて有名になったという人もいるので、そのやり

方を否定することはしません。ただ私が本書で指導したいのは「これからアフィリエイトで稼ぐぞ」という人なので、そういう人はまずは5万円のサイトを制作することを心がけるといいでしょう。

● 天才的な人ができるアフィリエイト手法と初心者が目指すべきアフィリエイト手法の違い

天才的な人ができるアフィリエイト手法

アフィリエイトサイト 50万円　アフィリエイトサイト 50万円

サイト数：2サイト
1サイトあたりのアフィリエイト報酬：50万円
合計アフィリエイト報酬：100万円

初心者でもできるアフィリエイト手法

（5万円 × 20サイト）

サイト数：20サイト
1サイトあたりのアフィリエイト報酬：5万円
合計アフィリエイト報酬：100万円

⚠ 今さら薄っぺらいサイトを量産しても意味がない

　昔はとにかく、内容の薄いサイトを1,000サイトつくってアフィリエイトしようという手法が流行りました。1,000サイトが1日平均で10円でも稼ぎ出せば、1万円の報酬が上がるというものです。しかし最近では、サイト閲覧者の目も肥えているので、これほど量産されたサイトでは稼ぎ出すことはできません。

　1サイト1カ月5万円程度稼げるサイトのイメージとしては、ページ数は約30〜50ページ程度で、何かの分野に特化していて、情報もしっかりしているようなサイトになります。ちなみに1カ月50万円以上稼ぎ出すようなサイトは、ページ数で約500ページ以上というイメージです。

> **Check!**
> 1. はじめからモンスターサイトをつくるのは不可能だ
> 2. 1カ月50万円以上のアフィリエイト収入を目指すのは上級者
> 3. 初心者は1カ月5万円のアフィリエイト収入を目指せ

絶対法則 07 スマホ対応のアフィリエイト商品を選定する

そもそもスマートフォンは、PCサイトを見ることができることで話題になりましたが、現在ではスマートフォン用のサイトが多数出てきているので、訪問者はスマホ用のサイトでなければ直帰してしまうということも増えてきています。

| 重要度 | ★★★★★ | 難易度 | ★★★☆☆ | 対応 | HTML | 無料ブログ | WordPress |

アクセスの6〜7割はスマートフォンから

　現在サイト訪問者の6〜7割のユーザーが、スマートフォンからの訪問だといわれています。弊社が所有していたネットショップ、アフィリエイトサイト、ドロップシッピングサイトの傾向を見ても、すべてのサイトで6割以上がスマートフォンからのアクセスでした。

　そもそも、PCサイトを携帯で見られるというのがスマートフォンの特徴だったのですが、多くのサイトがスマートフォンに対応してきたため、スマートフォン対応していないサイトだと「直帰率」が高まる傾向にあります。

1 直帰率とは、サイト訪問者がサイトに訪れて「すぐに帰る率」

　みなさんもよくあることだと思いますが、何か情報を調べていて、検索エンジンやほかのサイトからのリンク経由で、あるサイトを訪問したとき、「デザインがあまりにも汚い」「サイトが非常に見づらい」「自分が想像している情報が掲載されていない」といった場合に、すぐにそのサイトから離れて、別のサイトを調べ出すということはないでしょうか。このように、10人の訪問者のうち5人が、すぐにほかのサイトを探し出せば直帰率は5割ということになります。

2 サイトのスマートフォン対応は必須

　さて、最近のユーザーの傾向としてはスマートフォンで情報を探してサイトを閲覧しているときに、スマートフォンに対応していないサイトに訪問した場合、そのほとんどが直帰してしまうという傾向にあります。

　弊社サイトでも、スマートフォン対応する前の直帰率は6割という高い数値でしたが、スマートフォン対応のサイトにしてからは直帰率が2割に激減しました。

つまりアフィリエイトサイトを運営する場合は、必ずスマートフォンに対応したサイトを構築しなければならないということです。

スマートフォン対応のアフィリエイト商品を選定する

ここで1つ注意が必要です。**自分が運営するアフィリエイトサイトだけが、スマートフォンに対応していても意味がありません。アフィリエイトリンク先の企業のサイトもスマートフォン対応になっていなければ意味がありません。**せっかくアフィリエイトサイト経由で訪問者を送客したのに、そのサイトがスマートフォン対応していなければ商品が売れないのです。

これではいくら集客しても報酬は上がりません。よってアフィリエイト商品を選定する場合は、必ずリンク先のサイトがスマートフォンに対応しているかどうかを確認します。**多くのアフィリエイトASPでは、スマートフォンに対応しているかどうかを紹介している**ので、スマートフォンに対応している企業の商品をアフィリエイトするようにしましょう。

「A8.net」の場合、下記のようにスマートフォンに対応しているかどうかを確認することができるので便利です。

● **A8.net** なら対応デバイスがわかる

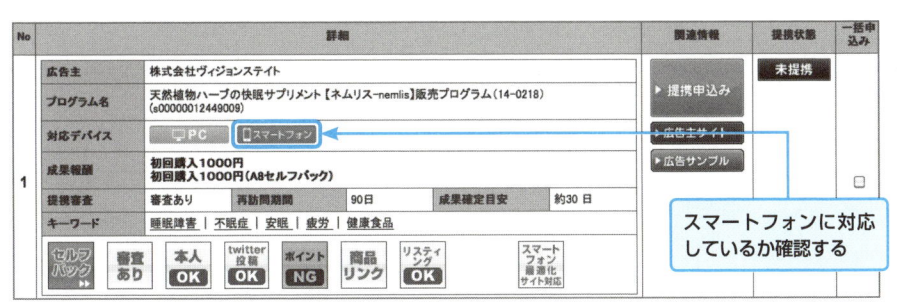

登録しているアフィリエイトASPでスマートフォン対応かどうかわからない場合は、実際にそのサイトをスマートフォンでアクセスしてみましょう。これはそれなりに面倒な行為ですが、売上に直結することなので、必ず確認することをお勧めします。

スマホ対応しなくてもいい業種もある

しかし、サイトがスマートフォンに対応していなくてもいい業種があります。それは事業者向けの商品やサービスを販売しているサイトです。**事業者向けの商品やサービスは個人向けとは異なり、仕事中に会社のパソコンで調べることが多いため、パソコンによる閲覧が中心になります。**

ちなみに弊社で提供しているSEO対策サービスの利用者はビジネス利用が多いため、約9割がパソコンからのアクセスです。

● テーマによってはほとんどがパソコンからのアクセスになる

☐	1. desktop	1,178
☐	2. mobile	105
☐	3. tablet	71

上記は、以前私が出版した書籍「SEO対策 検索上位サイトの法則52」の公式サイトの1日の訪問者割合の数値です。SEO対策というのはビジネス向けの商品サービスであるため、このようにデスクトップ(パソコンでの閲覧)がほぼ9割を占めています。

Check!
1. 自分のサイトはスマホ対応しろ
2. スマホ対応しているアフィリエイト商品を選べ
3. 事業者向けサービスはスマホ対応でなくてもいい

絶対法則 08 年齢層の高い人が使う商品・サービスを選ぶ

アフィリエイトするということは、企業の商品やサービスを広告して購入してもらうということです。つまり、アフィリエイト報酬をあげたいなら、購買意欲が高いターゲットにアピールすれば、アフィリエイト報酬が得やすくなるということです。

重要度 ★★★★☆　難易度 ★★★☆☆　対応 HTML 無料ブログ WordPress

ネットでは高くても商品は売れる

　インターネットの普及により、家電量販店の多くが「価格破壊」で苦しんでいます。楽天市場では、商品名で検索して、商品価格と送料を比較して1円でも高いと商品が売れにくくなるという事態も起きています。しかし、実はインターネットだからこそ、高額商品が売れる環境にあることも事実です。現在でも売れている2斤1万円もする高級食パンがいい例です。そのほかにも、書籍なら一般的に1,000円前後ですが、情報商材であれば1万円以上もする商品が売られていて、そこにも需要があります。

　これらは極端な例ですが、商品さえよければ多少は高くても売れるというのがインターネット通販の特徴です。弊社が過去にネットショップで扱っていた雑貨も、他社から類似品が低価格で販売されましたが、弊社の商品の品質やお客様対応がよかったせいか、類似品が安く出回っても売上が落ちることはありませんでした。

　逆にネットの世界では、安すぎると疑われてしまうという特徴もあります。過去には詐欺まがいのネットショップやオークション出品者が多く、ほかのショップや会社よりも安い場合、「偽物」の可能性が高いことが多かった時期もありました。現在では詐欺まがいの業者は少なくなってきましたが、ユーザー側は疑っている人がまだ多くいるのが現状です。**安い商品を買うなら、少し高くても品質のいいものを買おうという人が多い**のです。

インターネット通販を利用している人をターゲットにする

　このように、少々高くてもいい品物が売れるという理由の1つに、ネット通販利用者の年齢層が社会人以上ということが挙げられます。インターネット通販の決済方法は、ほとんどのユーザーがクレジットカード決済を選択していることからもわかるように、実は若者の利用者はあまり多くいません。

　パソコンやスマートフォンの利用頻度は、LINEが盛り上がっている若い世代の人が多いかもしれませんが、インターネットを利用して買い物をするという行為に限定すれば、大学を卒業してからの利用者が多いのが特徴です。

　弊社が運営していたネットショップでも、購買層はほとんどが22歳以上の社会人という傾向にありました。弊社のネットショップは、スマホのケースなどの雑貨を扱っていたので若者が多いと私も勘違いしていましたが、販売履歴の生年月日を見返してみると、22歳以上の人が8割強を占めるという結果でした。

　要は、**ネットショップを利用する人は「社会人になって収入に余裕があり、クレジットカードを持ちはじめた人」**といえるのです。

1 ニキビ化粧品とエイジングケア商品はどちらが売れる？

　この観点から考えると、アフィリエイトする商品も年齢層を考えなければなりません。

　美容関連のアフィリエイト商品はたくさんありますが、おもしろいことにそのほとんどがエイジングケア商品であることです。

　もちろん若者向けの美容商品もありますが、正直なところエイジングケア商品よりも売上が低いのが特徴です。つまり美容関連の商品を見てみても、「ニキビを治す化粧品」「背中ニキビのクリーム」「低価格で女子高生、女子大生をターゲットにしたコスメ」「まつ毛を伸ばすクリーム」「ネイルグッズ」などよりも「シミをなくすクリーム」「ほうれい線を消す化粧水」「乾燥肌を何とかできる保湿乳液」といった**エイジングケア商品のほうが、売れ行きがいい**のです。

2 単価の安いアクセサリーとブランド品ではどちらが売れる？

　ほかにも、たとえば旅行の分野でも若者が行くようなスノーボードの旅行や卒業旅行関連のアフィリエイト商品よりも、新婚旅行や社会人向けの旅行（温泉地や海外）などのほうが売れる傾向にあります。アクセサリーでも単価の安いアクセサリーよりもブランド品などのほうが売れる傾向にあります。この点も踏まえ

てアフィリエイト商品を選ぶと、成果が上がりやすくなるでしょう。

若者向けの商品は承認率が落ちる

　ネットで何かを購入する際、基本的な決済方法はクレジットカードです。ネット通販事業者もクレジットカード決済以外に、銀行振込、代金引換、コンビニ決済、電子マネーなどを取りそろえる業者も増えていますが、クレジットカード決済を好む顧客が多いゆえに、クレジットカードを導入しないと売上の70％は落ちるといわれている時代です。加えてクレジットカード決済を導入しないと売上が落ちる理由はもう1つあります。それは「**クレジットカード以外の決済はキャンセルが多い**」ということです。

1 ネット通販の落とし穴は熱しやすく冷めやすいこと　……だから代引きは怖い

　弊社のネットショップでも、クレジットカード決済のお客様は注文時にカード番号を入力して買い物を終えるので、100％回収することができました。しかし銀行振込や代引きを選んだお客様は、注文が完了しても「振り込まれない」「商品を受け取らない」ということが多発していました。もちろん銀行振込の場合は振り込まれてから商品を送るのですが、代引きの場合は商品と引き換えに代金を支払う方法なので、受け取ってもらわないと代金を回収することができず、結局往復の送料分を自社が負担して取引が終わるということになります。「注文したのにそんなことするの？」と思われるかもしれませんが、この手の注文不成立が非常に多いのが現状です。

　これには理由があります。インターネットで買い物をするとき、ネットサーフィンをしていてサイトにたどり着き、ある商品を見ていたらどんどんほしくなってきて、価格を比べているうちについつい注文してしまいます。しかし翌朝になるとその熱は冷めていて、やっぱりやめた！　となってしまうのです。商品が届くころには、受け取る気もなくなってしまっているのです。

2 クレジットで決済がすんでいれば、「いい買い物」をしたと思える

　逆にクレジットカードの場合は、すでに支払っているため、人間の心理は面白いもので「買ってしまったのだから後悔したくない」という心理が働き、「いい買い物をした」と自分に言い聞かせてくれます。

またキャンセルをしようか迷っている人も、わざわざお店に連絡をしてキャンセルするのが面倒くさいという心理から、そうこうしているうちに商品が届いてしまいます。それとは反対に、銀行振込の場合は振り込まなければ自動でキャンセルになるし、代引きの場合は受け取らなければキャンセルになるので、キャンセルに対する敷居が低いのです※。

※ 悪質な代引きの受け取り拒否に対しては、損害賠償請求などをすることも検討できます。

3 アフィリエイトの立場で考えるとどうなる

ここでアフィリエイトという観点からすると問題が起こります。それは「承認率」という問題です。アフィリエイトは自分のサイトで紹介した商品を経由して、そのお店や会社のサイトで商品を購入してもらえれば報酬が「発生」します。この「発生」する要件に問題があるのです。

アフィリエイトは商品が売れれば報酬が「発生」します。そして、企業がその成果を「確定」してくれます。その「確定」になった時点で報酬を受け取ることができるのです。つまり、**商品を注文した時点で報酬が「発生」し、キャンセルなく商品がお客様に届いた時点で「確定」となります**。つまり商品をクレジットカードで購入した場合、「確定」までの期間は短いのですが、銀行振込や代金引換で注文された場合はなかなか「確定」しないということがあるのです。さらに、銀行振込で振込が完了しなかった場合や代金引換で商品が受け取られなかった場合は、発生した報酬はキャンセルとなってしまいます。

この観点からも、若者の購入が多そうなアフィリエイト商品を選定してしまうと、報酬は「発生」するかもしれませんが「確定」に至らず、「キャンセル」になる可能性が高いという問題が起こってきます。

それでは、アフィリエイトサイトをつくっている意味がなくなってしまうので、**アフィリエイト商品を選定するときは「若者向け」の商品を選定するのではなく、「年齢層が高い人向け」の商品を選定することが重要**なのです。

Check!
1 ネットでは高いものも売れる
2 年齢層の高い人向けの商品は転換率（ 絶対法則09 参照）が高い
3 年齢層の高い人向けの商品は承認率が高い

絶対法則 09 リード型アフィリエイトは転換率が高い

アフィリエイトはそもそも商品・サービスを購入させて報酬を得ることができますが、「購入」が成果対象というわけではないアフィリエイト商品・サービスも存在し、転換率が高い傾向にあります。

重要度 ★★★★☆　難易度 ★★☆☆☆　対応 HTML　無料ブログ　WordPress

「転換率」は大事な指標

転換率とは「商品の売れやすさの指標」です。アフィリエイトに置き換えると、「報酬が発生しやすい商品」ということになります。たとえば次の例でいうと、AよりもBのほうが転換率が高いので、より売れやすい商品ということになります。

- A美容液は100人が訪問して1人が買います。商品の転換率は1%です。
- B美容液は100人が訪問して10人が買います。商品の転換率は10%です。

上記の場合、A美容液をアフィリエイトするよりもB美容液をアフィリエイトしたほうが、報酬が発生しやすいということです。2つの商品の報酬額が同額なら、同じようなサイトで同じような集客力があったとしても、報酬は10万円近く違ってきます。

● 同じ報酬額で転換率が倍違うと、報酬額も倍違う

訪問者	転換率	購入者	報酬単価	報酬合計
1万人	1%	100人	1,000円	10万円
1万人	2%	200人	1,000円	20万円

➡ 転換率が1%違うだけで報酬額が10万円も違ってくる

これは 絶対法則01 で紹介したように、クリック単価にも影響してきます。ク

1 トップアフィリエイターの新常識

リック単価を上げるには、「少ないクリック数で報酬が発生する商品を選定（売れやすい商品の選定）する」か「報酬額が高いアフィリエイト商品を選定する」必要があると説明しましたが、この**「少ないクリック数で報酬が発生する商品」**というのが、**「転換率の高い商品」**ということです。

転換率が高い「リード型アフィリエイト」とは

　転換率の高いアフィリエイト商品で代表的なのは、「リード型アフィリエイト」です。**リード型アフィリエイトとは、「資料請求」「見積もり」「会員登録」などをさせると報酬が発生するアフィリエイト**です。リード系アフィリエイトとも呼びます。このアフィリエイトは、実際に商品を購入させるわけではないので、自分のサイトに来た訪問者を企業のサイトに送客すれば、比較的簡単に「資料請求」「見積もり」「会員登録」をしてくれるので、報酬が発生しやすいのが特徴です。

⚠ リード型アフィリエイトは報酬が高いものとさほど高くないものに分かれる

　報酬が高いものはキャッシングの申し込みやクレジットカードの申し込み、FXや株の口座開設、転職サイトへの登録などです。アフィリエイト報酬が低くても5,000円程度で、高いものでは1件につき1万円を超えるものもあります。

　これらの商品・サービスは、はじめは無料登録だけなのですが、その後に大きなお金を生み出すことが多いので、自然と報酬が高くなります。たとえば、看護師の転職サイトだったら、登録するだけで1万円以上の報酬が発生するのが普通ですが、この看護師転職サイトは、病院に看護師を斡旋すると、1人につき50万〜100万円という高額な手数料が入ってくるので、アフィリエイトサイトに対して、登録するだけで1万円もの報酬を出せるのです。

　では、コミュニティサイトの登録や一括見積サービスでの見積もりなどの報酬はどうかというと、こちらはあまり高くありません。コミュニティサイトに登録してくれても、その会員が無料のサービスだけを利用して、ポイントを購入して有料サービスを利用しない場合もあるので、1件2,000円程度になります。

　そうはいっても、無料会員に登録してもらうだけで1,000円以上の報酬をもらえるのは稼ぎやすいアフィリエイト商品でもあるので、魅力的な案件です。

転換率が高くても承認率が低い場合もあるので要注意！

　しかし、これらのリード型アフィリエイトは承認率が悪いという傾向にありま

す。実はこれらのアフィリエイトの報酬が発生する要件は「会員に登録」「見積もり依頼」「口座開設」「資料請求」ですが、アフィリエイト報酬が確定するには「コミュニティサイトに会員登録後、異性へのメールを送る」「見積もり後、連絡が取れて商談がスタートする」「FXの口座を開設して実際に取引がはじまる」「看護師転職サイトに登録後、電話でアポイントが取れる」といったことろまできて、はじめて報酬が確定します。

これらの**リード型アフィリエイトの承認率は低く、40～60%程度**です。よって報酬額が1万円のアフィリエイト案件であっても、承認率から計算すれば、実質のアフィリエイト報酬は4,000～6,000円前後と考えておくのが妥当です。

だからといってリード型アフィリエイトが悪いという意味ではありません。実質のアフィリエイト報酬を計算すると低くなるといっても、ほかのアフィリエイト報酬よりも高く、さらに転換率も高いので、お勧めであることは間違いありません。

特別単価プラス承認率の特典がある

また、これらのリード型アフィリエイトで報酬を発生し続けると、ASP担当者との交渉次第では特別単価プラス承認率の特典を受けることができるようになります。その段階までいけばほかのアフィリエイターよりも頭ひとつ跳び抜けて稼げるようになります。

1 報酬がたくさん発生すれば、つくかもしれない「特別単価」

2 会員登録をたくさんしてもらえると上がるかもしれない「承認率」

承認率の特典とは、たとえば承認率が平均で40%程度の発生であっても、多く会員登録などをさせていると「その会員が報酬の確定条件を満たさなかったとしても、承認率を60%に上げてもらえる」といったものです。

それがトップアフィリエイターになると、アフィリエイトする前にASP担当者と交渉して、「特別単価と承認率アップ」の確約を得てからでないとアフィリエイトしないという傾向すらあります。

> Check!
> 1 リード型アフィリエイトは転換率が高い
> 2 リード型アフィリエイトでも報酬が高いものをねらえ
> 3 承認率が低いので実質報酬単価を計算しておけ

絶対法則 10 お試し・サンプル商品の転換率

アフィリエイト商品の中には、お試し商品やサンプル商品を購入してもらうプログラムが多数存在します。お試し商品やサンプル商品は、転換率が高く承認率も高いので、初心者にはお勧めの商品です。

重要度 ★★★★★　難易度 ★★☆☆☆　対応 HTML　無料ブログ　WordPress

お試し・サンプル商品をアフィリエイトするメリット

　アフィリエイト商品の中には、サンプル商品、お試し商品をアフィリエイトするというプログラムが存在します。たとえば化粧品でも1万円程度する通常サイズの化粧品をアフィリエイトするのではなく、2,000円前後のお試しキットをアフィリエイトするものです。

　特にこれらのアフィリエイトは、美容関連に多いです。美容関連はアフィリエイトサイトのライバルも多いですが、こういった**サンプル商品は転換率が高いのでお勧め**です。

⚠ 肌にあうかどうか？　便秘は解消されるか？　いろいろ試してみないとわかりません

　美容関連の商品は、実際に使ってみないと肌や体にあうかどうかわからないという場合が多いので、サンプルやお試し商品を積極的に販売する傾向にあります。

　女性の関心は移り変わりが激しいといわれますが、化粧水や乳液、美容液、クリームなどの基礎化粧品は、自分の肌にあったものが見つかれば、コロコロ変えない傾向にあります。

　また何かの悩みがあったとしても、原因が人それぞれで、その悩みを解決するアプローチ方法も商品によって異なるので、その商品が自分の悩みを解決してくれる商品なのかどうかわからない場合が多いのです。たとえば便秘で悩んでいるといっても、原因は1つではありません。便秘は「急性便秘」と「慢性便秘」に分かれます。急性便秘は旅行先で環境が変わったときに一時的に起こるものです。慢性便秘は「弛緩性」「けいれん性」「直腸性」の3種類に分かれ、それぞれ原因が違うので、それらの便秘を解消する商品も異なってきます。原因がわからないのでいろいろな商品を試してみないと、どれが効果があるのかわからないのです。

● 通常商品と美容関連商品の購入までの流れの違い

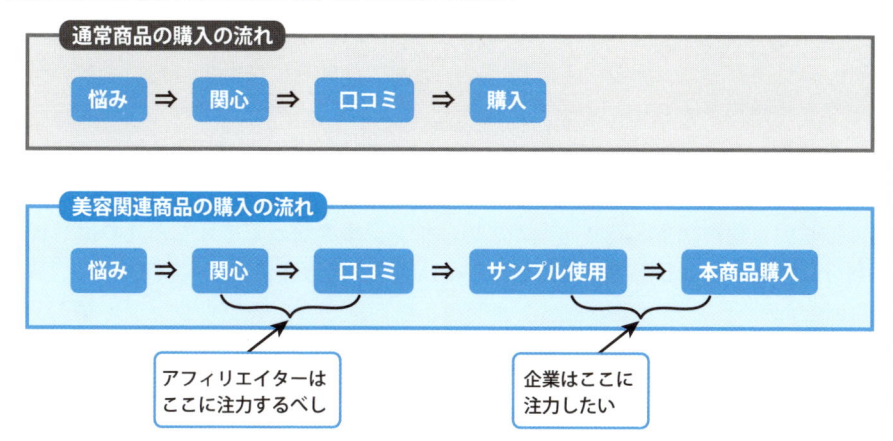

```
通常商品の購入の流れ
 悩み ⇒ 関心 ⇒ 口コミ ⇒ 購入
```

```
美容関連商品の購入の流れ
 悩み ⇒ 関心 ⇒ 口コミ ⇒ サンプル使用 ⇒ 本商品購入
                  ↑                    ↑
         アフィリエイターは        企業はここに
         ここに注力するべし       注力したい
```

　このように、友人に「この化粧品よかったよ」と言われても、自分の肌にあうかどうかわからないので、まずはサンプルを使ってみます。**何かの悩みがあったとしても原因がいろいろなので、いくつかのサンプルを使ってみて効果のあったものを継続的に使うという場合が多く、サンプル商品は売りやすいだけでなく、アフィリエイトの観点からいえば転換率が高いのでお勧め**なのです。

魅力的な全額報酬

　さらにこれらの**サンプル商品のアフィリエイト報酬は、全額報酬が多いのも魅力**です。つまり、1,980円のサンプル商品をアフィリエイトすれば、1,980円のアフィリエイト報酬が発生するのです。
　ではなぜ美容関連のサンプル商品のアフィリエイト報酬は、全額報酬または全額に近い報酬を受け取れるのでしょうか。その理由は3つあります。

1 サンプルが売れなければ通常商品も売れない

　1つ目の理由は、先ほども説明したように「サンプルを使ってもらわないかぎりビジネスがはじまらない」ということです。美容関連の商品は、まずはお試しで使ってみて、自分にあう商品だ、自分の悩みを解決する商品だと思ってから、通常商品を買ってもらえる傾向にあります。つまり、サンプルが売れなければ通常商品も売れないのです。もちろんドラッグストアで販売している安価な化粧品をコロコロと変える人も多いですが、ネットで販売されている美容商品は基本的に高級路線であることが多いので、この傾向が強いのです。

2 企業は自社の商品に自信がある

　2つ目の理由は、企業は自社の商品に自信があるからです。ネットで販売されている美容商品は、品質にこだわっているものが非常に多いのが特徴です。万人受けする商品を大量につくって低価格で売りさばくものではなく、「乾燥肌に悩んでいる人」「ほうれい線を消したい人」「シミを消したい人」「若々しいお肌になりたい人」といった個別の悩みを持つ人に向けて、非常に効果の高い成分を配合している場合が多いです。そのため、**サンプルを使ってさえもらえればリピートしてくれるという自信があるからこそ、サンプル販売に力を入れている**のです。「自信がある」という漠然とした表現をしましたが、企業側もサンプル購入者の何割が通常の商品を定期的に購入してくれるかというデータをちゃんと持っているので、そのリピート率の高さからこういった全額報酬が成り立つのです。

3 サンプル商品で儲けようとは思っていない

　3つ目の理由は、サンプル商品で儲けようとは思っていないことです。ネットで販売されている化粧品は品質が高いと説明しましたが、実は化粧品の原価というのは非常に安いのが特徴です。さらに店舗を持たずにネットだけで販売しているので、販売コストを安く抑えることができます。

　つまりサンプル商品の原価と販売コストは数十円単位ですむこともあるので、アフィリエイト報酬を商品代金の50％などにしてそこで儲けるよりも、商品価格全額をアフィリエイト報酬で還元することにより、多くのアフィリエイターにサンプル商品を紹介してもらったほうが、長期的に見て利益を生み出すことができるのです。

　またアフィリエイターに積極的に販売してもらうために報酬の承認率も90％以上と非常に高いことが多く、**承認率という観点からもアフィリエイト商品として最適**です。

実際に使ってからアフィリエイトすることができる

　商品代金全額を報酬で受け取れるということは、アフィリエイターにとって、報酬面だけではなく、実は販売面でもメリットがあります。実際の商品を使わずに、その商品のよさを、ほかのアフィリエイトサイトや商品を販売しているサイトからの情報だけで、アフィリエイトするには限界があります。つまり、ほかのアフィリエイトサイトと同じような内容しか書けなくなってしまうので、魅力あ

る記事にすることができません。

　しかし実際に全額返ってくると思えば、自分で購入しても赤字にはならないし、感想を細かくサイトに掲載することもできます。また、使ってみてどうだったのか、効果の面も詳細に伝えることができます。こういった意味でも全額報酬のアフィリエイト商品はお勧めです。

　余談ですが、私もアフィリエイトしている商品を実際に使用して、それ以降、その商品を使い続けるということが多いです。

Check!
1 お試し・サンプル商品は転換率が高い
2 アフィリエイト報酬の承認率も高い
3 実際に使って魅力あるサイトをつくれ

| 絶対法則 11 | お悩み関連商品の強さとは |

世の中の商品・サービスには「悩みを解決するための商品」がたくさんあります。その中でも、人には言いづらい悩みを解決する商品が売れやすい傾向にあるので、アフィリエイトするにはぴったりです。

| 重要度 ★★★★★ | 難易度 ★★★★☆ | 対応 | HTML | 無料ブログ | WordPress |

人には言えない悩みとは

　人にはたくさんの悩みがあります。恋愛や友人関係、仕事関係の悩みは知りあいに相談することが多いですし、便秘や肌荒れなどの悩みは友人などに相談できると思います。しかしながら人には言えない少し恥ずかしい悩みもあります。

　たとえば、薄毛、わきが、性病、身体的な病気、精神的な病気など、いわゆるコンプレックスといわれるような悩みは、人には相談できない傾向にあります。
　このような悩みのはけ口となるのが専門家や病院ですが、**今ではYahoo!やGoogleの検索窓に悩んでいるキーワードを入力する人もたくさんいます。**

● 人には言えない悩みの検索キーワード

「わきが　病院」「わきが　調べ方」「薄毛　治療」「育毛　方法」
「水虫　ストッキング　原因」「水虫　治し方」「陰部　匂い」「陰部　黒ずみ」
「性病　クリニック」「ED　治療」「うつ病　原因」「口臭　原因」「口臭　予防」

ネットで購入する人が多い

　こういった人は、打ち明けられない悩みを解決する商品を、インターネットで購入する傾向が非常に高くなります。もちろん薬局に行って治療薬を購入することもできますし、いい病院をネットで調べたり知人に紹介してもらうこともできますが、人には知られたくない悩みというのは、誰にも会わずして解決できるのであればこっそりと解決したいと思うものです。

つまりアフィリエイトの観点からすると、**コンプレックスを解決する商品は、転換率が非常に高い傾向にある**のです。たとえば楽天市場のランキングで常に上位にある商品は、テレビでも頻繁にCMをしている育毛剤です。絶対法則02で紹介したように、季節トレンドの商品は爆発的に売れるため、常に育毛剤以外の商品は入れ替わっていますが、その育毛剤は時期を問わずに必ず上位に入っています。

このように、「人には知られたくない悩み」を解決する商品というのは、誰の目も気にせず、誰に会うこともなく購入できるインターネットでの利用が非常に多いのです。簡単にいえば、薬局で普通のレジ袋に入れられるハンドクリームや目薬、洗剤といった商品ではなく、中に何が入っているのかわからない黒いビニール袋に入れられるような生理用品、コンドーム、水虫の薬、育毛剤といった商品をイメージすればわかるように、**何を買ったのかバレたくないという商品がインターネットでは売れやすい**のです。

詳しい情報を掲載することで、転換率が大幅にアップする

では単純に、それらの商品を紹介するようなサイトを立ち上げれば、商品が自然に売れてアフィリエイト報酬が発生するのかというと、そんなことはありません。

悩んでいる人たちは、はじめから悩みを解決する商品を目当てにしてインターネットで検索するのではなく、悩みの症状などをインターネットで検索して、解決するための情報を探しているということが多いのです。とういうことは、**このような商品をアフィリエイトする場合には、悩みの原因を詳しく説明し、自宅でできる解決方法を紹介するとともに、併せて悩みを解決する商品や病院を紹介してあげるようにします。**

なぜこのようなステップで書く必要があるのかというと、はじめから悩みを解決できる商品を知っている人は少ないからです。知っていたとしても、どの商品がいいのだろうか、自分にあっているのはどれだろうかという情報をほしがっていることが多いので、**しっかりと情報提供してあげることがアフィリエイト報酬発生の近道**なのです。

少なくとも悩んでいる人は真剣に情報を探しています。そしてより詳しく情報が書かれているサイトに共感を持ちやすいですし、そのサイトで紹介されている

商品なら１度買ってみようという気持ちになりやすいものです。加えて、**自分が過去に悩んでいた分野のサイトを立ち上げることができれば、同じことで悩んでいる人特有の気持ちがわかるので、こここでも共感を生み、転換率も高くなる傾向にあります。**

● 人に相談できない悩みを持っている人の考え

- 同じような悩みを持った人がどのように解決したのか知りたい
- 同じような悩みを持った人がどんな商品を使っているのか知りたい
- その商品の有効性を聞きたい
- その商品の効果、口コミ、体験談を知りたい

Check!
1. 人に言えない悩みはネットで打ち明ける
2. コンプレックスを解消する商品は転換率が高い
3. 商品紹介ではなく情報提供で社会貢献＆報酬ゲット

絶対法則 12 情報商材をアフィリエイトする難しさ

アフィリエイトがはじまった当初、情報商材はものすごく人気がありました。今ではユーザーの警戒感も強くなって、アフィリエイト報酬をあげることすら非常に難しい状況となってきています。実は情報商材が、一番根気強く販売しなければならないアフィリエイト商品なのです。

| 重要度 | ★★★★☆ | 難易度 | ★★★★★ | 対応 | HTML | 無料ブログ | WordPress |

アフィリエイターなら知っている「情報商材」の特徴

　アフィリエイターの人で、情報商材を知らない人は少ないかと思います。情報商材とは、その多くが「こうやれば稼げますよ」「こういうふうに為替取引をすれば稼げますよ」「新しいアフィリエイト方法がありますよ」といった「稼ぐための情報」を商品としているものです。「稼ぐ系」の情報だけではなく、「こうやれば女性と仲よくなれますよ」という恋愛系の情報商材も存在します。

　そのほか、アフィリエイトを効率的に行う「ツール」なども販売されています。

　多くのアフィリエイターは、これらの情報商材を1回くらいは購入した経験があるのではないでしょうか。情報商材は販売価格が非常に高いのが特徴で、アフィリエイト報酬も非常に高額です。また**情報商材の多くは、購入してみないと内容がわからないのが特徴**です。もちろん情報を販売しているわけですから、自然とそのようになるのですが、「○○○で稼げる方法」といった類いの情報商材の場合、「一体どんな方法で稼ぐのか」わからないまま、興味本位で購入してしまうということがあります。

　私も過去にアフィリエイト関連の情報商材の研究のために購入した情報商材が、競馬で稼ぐという内容でガッカリしたことがあります。競馬はビジネスではなくギャンブルです。

● 稼げる系の情報商材の中身

- アフィリエイトで稼ぐ（PPCアフィリエイト、サイトアフィリエイト、メルマガアフィリエイト、情報アフィリエイト）
- ドロップシッピングで稼ぐ

- ヤフーオークションで稼ぐ
- FXで稼ぐ
- 株の取引で稼ぐ
- せどりで稼ぐ
- 競馬で稼ぐ
- パチンコで稼ぐ

自分にブランド力がないと売れない

　このような**情報商材をアフィリエイトする場合には、自分自身にブランド力がないかぎり、そうそう売れるものではありません。**たとえば「この情報を買えば稼ぐことができますよ」といっている人がいても、その人が稼いでいなければ信じることなんてできないですよね。最近では、情報商材を販売するために自分がいかに稼いでいるのかをアピールする画像も多く出回っています。たとえば「アフィリエイトASPの管理画面で多額の報酬が発生している画像」「札束をたくさん積んでいる画像」「銀行口座に多額の資金が振り込まれている画像」などが出回っているので、それらの画像を使いながら販売するという傾向があります。

　ただし、そういった画像のほとんどが偽物で、その人のものではありません。むしろそれだけ稼いでいるのなら、その稼ぐノウハウは誰にも教えたくない情報のはずです。情報商材販売者も情報商材をアフィリエイトしている人も大々的にブログでアピールして販売するのではなく、こっそりとその情報をもとに事業を行っているはずです。

　こういった話は多くのアフィリエイターに知れ渡ってきているので、情報商材の内容がいい悪いに関わらず、販売するのが非常に難しくなってきているのです。

アフィリエイトする情報商材の多くが詐欺まがい？

　実際に、内容の薄い情報が出回りすぎていることもユーザーの警戒心を高めています。

　もちろん情報商材にも、内容が非常に優れているものもごくまれにあります。ですから、情報商材を販売している人全員が詐欺まがいのことをしているのかというと、そんなことはありません。しかし、**情報商材の内容の薄さは年々ひどさを増している**のも事実です。

たとえばこの書籍は、Chapter-1からChapter-5までの内容で1,500円前後ですが、情報商材の多くは、本書のChapter-2に相当する内容だけで1万円ぐらいするのが相場だったりします。またスクールや塾といった新しい形の情報販売でも、Chapter-4に相当する内容に加えて、塾長と半年間メール相談やスカイプ相談ができて19万8,000円～29万8,000円という価格が相場です。

⚠ 情報商材を販売していた人も、すでに稼げない方法

　これらの情報商材販売者は、その情報商材に書かれている方法で実際に稼いでいるということは少なく、逆にその情報商材を販売して稼いでいることが多くなっています。もしくは販売されている情報（内容）で過去に稼いでいたかもしれませんが、現在では少し稼ぎづらくなってきていて、つまりその稼ぐ方法に自然に気づいた優秀なアフィリエイターが多くなってきて、ライバルが増えたがゆえに利益率が悪くなってきたからこそ、情報商材を販売して儲けようと方向転換したというパターンが多いです。

　このように情報商材業界は厳しさを増してきているがゆえに、アフィリエイターとして情報商材を売るのが難しくなってきています。前述のように今までは情報商材販売者は販売してくれるアフィリエイター頼みでしたが、現在では情報商材販売者も自身でメールアドレスを集めて、そのメールアドレスに対して情報を提供して、「これ以上知りたければ、この情報を買ってください」という流れで販売することが多くなってきたので、アフィリエイターも肩身が狭くなってきている状態です。

　確かにメルマガに登録させれば1件500円程度の報酬を得ることはできますが、自分自身も大量にメルマガ読者を持っていなければ稼ぐことができません。また、すでに有力アフィリエイターがアフィリエイトに興味のある人の読者は囲い込んでいるので、これからメルマガの読者を集めるのは非常に難しくなっています。

　加えて、「情報販売商品」はすべて批判するというブログも存在してきています。これには2種類原因があります。1つは19万円、29万円もする商品だからこそ、いくらいい商品であっても「詐欺」に思えてしまうということです。

　また自分の情報商材を販売するために、ほかの情報商材を根拠なく「詐欺商品」として紹介している業者も出てきています。とにかく**どんないい情報商材でも「詐**

欺」といわれる現代において、情報商材を販売するのは至難の技といえるでしょう。
　どうしても気になる情報商材やスクール、塾などがあれば、私に聞いてもらえればお答えします。なんて半分冗談まじりな会話をしたくなるくらい大変なことなのです。

● 情報商材の販売方法

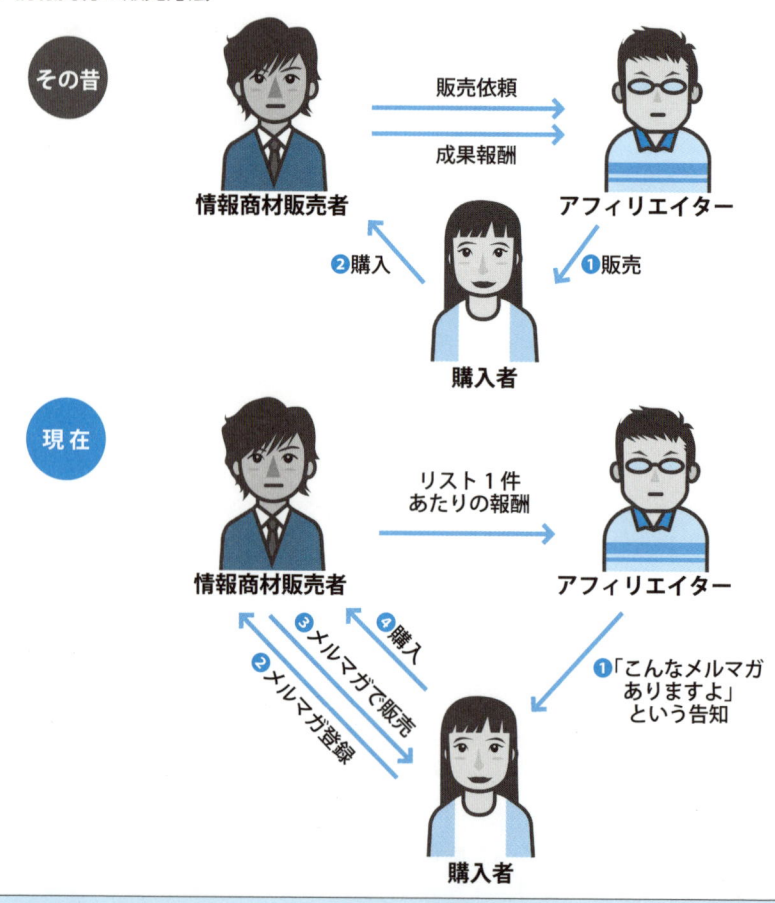

その昔

情報商材販売者 →販売依頼→ アフィリエイター
　　　　　　　 ←成果報酬←
❷購入 ↑　　　　　　　　↓❶販売
　　　　　　　購入者

現在

情報商材販売者 →リスト1件あたりの報酬→ アフィリエイター
❸メルマガで販売 ↓　❹購入 ↑　　　　　↓❶「こんなメルマガありますよ」という告知
❷メルマガ登録 ↑
　　　　　　　購入者

Check!
1. 自分にブランド力があるかどうかがポイント
2. 優良な情報商材を見つけるのが難しい
3. アフィリエイターの存在価値が低くなっている

絶対法則 13 ランディングページへの誘導で転換率をアップ

アフィリエイトリンク先のページがランディングページだったら、ユーザーの購入意欲がほかのものに釣られることがないので、転換率が非常に高くなる傾向にあります。

| 重要度 ★★★★☆ | 難易度 ★★☆☆☆ | 対応 | HTML | 無料ブログ | WordPress |

ランディングページとEC型サイト

1 ランディングページとは

「ランディングページ」は日本語に訳すと「着地ページ」であり、広告や検索エンジンから訪問したときに、**ユーザーが一番はじめにたどり着く（着地する）ページ**という意味です。

つまり、どのページでもユーザーが訪問したページは「ランディングページ」ということなのです。

ですが、最近では「**ある商品を販売するための1枚のページ**」と認識されることが多くなってきました。みなさんも「ランディングページ」と聞いて、1番はじめに思い浮かべたのは右のようなページではないでしょうか？

● 1枚でつくられた
　ランディングページ例

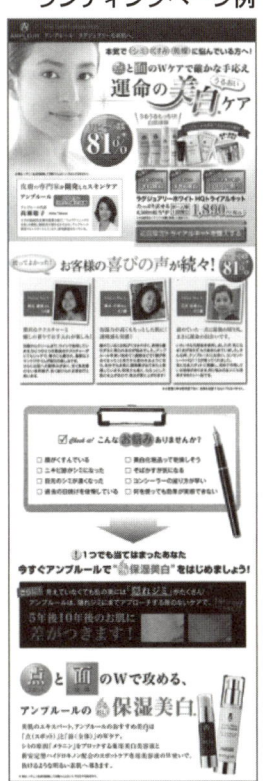

この参考サイトは「アンプルール」という化粧品のトライアルキットを販売するための縦長のページです。この書籍では本来の意味とは違いますが、このような「ある特定の商品を販売するための専用の縦長のページ」をランディングページとして説明をしていきます。

2 EC型サイトとは

EC型サイトとは、特定の「ある商品」を販売する

ためのページではなく、ネットショップのサイトのようにさまざまな商品を購入できるページのことをいいます。

　アンプルールという化粧品は、ハイサイドコーポレーションという会社が販売していますが、トライアルセットを販売するためのページだけでなくさまざまな種類の化粧品を取り扱っていて、下記の公式ECサイトから購入が可能です。下記のようなサイトをランディングページと比較して、この書籍では仮に「**EC型ページ**」と定義します。

● さまざまな種類の化粧品を取り扱っているEC型ページ例

3 アフィリエイトには、「ランディングページ」と「EC型ページ」のどちらがいいのか？

　さてアフィリエイトリンク先のページは、「ランディングページ」がいいのか「EC型ページ」がいいのかという質問をよく受けます。

　ランディングページは1つの商品を販売するためのページで、その商品のいいところ、効果、成分、口コミなどを詳しく説明しているというメリットがあります。

　逆にEC型ページは1つの商品にかぎらずさまざまな商品を取り扱っているので、1つの商品が気に入らなくても、ほかの商品を気に入ってもらえれば購入し

てくれるというメリットがあります。
　答えをいってしまえば、**アフィリエイトリンク先としてお勧めなのはランディングページ**です。

なぜランディングページの転換率は高いのか

　ランディングページは1つの商品のいいところを細かく説明しているので、転換率が高いのが特徴です。企業側もアフィリエイト広告だけで集客しているのではなく、リスティング広告、SEO対策、雑誌広告など、多数の方法で集客しています。そこから集客したユーザーに、1番はじめに見せるページがランディングページだったりします。また、アフィリエイターが誘導してくれるページをランディングページに設定していることも多いです。

　企業としてもさまざまな方法で集客したユーザーが、高い確率で商品を購入してくれるように努力しています。その1つが転換率の高いページ（⇒ これがランディングページ）をつくって、そのページに誘導するということなのです。

　ランディングページは「商品を買ってもらう専門」のページですから、「どのような人にお勧めなのか」「どのような悩みを持っている人向けの商品なのか」「どのような効果があるのか」「どのように使用すれば効果が高くなるのか」「どのような成分が入っているのか」「どのような口コミが届いているのか」「どのような背景で商品を開発したのか」ということが丁寧に説明されています。このページを読んだら、訪問したユーザーもついつい購入してみたくなるページ構成になっているのです。

　もちろんランディングページはアフィリエイター向けのページというわけではありませんが、この観点から、アフィリエイターも**アフィリエイトリンク先をEC型ページではなくランディングページに設定することで、転換率がアップする**のです。

⚠ ちょっと気になるLPO

　また最近ではLPOという概念も浸透しています。LPOとは「Landing Page Optimization」の略語で、日本語に訳すと「ランディングページ最適化」という意味です。つまり、**「いかにランディングページを工夫して転換率を上げるか」**ということです。現在では、転換率が高いランディングページを制作する専門の会社も存在しています。ランディングページを制作するときは、これらの専門会社と共同で制作することも多く、ますますランディングページの転換率が高く

なってきている現状なので、アフィリエイトリンク先もランディングページに設定しておくのがいいのです。

EC型ページへの誘導

　さまざまなアフィリエイト商品を調べていると、アフィリエイトリンク先がEC型ページになっているアフィリエイト商品が存在します。企業側も取り扱っている商品が多数あれば、わざわざランディングページに誘導するまでもなく、ECサイトに誘導していろいろな商品を見てもらって購入してほしいというのは自然な流れです。しかし、このような**EC型ページは転換率が低い**のが現状です。

EC型ページの転換率が低い３つの理由

1 平均転換率の問題

　ECサイトの転換率は、3％あれば非常に優秀なECサイトといわれています。100人の訪問者の中から3人のユーザーが購入するというのは、一見低い数値に感じるかもしれませんが、実は非常に優秀なサイトなのです。しかし**ランディングページというのは、いかに転換率を10％以上にするのかという高いレベル**を目指しています。ですから3％というのは、ランディングページの転換率で考えれば非常に低い数値になってしまうのです。このように「優秀」とジャッジされる転換率のそもそもの数値が、ECサイトとランディングページでは違っているのです。

2 各商品説明の問題

　ランディングページはある特定の商品を事細かに説明しているのに対して、ECサイトの商品ページは「商品名」「内容量」「価格」「簡単な特徴」という程度です。これでは商品のよさは伝わらず、はじめて購入する人にとって、購入意欲がわいてくることはありません。

3 紹介商品がぼやけるという問題

　アフィリエイトサイトは、「ある商品」を紹介して商品ページに誘導して購入してもらうということが必要になりますが、EC型ページに誘導してしまうと、トップページから紹介した商品のページまで、ユーザーは自分で探して移動しなければなりません。それだけでも不親切なのに、いざ商品ページに行ってみると

ありきたりな説明しかなく、「この商品いいかも」という気持ちから「この商品を買おう」という気持ちにさせるのには、残念ながら向いていません。また**アフィリエイター側もアフィリエイトリンク先がEC型ページの場合、どのような商品にクローズアップしていいかわからず、アフィリサイト自体も魅力のないぼやけたサイトになってしまいます。**

> Check!
> 1 ランディングページへの誘導で転換率アップ
> 2 ランディングページはユーザーにとって魅力的
> 3 EC型ページの転換率は低い

絶対法則 14 アフィリエイター同士の情報共有戦略

アフィリエイトは1人でコツコツ作業するものという認識が定着していますが、アフィリエイターこそ情報を共有し、ほかのアフィリエイターと切磋琢磨していかなければなりません。

| 重要度 | ★★★★★ | 難易度 | ★★★★☆ | 対応 | HTML | 無料ブログ | WordPress |

そもそもアフィリエイトをはじめる動機とは

　アフィリエイトをはじめるときの動機はさまざまです。「自宅で気軽にはじめることができる」「低コストではじめることができる」「しっかりと稼いで生計を立てたい」「稼いだ資金で起業したい」「会社を辞めた、首になった、辞めざるを得なかったので稼ぐためにはじめた」など、みなさんそれぞれに動機があるようです。

　どのような動機ではじめても、アフィリエイターは1人でがんばるものという間違った認識があるようです。

　たとえば「自宅で気軽にはじめることができる」「低コストではじめることができる」という動機には、人に会う必要もなければ、わざわざ勉強会やセミナーに出席しなくても低予算ではじめることができるという認識があります。

　「しっかりと稼いで生計を立てたい」「稼いだ資金で起業したい」という動機の中には「今は自分ひとりでがんばって、そこからさまざまな事業を展開したい」というように、今の段階で人に会う必要性を認めていません。

　もちろんここで紹介した動機以外にもたくさんの動機が存在しますが、「人に会う必要がない」「人に会いたくない」「人に会うのにお金をかけない」と暗に意味するような動機が多いのが特徴です。

稼いでいる人はアフィリエイト仲間が多い

　しかし**実際にたくさんの報酬が発生しているトップアフィリエイターはアフィリエイト仲間が多く、常にコミュニケーションを取っている**という傾向があります。

　私も稼げていないときは、1人でコツコツとサイトを構築するという作業を

黙々とやっていました。そのときは常に、「本当にこのやり方で稼げるのだろうか」という不安もありました。

そして私がアフィリエイトで稼げるようになったのは、アフィリエイトセミナーに参加したことがきっかけでした。このセミナーに参加したとき、実際に稼いでいる人の話を聞いて、「自分のやり方で稼げるんだ」という自信につながり、今まで以上に作業がはかどりました。

人間は、「自分のやり方があっているのか間違っているのかわからない」状態で全力投球できる人は少ないと思います。

プラモデルも説明書があれば順序よく完成させることができますが、説明書がなければプロでもないかぎり、意外と難しいものです。それと同じで、**アフィリエイトにも稼ぐための説明書が必要**なのです。それに加えてアフィリエイトの場合は、手に入れた説明書が正しいのかどうかを自分で検討しなければならないのです。アフィリエイトで稼ぐための説明書は、インターネットでもたくさん公開されています。しかし本当にその説明書が正しいのかどうかをジャッジするためには、実践してみなければわかりません。なぜなら、ウソの説明書もたくさん公開されているからです。

情報交換はアフィリエイト報酬への高速道路

アフィリエイトで稼ぐための情報というのは、たくさんの種類があります。「今、流行りのアフィリエイト手法」「今何が売れているのかという情報」「自分のやり方があっているのかを確認できる情報」「ほかのアフィリエイターがどのような手法で稼いでいるのかという情報」など、さまざまです。

これらの情報は次頁の図のように、自分の方向性を正してくれたり、より報酬が発生しやすいアフィリエイト商品に出会うことができるようにしてくれたりします。結果的に1人で作業を黙々としているアフィリエイターの何倍も速いスピードで成長することができるのです。

黙々と1人で作業しているアフィリエイターは、作業量が多いのが特徴です。高速道路もカーナビも使わずに、地道に運転しながら目的地を目指しているわけですからお金はかかりませんが、運転時間が自然に長くなるのはあたりまえです。

逆に**カーナビや高速道路を使って目的地に向かえばお金はかかりますが、回り道をせずに最短距離で向かうことができるので、運転時間は短くなります。それと同じで、多くのアフィリエイターと情報交換をしている人は、無駄な作業をし**

ないで必要な作業だけを行うことができるので、作業量が自然と短くなるのです。

● 正のスパイラルに乗れれば、報酬は増える！

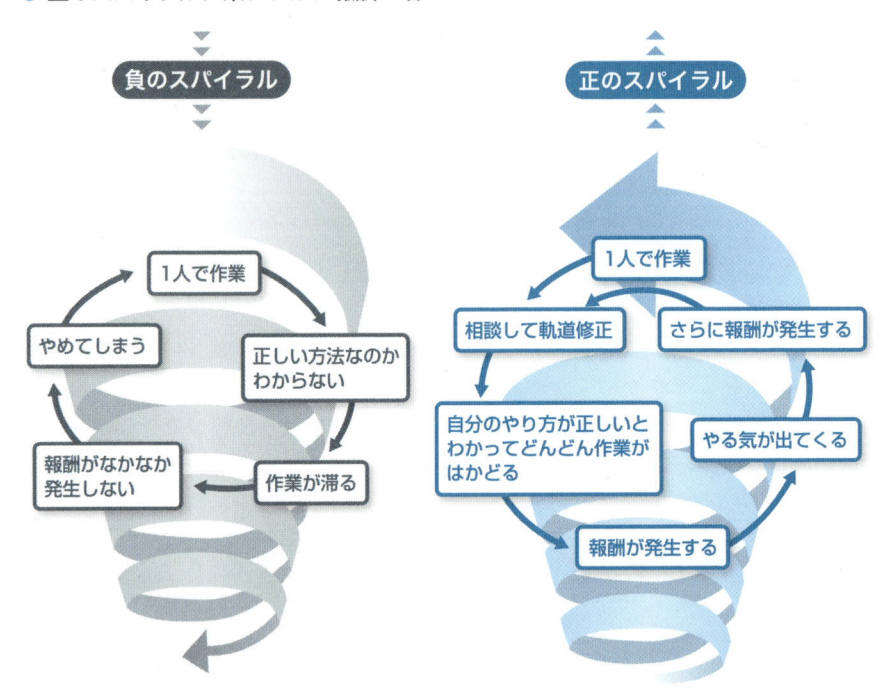

負のスパイラル
- 1人で作業
- 正しい方法なのかわからない
- 作業が滞る
- 報酬がなかなか発生しない
- やめてしまう

正のスパイラル
- 1人で作業
- 相談して軌道修正
- 自分のやり方が正しいとわかってどんどん作業がはかどる
- 報酬が発生する
- やる気が出てくる
- さらに報酬が発生する

　この 絶対法則14 と次の 絶対法則15 は、本書の中で唯一技術的なことを説明しないで、精神的なことに言及している法則ですが、本書で一番大事なことであることは間違いありません。

Check!
1 1人で作業するのがあたりまえだと思うな
2 多くのアフィリエイト仲間をつくれ
3 情報交換はアフィリエイト報酬への高速道路だ

絶対法則 15 トップアフィリエイターが投資していること

初期費用をかけずにはじめることができるアフィリエイトですが、トップアフィリエイターはコストを抑えつつ、投資するところにはキチンと投資をしてアフィリエイトをしています。どこに投資するのか、参考にしてください。

重要度 ★★★★★　難易度 ★★★★★　対応 HTML　無料ブログ　WordPress

投資するメリットと勇気

　低コストではじめることができる「アフィリエイト」と「投資」は無関係のように思えますが、アフィリエイトにも投資は必要です。投資と聞くと、「株」「不動産」というような言葉が真っ先に思い浮かびますが、ここでいう投資はそのような種類のものではありません。

1 委託するべき作業はお金を出して委託する

　アフィリエイトにおける投資は、自分がやるべき作業と委託するべき作業を仕分けして、**「委託するべき作業はお金を出して委託する」**というものです。この法則は、この本の中である意味一番難しい項目なので、まずは頭の片隅に入れておくだけでも結構です。むしろこの感覚さえあれば稼げるといっても過言ではありません。

　アフィリエイトで稼ぐには、次の章から紹介していくたくさんの作業が待ち受けています。「たった30分で」「寝ながらで」「1カ月で」稼げるというような情報商材がたくさん販売されているだけに、そのようなイメージがどうしても先行してしまうのがアフィリエイトですが、実はかなりの作業量が待ち受けているのです。

　もちろん、店舗を構えてビジネスをはじめるような事業よりも低コストではじめることができ、会社をつくって何かのビジネスをするよりも作業量は少ないですが、それでも「お金を稼ぐためのアフィリエイト」には、たくさんの作業が必要になります。

　必死にお金を稼がなくても、適当にブログを更新して何となくアフィリエイトリンクを張って、「月5,000円程度でも稼げれば御の字」というアフィリエイター

には必要ありませんが、「この書籍を読んで月100万円以上稼ぐぞ！」という人には、非常に面倒で単調な作業がたくさん待ち受けているのです。

その**面倒で単調な作業に対してお金を支払って委託するということは、非常に勇気がいること**です。なぜなら、投資額としては普通の事業に比べて微々たるものですが、面倒くさいだけで単調な業務であるがゆえに、自分でもできるからです。すべての作業を自分でやれば、コストをかけずに稼ぐことができますが、時間がかかります。しかし**委託するべき作業を委託することによって、比べものにならないほど、作業効率がアップする**のです。

● アフィリエイト脳をやめて、ビジネス脳になろう！

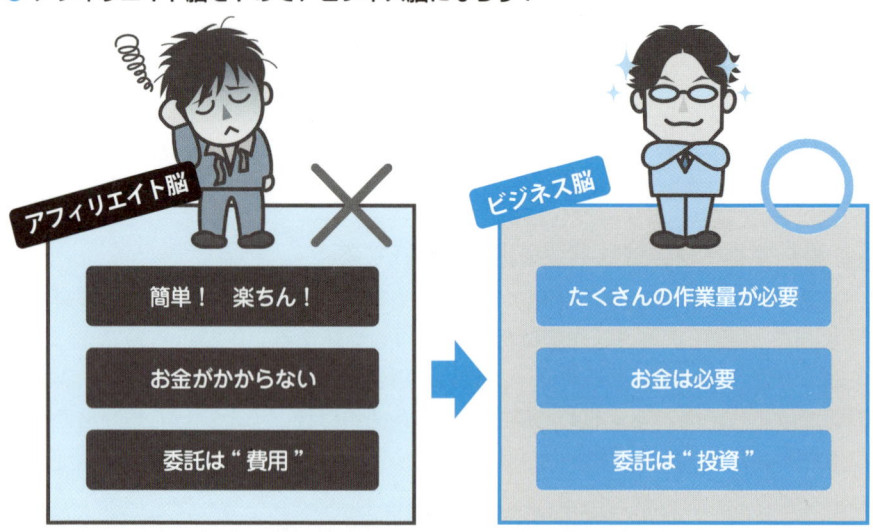

アフィリエイト脳	ビジネス脳
簡単！　楽ちん！	たくさんの作業量が必要
お金がかからない	お金は必要
委託は"費用"	委託は"投資"

まずは「楽して」「お金がかからず」「1人でできる」というアフィリエイト脳をリセットして、「たくさんの作業量」「少額だけどお金は必要」「人に委託することは投資」というビジネス脳に変換して、アフィリエイトに臨みましょう。

あなたの時給はいくらなのか、よく考えてください

まず、これからアフィリエイトする人は、月にどれくらい稼ぎたいのかということを想像して、自分の時給はいくら以上なのか、常に考えるようにしてください。目標額によって異なるとは思いますが、時給を1,000円程度と考えるのなら、すぐにこの書籍を閉じて、アルバイトに応募したほうが「確実に」稼ぐことがで

きます。

そして、**アフィリエイトで稼ぎたいのなら、自分の時給は少なくとも3,000円、理想的には1万円という自覚を持って作業をする**ようにしてください。今現在、月に2万円しか稼げていないという人の時給は恐ろしく低いものですが、それでも「自分の時給は1万円なんだ！」ということを、稼いでいない段階から言い聞かせるようにしてください。

⚠ 委託する業務は、ずばり「単純作業」

よって時給1万円のアフィリエイターが、「誰でもできるような、単純で面倒でしかない作業」を自分でやるということは、赤字以外の何ものでもないのです。そういった作業は、外部スタッフや単純作業を請け負ってくれる会社に委託するべきなのです。

私が弊社のアフィリエイト会員に、さまざまな作業を無料もしくは格安で委託できるサービスを提供しているのはこういう理由からです。

アフィリエイト会員は、どのような作業を委託すればいいのかということを考える必要もなく、委託先のスタッフや会社を探す必要もなく、自分で外部スタッフに委託するよりも安くさまざまなサービスを受けることができます。だからこそ、本来のアフィリエイトの作業に集中して稼げるようになるのです。

アフィリエイト方法やあなたのやり方によって委託内容が異なってくるので、委託すべき作業や委託方法をこの書籍で1つひとつ説明すれば、アフィリエイト本ではなく「作業委託のノウハウ」という1冊の分厚い本ができあがってしまうので割愛しますが、**委託すべき作業というのは、ずばり「単純作業」**です。

自分でやるべき作業を線引きする

では**自分がやるべき作業とはどのようなものでしょうか。それは頭を使わなければならない作業**です。たとえば季節のトレンドを見極めて、この時期に何をアフィリエイトするのか考えたりすることは、自分でしなければなりません。そのほかにも、この商品をアフィリエイトするためにはサイトにどのような情報が必要なのか、考えることも自分でやらなければなりません。そして、そのアフィリエイト商品をどのようなアフィリエイト手法で販売していくのか、考えて実行するのもあなたがやらなければなりません。

「単純作業」は委託、「頭を使う作業」は自分でやると説明しましたが、実際のところ、線引きするのは非常に難しいものです。ほかの技術的なことであれば、

本書籍を読み進めながら実践するだけでいいのですが、委託するにはお金もかかるうえに、どこまで依頼すればいいのかわからないというのが現状だと思います。

よってこの法則で紹介していることを、まずは頭の片隅に入れておいてください。「投資する」「委託する」という作業は、これからアフィリエイトをはじめる初心者にとって、非常に難しい考え方であることは間違いありません。

逆に全体像が見えていないのに、はじめからさまざまなことを委託してしまうと、自分が何をやっているのかわからないということにもなりかねないので、まずはChapter-2の 絶対法則16 で説明している作業からはじめてみてください。

1 絶対法則16 から、まずはできることを実践してみる

絶対法則16 から説明していることは技術的なことなので、本書を読みながら実践することができます。ひととおり実践し終われば、アフィリエイト報酬は今まで以上に発生していることでしょう。ひととおり実践し終わって稼げるようになっていれば、「この作業は単純作業で面倒だったから委託するべき作業だな」「このアフィリエイト方法なら、これくらい稼げるから委託作業に○○円くらい払っても大丈夫だな」ということがわかってきます。

2 まずは情報収集に投資することを惜しまない

初心者の人がとにかくやらなくてはいけない投資が、「情報収集」です。アフィリエイトは「情報戦」といっていいくらい、情報を持っていないアフィリエイターは稼げないですし、情報を持っているアフィリエイターは稼ぐことができます。

ですから、アフィリエイトASPが開催している勉強会やセミナーには、積極的に参加して情報を得るようにしてください。そして、その勉強会やセミナーで出会ったアフィリエイターとしっかりつながって、情報を共有できるようになってください。1回の勉強会やセミナーで素晴らしい情報を得ることができ、素晴らしいアフィリエイター仲間と出会えるとはかぎりません。少し気分が乗らないとしても、**情報収集のために勉強会やセミナーに参加する（投資する）ことは、あなたにとって100％プラスになる**はずです。

Check!
1 自分の時給を常に意識
2 トップアフィリエイターは投資を惜しまない
3 初心者は情報収集に投資をしろ

コラム

稼げているアフィリエイターの比率

アフィリエイトで稼いでいる人は、「1%にすぎない」とか「5%以下である」といわれていますが、具体的には一体どのくらいの人が稼げているのでしょうか？

実は以前と比べて稼げている人が急激に増えているのです。
たとえば 2010 年の調査結果は次の図のとおりでした。

● **アフィリエイターの月収（2010 年）**

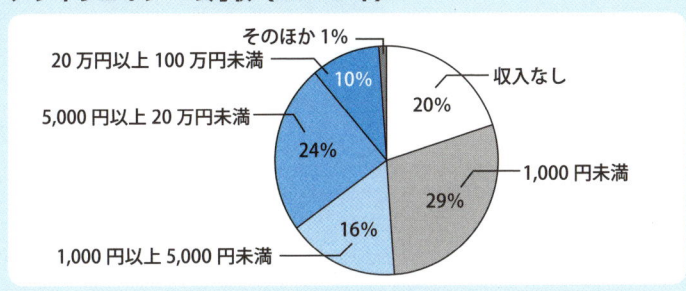

- そのほか 1%
- 20 万円以上 100 万円未満 10%
- 5,000 円以上 20 万円未満 24%
- 1,000 円以上 5,000 円未満 16%
- 1,000 円未満 29%
- 収入なし 20%

しかし 2014 年に行われた調査結果では次の表のようになっています。

● **アフィリエイターの月収（2014 年）**

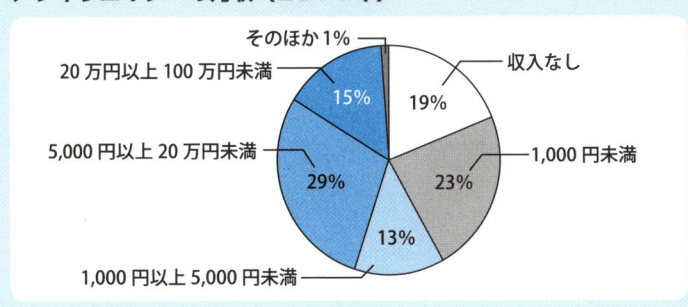

- そのほか 1%
- 20 万円以上 100 万円未満 15%
- 5,000 円以上 20 万円未満 29%
- 1,000 円以上 5,000 円未満 13%
- 1,000 円未満 23%
- 収入なし 19%

【参考：アフィリエイトマーケティング協会　アフィリエイト・プログラムに関する意識調査 2010 年／2014 年】

まとめると、2010 年では 5,000 円未満しか稼げていないアフィリエイターが 65%もいたのに対して、2014 年では 55%に減っています。また、5,000 円以上 20 万円未満の中堅アフィリエイターも 24%から 29%に微増しています。20 万円以上 100 万円未満稼いでいるアフィリエイターは、**10%から 15%と約 1.5 倍**の伸びを見せています。

もし「稼げているアフィリエイターなんて 1%しかいない」というなら、それはかなり前のデータを参照しているのでしょう。今では「稼げているアフィリエイターは

16％もいる」というのが正しい統計です。しかも5,000〜20万円未満までの人を含めれば「45％」にまで達していることになります。ということは、アフィリエイターの半分が稼げていることになります。

　2010年ごろといえば、情報商材（PDFのマニュアルや動画ファイルなど）は販売されていたものの、「高額塾」や「高額スクール」がまだ少なかった時代です。それが2011年ごろから情報商材はだんだん少なくなってきて、「高額塾」や「高額スクール」が急増していきました。
　2010年と2014年のアフィリエイターの環境の変化でいえば19万円、29万円といった高額塾や高額スクールが増えてきたということが挙げられるので、もしかすると高額塾や高額スクールがアフィリエイト業界に大きく貢献しているということが関係しているかもしれません。

　いずれにしても、アフィリエイトははじめやすいビジネスですので、たくさんの人がやりはじめますが、その中の多くの人が数カ月で辞めてしまいます。「収入なし」や「1,000円未満」の人たちが「すでにアフィリエイトを辞めている、辞めかけている」人であるとすると、一生懸命アフィリエイトをしている人のほとんどは稼げているという計算になります。

　最近では私の周りでも稼げるようになっているアフィリエイターが非常に増えているので「今からアフィリエイトなんてはじめても稼げるわけない」「アフィリエイトって過去のもので今は稼げない」なんて思わずに、しっかりと作業をしてほしいと思います。

Chapter - 2

サイトアフィリエイトの法則

サイトアフィリエイトは大きく稼ぐことができますが、自分のサイトを検索上位に押し上げる SEO 対策や SEO 対策のためのリスク分散などが必要になってきます。この章では SEO 対策とサイトアフィリエイトに関する具体的なノウハウをお話しします。

絶対法則 16 アフィリエイトのためのサイトにならない

サイトアフィリエイトで陥りがちなミスは、アフィリエイトをするためのアフィリエイトサイトになってしまうことです。これでは上位表示を達成してブランディングに成功しても、転換率が悪くなってしまいます。

| 重要度 | ★★★★☆ | 難易度 | ★★★☆☆ | 対応 | HTML | 無料ブログ | WordPress |

アフィリエイトのためのサイトと情報コンテンツ提供型のサイト

　アフィリエイトサイトを構築していると、どうしてもアフィリエイト商品を目立たせるためのサイト構成になってしまいがちです。しかし**検索エンジンから訪問してくる人は何らかの情報を得たいという人が多いので、「商品の紹介」よりも「情報の提供」に力を入れなくてはなりません。**

　たとえば、単純にネットサーフィンをしていて、パッと目に入った商品の広告からサイトに訪問したユーザーであれば、その商品について具体的な説明を読んで商品を購入するという流れになりますが、サイトアフィリエイトの場合は、検索エンジンで悩みを打ち込んで、その悩みの原因や解決策を探しているので、単純に商品を紹介しているだけのサイトを構築しても、見にきてすぐに直帰してしまいます。

● サイトアフィリエイトのいい例、悪い例

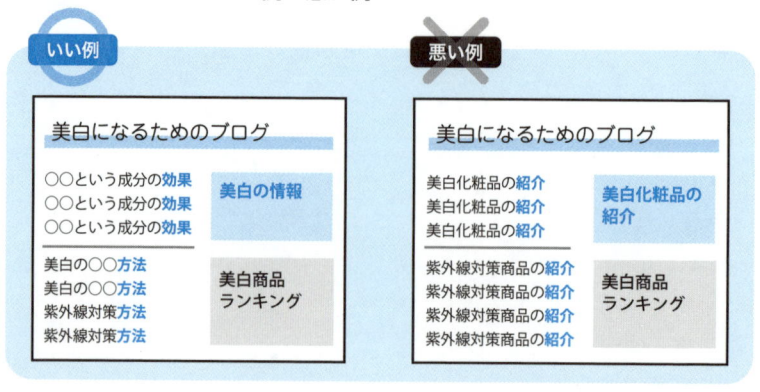

いい例

美白になるためのブログ

- ○○という成分の**効果**
- ○○という成分の**効果**
- ○○という成分の**効果**

美白の情報

- 美白の○○**方法**
- 美白の○○**方法**
- 紫外線対策**方法**
- 紫外線対策**方法**

美白商品ランキング

悪い例

美白になるためのブログ

- 美白化粧品の**紹介**
- 美白化粧品の**紹介**
- 美白化粧品の**紹介**

美白化粧品の紹介

- 紫外線対策商品の**紹介**
- 紫外線対策商品の**紹介**
- 紫外線対策商品の**紹介**
- 紫外線対策商品の**紹介**

美白商品ランキング

もちろん商品やサービスを売るためにアフィリエイトをするのですが、サイトアフィリエイトの場合は左頁のいい例のように、「その商品を購入する人がほしがっている情報」をたくさん掲載する必要があるのです。

上位表示は1つのブランド

サイトアフィリエイトは、**SEO対策をしているキーワードで検索されたときに、検索エンジンで上位表示させて集客する方法**です。ところが、この「SEO対策」自体を知らない人がたくさんいます。この書籍を読んでいる人は驚くかもしれませんが、あの順位は「人気順」と勝手に判断している人が本当に多くいます。信じられないのであれば、周りの友人に聞いてみてください。インターネット関連の仕事をしている人は知っているかもしれませんが、一般の人はほとんど知りません。

同じようにリスティング広告でさえ人気順と思っている人が大勢います。

つまり**SEO対策で検索エンジン内において上位表示することができれば、一般の人は「この分野で人気のあるサイト」「この分野では有名なサイト」と判断してくれる**のです（実際にはGoogleが決めている数多くの指標で順位が決められています）。これは何を意味するのかというと、**上位に表示されればされるほど「転換率が上がる」**ということです。

このようなメリットがあるのに、訪問してくれた人が商品の押しつけがましい情報ばかりだとがっかりする結果になり、転換率が上がるどころかサイト訪問した瞬間に直帰されてしまいます。

● 検索エンジン上位表示の効果

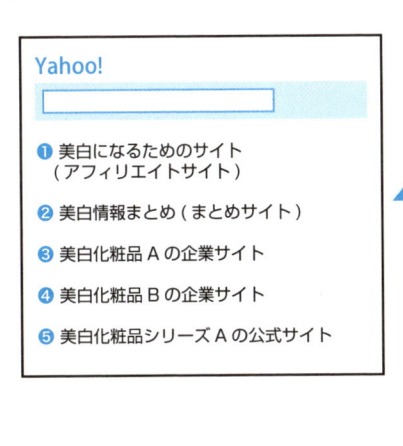

Yahoo!

❶ 美白になるためのサイト
（アフィリエイトサイト）
❷ 美白情報まとめ（まとめサイト）
❸ 美白化粧品Aの企業サイト
❹ 美白化粧品Bの企業サイト
❺ 美白化粧品シリーズAの公式サイト

上位表示されているほど信頼度が高いと思われている。
たとえ個人がつくっていそうなサイトでも信頼度は高くなるので、直帰されるともったいない

Googleも目をしかめる事態になる

　アフィリエイトのためのサイトとなると、Googleも放ってはおきません。詳しくは 絶対法則26 ～ 絶対法則28 で説明しますが、サイトの品質が悪いとGoogleからペナルティを受けてしまうことがあるのです。Googleからのペナルティは、リンクの購入などによる外部対策に対するペナルティだけだと思っている人も大勢いますが、実はそうではありません。

　簡潔にまとめると次のような状態だとペナルティを受けます。

- アフィリエイト商品だけの説明をしている
- ありきたりな情報しか掲載されていない
- コンテンツが自動生成されている

　このように、Googleはコピーコンテンツではないサイトに対してもペナルティを課します。コピーコンテンツとは、ほかのサイトから文章をコピーして貼りつけただけのサイトのことです。このようなサイトはすぐに見抜かれてしまいますが、コピーではなく自分で書いた文章でサイトを構築しても、上記の3点に該当するとペナルティを受ける可能性があるということです。

　特にこのペナルティは、アフィリエイトサイトに多いので注意が必要です。「アフィリエイトサイトだから」という理由ではペナルティは受けませんが、アフィリエイトサイトはどうしても商品を販売したいがために「アフィリエイトのためのサイト」になりがちです。しっかりと 絶対法則26 ～ 絶対法則28 を確認して、自分のサイトを見返してみてください。

Check!
1. 情報提供するサイトを構築しろ
2. 上位表示は1つのブランドだ
3. ペナルティを受けないコンテンツを目指せ

絶対法則 17　サイトアフィリエイトの記事制作方法

いよいよサイトアフィリエイトの重要ポイントである、記事の制作方法をお話しします。トップページを SEO 対策するにしても、下層ページを SEO 対策するにしても、記事制作のしかたで結果が変わってきます。

| 重要度 ★★★☆☆ | 難易度 ★★★★☆ | 対応 HTML 無料ブログ WordPress |

転換率の上がるサイト記事

　サイトアフィリエイトで重要なのは、 絶対法則 16 で説明したとおり「情報を提供しているサイト」です。どのような情報を提供すれば転換率が高くなるのかというと、それは**あなたが売りたいアフィリエイト商品を求めている人が「ほしがっている情報」**です。その中でもとりわけ次の3つにまとめることができます。

❶ 悩みを解決するための記事
❷ その商品・サービスを使った体験談
❸ ニッチな情報を提供している記事

悩みを解決するための記事

　絶対法則 11 と関係してきますが「悩みを解決する記事」です。人には言えない悩みを解決する商品は売れやすいと説明しましたが、記事も同じです。
　悩んでいない人が買う商品はどうすればいいの？　と思われるかもしれませんが、必ずその商品に関連する悩みは存在します。
　たとえば「旅行のツアーを販売するアフィリエイトプログラム」があったとします。商品自体は悩みを解決するようなものではありませんが、購入を検討するにあたって次のような悩みがいろいろと出てきます。

● 旅行代理店のキャンセル代金はいくらなのだろう
● 現地で財布を紛失したときの専門の問いあわせ電話番号はあるのだろうか
● その際に使える保険はあるのだろうか

- 予約フォームのこの部分は必ず埋めないといけないのだろうか
- 旅行パッケージの中のＡツアーとＢツアーはどちらのほうが人気なのだろうか
⋮

　上記のように悩みを解決するための商品ではなくても、いざ購入するとなると悩みがたくさん出てくるものです。これらの悩みを１つひとつ解決してあげることで商品が売れやすくなります。**ポイントはその人の背中を押してあげることで、転換率が上がる**ということです。

その商品・サービスを使った体験談

　その商品やサービスを購入したり、利用した体験談を多く載せるのも効果的です。ブログアフィリエイトなら自分の体験談を細かく記事にしていけばいいのですが、**サイトアフィリエイトの場合は「たくさんの人の体験談」を掲載したほうが効果的**です。

　では実際に体験していない、使用していない商品だとしたら、「体験談」はどのように掲載すればいいのでしょうか？　それには次の２つの方法があります。

1 体験談をサイトから集める

　ひとつはさまざまなサイト体験談を調べて掲載する方法です。ここで絶対に勘違いしてはいけないのが、体験談をコピペしてもいいということではありません。コピペは道徳的にもSEO的にもしてはいけません。

　アフィリエイトしたい商品の体験談は多数のサイトで紹介されています。それらを簡潔にまとめてあげて、よかった意見、悪かった意見を紹介するのです。イメージとしては「複数のサイトに行かなくても、私のサイトに来ればたくさんの体験談をまとめて見れますよ」というイメージです。つまりまとめサイトよりも便利な役割をするということです。

2 体験談を募る方法

　もうひとつの体験談の集め方は、ランサーズなどの記事制作を代行できるサイトで体験談を募ることです。

　このしくみを利用して、たくさんの体験談を集めることができます。ランサーズではたくさんの人から体験談を募集することもできますし、１人の人にたくさんの体験談を書いてもらうことも可能です。

● **ランサーズ**

http://www.lancers.jp/

ランサーズは、サイト上で「このような記事を書いてほしい」と投稿すれば、多数のライターから記事が寄せられるしくみです。

ニッチな情報を提供している記事

　最後に、訪れたユーザーの関心を引きつけて転換率が上がる記事は、「ニッチな情報」です。つまり**「このサイトは詳しく説明してくれているな」「このサイトはほかにない情報を提供してくれているな」という評価をもらえるだけで、転換率は上がる**のです。

　よくアフィリエイトサイトを見ていると、基本的な情報しか載せていないサイトを見かけます。たとえば美白化粧品Aという商品を売りたいサイトであれば、次のようなありふれた情報だけだとしたらユーザーを引きつけることはできません。

悪い例

「美白とは」
「美白化粧品のメリット」
「美白化粧品の効果」

　このようなありふれた情報はほかのアフィリエイトサイトも公開しているため、ほかのサイトと比べて優位性を保つことはできません。そんなありふれた情報ではなくて、次のような、ユーザーが本当に気になっているポイントや引きつける情報を積極的に出していくようにします。

> **いい例**
>
> 「美白化粧品Aに入っている○○成分が紫外線対策をしてくれる」
> 「このタイミングでお肌に塗ればより一層効果があるかも」
> 「○○成分の化粧品と並行して使用すればより一層効果があるかも」
> 「○○の症状の人は美白化粧品Aと美白クリームBを使えばいい感じになる可能性が高い」
> 「美白化粧品Aを使用しているときは、○○を食べると効果が薄れるかも」

記事タイトルの決め方

　さて、ユーザーを引きつけて転換率を上げる情報について、何となく感覚的に理解できましたでしょうか。**サイトアフィリエイトの場合は、それらの情報を何も考えずに記事に書くのではなくて、しっかりとSEO対策を意識しながら記事を書いていかなければなりません。**

　サイト内の記事は、次の2つの役割があります。

> ❶ トップページのSEO効果をさらにアップさせる役割
> ❷ 各記事自体をニッチなキーワードで上位表示させて集客をする

　この2つの観点から「記事のタイトル」と「記事中に入れるキーワード」についてお話しします。

1 トップページでSEO対策しているキーワードを入れる

　まず記事タイトルには、「トップページでSEO対策しているキーワード」を入れるようにします。たとえば、トップページを「美白」というキーワードでSEO対策しているとします。この場合、記事のタイトルにも「美白」というキーワードを入れるのがベストです。このように「美白」というキーワードが入った記事が増えることにより、「このサイトは美白に関するサイトなんだな。じゃあ美白というキーワードで検索されたときに上位表示してあげよう」と検索エンジンに判断されるようになるのです。

　逆に「美白」というキーワードで上位表示したいのに、関連性のないキーワードがたくさん入っていると、検索エンジン側も「このサイトは一体何について書いているのだろう」と悩んでしまい、ねらっているキーワードで上位表示されに

くくなります。

2 ニッチなキーワードで上位表示させるためにキーワードを追加する

　それに加えて、記事自体をニッチなキーワードで上位表示させるために、「美白」というキーワードに加えて２～５つ程度のキーワードを加えた用語で上位表示させるというイメージで、タイトルをつけるようにします。

　たとえば「美白と紫外線対策」に関する記事を書くとします。
　この場合、ただ単に「美白と紫外線対策について」という記事タイトルにするのではなく、「日焼け止めクリームで紫外線を避ける！　美白になるためのおススメの方法」というようなタイトルにします。このタイトルには、「美白」のほかに美白に関連しそうな「紫外線」「日焼け止め」「おススメ」「方法」「クリーム」というキーワードが入っています。
　つまり、検索エンジンで次のようなニッチなキーワードや会話型のキーワードで調べられたときに、この記事自体が上位表示されるようなイメージでタイトルをつけるようにします。

> 「日焼け止めクリーム　紫外線　避ける」
> 「紫外線　美白　クリーム」
> 「日焼け止めクリーム　おススメ　美白」
> 「紫外線が強いときに塗るクリーム　おススメ」

　このように、「**サイトのタイトル**」も「**記事のタイトル**」もSEO的に非常に重要な項目なので、**しっかりとキーワードをタイトルに盛り込む**ようにしてください。

記事中に入れるキーワード

　タイトルを決めたら、もちろんタイトルに入れたキーワードに即した記事を書かなければなりません。そして、タイトルに入れたキーワードを適度に盛り込んで記事制作をしていくようにします。これは、この記事自体をニッチなキーワードで上位表示させるのに役立ちます。
　「文章中におけるキーワードの比率」とまでは、考えすぎなくてもいいですが、**最低でも２回くらいは設定したキーワードが出てくるように記事を制作する**よう

にしましょう。またキーワードを盛り込むことばかり意識して、文章がおかしくならないようにしましょう。

● 「日焼け止めクリームで紫外線を避ける！　美白になるためのおススメの方法」
　というタイトルの記事例

> 紫外線を避けることはできませんが、お肌への吸収を避けることはできます。その方法は、日焼け止めクリームを塗るということです。美白の天敵である紫外線は、しみ、そばかすの原因になるのでしっかりと日焼け止めクリームを塗るようにしましょう。透き通った美白のお肌は、化粧だけでなく日焼けの予防からはじまっているのです。

Check!
1. 悩み解決・体験談・ニッチな情報を記事で提供しろ
2. サイト全体のSEOを考えて記事を書け
3. 各記事も、ニッチなキーワードで上位表示されるようなイメージを描け

絶対法則 18 サイトデザインと配置

アフィリエイト報酬を上げるために、どのようなサイトデザインをして、どこまできれいに仕上げたらいいのかお話しします。またユーザーに好まれるサイト色やサイトの構成についても言及します。

重要度 ★★★☆☆　難易度 ★★☆☆☆　対応　HTML　無料ブログ　WordPress

左カラムとメニューバー

まずサイト構成をする際に、**基本的な構成は「左カラム」と「メニューバー」の配置**です。下記のようなサイトが「左カラム」と「メニューバー」のあるサイトです。

● 「左カラム」と「メニューバー」のあるサイト

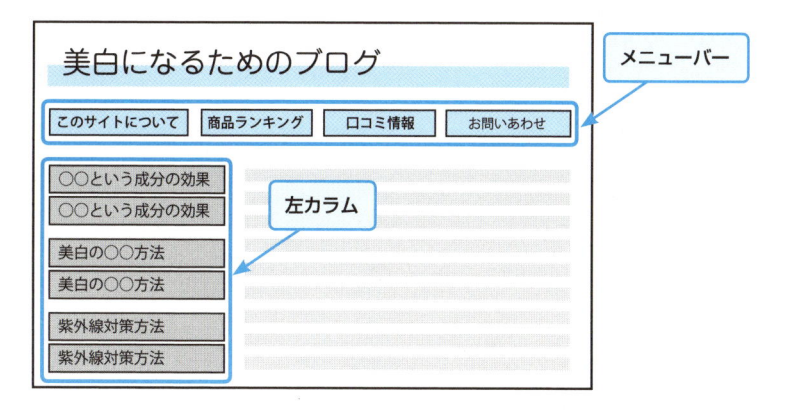

```
美白になるためのブログ                    [メニューバー]
[このサイトについて] [商品ランキング] [口コミ情報] [お問いあわせ]
[○○という成分の効果]
[○○という成分の効果]      [左カラム]
[美白の○○方法]
[美白の○○方法]
[紫外線対策方法]
[紫外線対策方法]
```

一般的なサイトはこのようなサイト構成になっていることが多く、訪れたユーザーにとってユーザビリティが高く、安心感を与えます。

ユーザビリティとは、そのサイトの利用のしやすさです。「行きたいページに簡単にたどり着ける」「見たい情報がすぐに見つかる」サイトは、ユーザビリティが高いサイトになります。逆に「どこに何が書いてあるサイトかわからない」サイトは、ユーザビリティが低いサイトです。

⚠️ アフィリエイターの仕事に適したサイト？

　サイトをつくる際に、見たこともないようなスタイリッシュなデザインで制作すれば、それはおしゃれなサイトになるかもしれませんが、アフィリエイターの仕事は「情報を提供して」「商品を売る」ことです。

　オシャレなサイトをつくってお金をもらえるWebデザイナーではないので、わかりやすいサイト構成にすることが条件です。

　また多くのサイトが、左カラムとメニューバーのある配置をしているため、安心感もあります。悪くいえばありきたりなサイトデザインということもできますが、ユーザーに不快感や不安感を与えないことのほうが大切です。この点は、次のサイトの基本色にもつながります。

サイトデザインは青基調にする

　サイトの基本色は「青」が無難です。これは特にサイトの色にこだわりがない場合に、青色にしておこうという程度でかまいません。美容系のサイトをつくるのであればピンクでつくってもいいですし、太陽光発電のサイトをつくるのであれば太陽をイメージしたオレンジでもかまいません。

　しかし色にこだわりがないのであれば青色にするべきです。

　これは、私が青色が好きだからということではありません。

　確かに青色は落ち着かせる効果があって……、赤色は気持ちを盛り上がらせる効果があって……と、色は心理的にさまざまな作用をもたらすことがわかっていますが、そんなことを言いたいのでもありません。

　みなさんがよく利用しているサイトの基本色を思い出してください。

　Yahoo!の検索エンジン、Googleの検索エンジン、Twitterのログイン画面、Facebookの基本色など、どれも青色が多いことに気づきませんか？

　理由はわかりませんが、インターネット上では非常に青色が多用されています。さらにサイト上でのリンク文字も青色で設定されていることがほとんどです。Yahoo!の画面に移動してもらえればわかりますが、青文字をクリックすればほかのページに移動できると思います。

　サイトでは、リンク文字（専門用語でアンカーテキストと呼びます）は青色というのが基本です。基本色を定めていないサイトだとしても、リンク文字があるだけで、自然に青色基調になることが多いのです。

　この結果、インターネット上では「青色が自然な色」となっているので、安心感を与えるためにこだわりがないのであれば青色にするべきなのです。またリン

ク文字は青色にするのが一般的なので、初心者の人がサイトを構築する際、青基調でサイトをつくっていれば色のセンスが悪い人でもまとまったサイトになります。

サイトデザインはどこまでこだわればいいのか

では、どれだけデザインにこだわるべきなのでしょうか。

正直申し上げると、サイトデザインと色に迷って作業が止まってしまうのであれば、こだわる必要はありません。

デザインが汚い、カッコよくないというレベルではなく、情報の整理がされていないとか、どこに何が書いてあるのかわからないというレベルの汚さの場合はNGですが、**左カラムで情報が整理されているのであれば、それほどこだわる必要はありません。**サイトアフィリエイトの場合は、多少デザインが汚くて古臭くても、情報がしっかりとしていればサイトに訪れた人はちゃんと見てくれます。

アフィリエイター初心者で多い判断ミスが、次の3つです。

❶ サイトをきれいにしたいと努力すること
❷ サイトロゴを考えるのに時間を費やしてしまう
❸ 画像が少しぼやけているので直したい

といった、ユーザーからすればどうでもいいところで悩んで時間を費やしてしまい、サイト構築の手が止まってしまうことです。

想像してみてください。豪華なレストランに行って、おしゃれな空間でゴージャスな椅子に座って、オシャレなお皿で料理を出されても、料理が美味しくなければもう2度と来ることはないと思います。

どうせ同じお金を出すなら、多少汚くても近くの美味しい中華料理屋に行くでしょう。

それと同じで、「**どうせ同じ時間を費やすなら、多少デザインが汚くても情報が詳しく掲載されているサイト**」を見たいのと同じことなのです。

Check!
❶ サイト構成に迷ったら左カラムメニューバー
❷ サイトの色に迷ったら青色
❸ サイトデザインではなくて情報量と質にこだわれ

絶対法則 19 サイトアフィリエイトで使用する写真

サイトアフィリエイトをするのに、商品の写真はどのような写真を使用すればいいのかという質問をよく受けます。また SEO 的に写真を入れるべきなのかどうかについても言及しておきます。

重要度 ★★★☆☆　難易度 ★★☆☆☆　対応 HTML｜無料ブログ｜WordPress

写真はアフィリエイト広告で配布されているものでいい

　アフィリエイトするときの商品写真は、どのようにするべきですかという質問をよく受けますが、これは**ASPの広告で配布されている画像を使用すればいい**です。

● 写真は ASP で配布されているもので十分

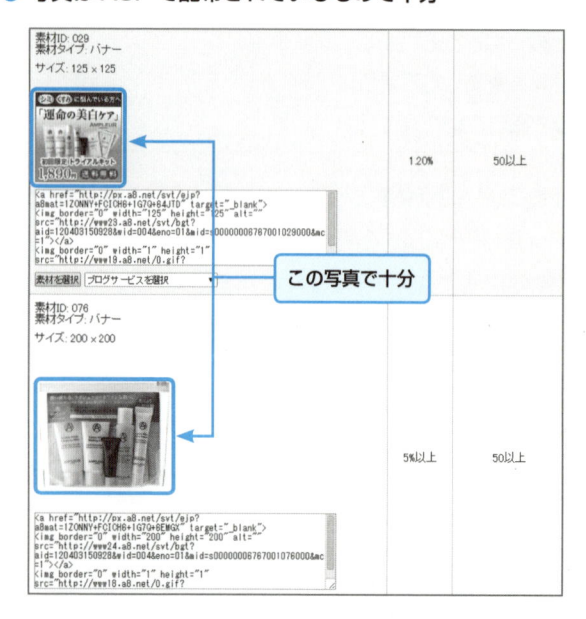

この写真で十分

　上記はASPの管理画面ですが、このようなところで公開されている写真を使用しておけば十分です。

実際に商品を購入して、撮影キットを使って写真を撮るようなことはしなくても大丈夫です。そこまでしなくてもいいのがアフィリエイトの魅力です。それをしなければならないのは、実際に商品を仕入れたり制作したりして販売する、ネットショップをオープンするときです。

⚠ 企業サイトのスクリーンショットはダメ

　企業の用意している画像が今ひとつだったり、希望のものがない場合、アフィリエイターの中には、アフィリエイト商品の企業サイトから画像をスクリーンショットで保存し、画像修正ツールで編集して使用している人も多くいます。アフィリエイトで販路を拡大している企業側は、こういったアフィリエイターの強引な行動を黙認することも多いですが、必ずしもお勧めすることはできません。なぜなら、企業側は売ってくれるのであれば問題ないという認識でも、そのサイトで芸能人やモデルなどを起用してサイトを構築している場合、芸能人やモデルの起用契約がすぎてしまうと、企業側は芸能人やモデルの写真を利用することができなくなります。そのときアフィリエイトサイトで、契約の切れた芸能人やモデルが入っている写真を使用していると、芸能・モデル事務所から写真を使用しないようにという連絡がきたり、無断使用で訴えられる可能性があります。問題が生じる可能性があるので、**スクリーンショットの商品写真を使用することは控え**るようにしましょう。

▌記事中に写真を使用するのは効果的？

　各記事中に写真を入れることは、SEO的に有効な手段です。SEO的に効果があるという意味ではなく、**その記事が独自の記事と認識されやすくなるので、**SEO的に 絶対法則26 ～ 絶対法則28 で説明するようなペナルティを受けにくくなります。

⚠ アフィリエイトサイトは、写真やイラストで差別化する

　アフィリエイトサイトでなければ記事中に無理やり写真を入れなくてもいいのですが、**アフィリエイトサイトはほかのアフィリエイトサイトとコンテンツ内容が似通りがちなので、写真やイラストなどを使用して説明をわかりやすくしたほうがいい**でしょう。

　ただしネットにある写真を勝手に使用することは、絶対にしてはいけません。たとえば「脱毛サロンに行ってコース契約してきました！」というような、してもいない体験談を書いて、真実味を上げるために「契約書」の写真をYahoo!や

Googleの画像検索で探して、それっぽい画像をコピペして記事に掲載してしまうということをしがちです。これはSEO的に問題のない行為だとしても、法律的には著作権の侵害や、写真に誰か人が写っていれば肖像権の侵害にもなりかねないので、絶対にやってはいけません。

無料サイトのフリー素材を使う

ではどのように写真を入手すればいいのでしょうか。それは、写真やイラストを無料で提供しているサイトから取得して画像を利用します。もちろん体験談を書くために、実際に利用したときの写真があるならそれに越したことはありませんが、それが難しいという人は、**フリー素材の専用サイトにあるイメージの中からあったものを使う**ようにします。

たとえば下記のようなサイトです。

● pro photo
http://pro.foto.ne.jp/
pro photoにある写真は商用利用も可能なので、アフィリエイトサイトであっても使用することができます。

こういったフリーの写真やイラストを提供しているサイトの中には「商用利用」できないサイトもあるので、各サイトの利用規約を必ず確かめてから使用するようにします。**アフィリエイトサイトでの使用も「商用利用」となる**ので、注意が必要です。

Check!
1 ASPで使用できる写真で十分だ
2 記事中に写真を入れて差別化しろ
3 写真は無料で使えるものでもいい！

絶対法則 20 SEO対策に理想的なサイトボリュームって何だ？

サイトアフィリエイトはSEO対策で集客するだけに、被リンク対策も少なからず必要になります。サイトボリュームが少ないと、被リンク対策時にペナルティを受ける要因にもなります。

重要度 ★★★★☆　難易度 ★★★☆☆　対応　HTML　無料ブログ　WordPress

サイトボリュームと被リンクの関係

　被リンクは、素晴らしい情報を提供しながら魅力的なサイトを構築していけば自然と増えていきます。そのような情報を提供し続けろといわれても、私もそうですが、なかなかできるものではありません。確かに素晴らしい情報を提供することは可能ですが、実際にほかのユーザーが「このサイトを紹介しよう」「このブログにリンクしよう」と心を動かして行動に移してくれるまでの魅力的な記事を制作するのは、非常に難しいことです。

　とはいっても、**サイトアフィリエイトをしている以上、SEOの観点から被リンク数を増やすという行為は必要不可欠**になります。

「サイトボリュームが大きいサイト」＝「被リンク数が多いサイト」

　ただし、被リンクだけに頼りきったSEO対策は避けなければなりません。被リンクは最終的に行う対策であり、まずはサイトのコンテンツを魅力的なものにする、そしてサイトコンテンツのボリュームを増やさなければならないのです。

　なぜなら自然と被リンクが増えているサイトは、常に魅力的な記事をたくさん更新しているサイトが多いため、**「サイトボリュームが大きいサイト」＝「被リンク数が多いサイト」**になっていることが多いからです。逆に「サイトボリュームが小さいサイト」＝「被リンク数も少ないサイト」というのが自然な構図です。

　つまりつくりたてのサイトで、**10ページ程度しかないサイトに被リンクを張りつける行為は、自然な構図から離れることになるので、Googleからのペナルティリスクを高めているだけ**なのです（次頁図参照）。

● SEO対策としてバランスの取れた自然な構図

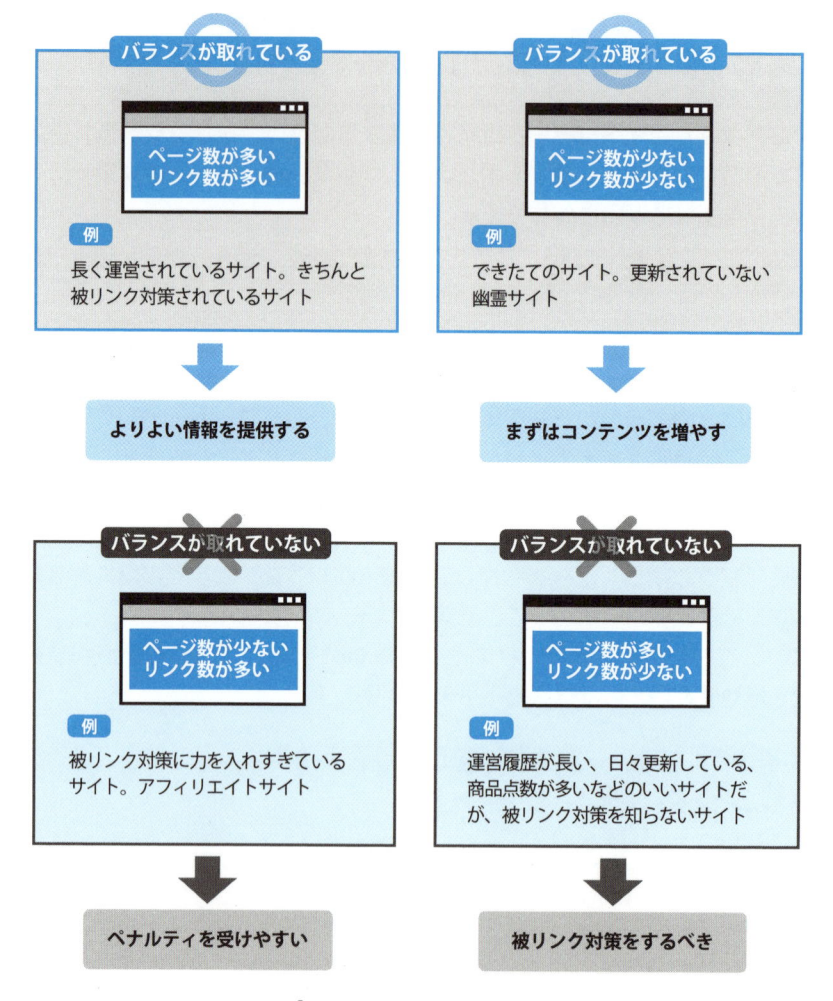

バランスが取れている
ページ数が多い
リンク数が多い

例：長く運営されているサイト。きちんと被リンク対策されているサイト

→ よりよい情報を提供する

バランスが取れている
ページ数が少ない
リンク数が少ない

例：できたてのサイト。更新されていない幽霊サイト

→ まずはコンテンツを増やす

バランスが取れていない
ページ数が少ない
リンク数が多い

例：被リンク対策に力を入れすぎているサイト。アフィリエイトサイト

→ ペナルティを受けやすい

バランスが取れていない
ページ数が多い
リンク数が少ない

例：運営履歴が長い、日々更新している、商品点数が多いなどのいいサイトだが、被リンク対策を知らないサイト

→ 被リンク対策をするべき

【出典：SEO対策　検索上位サイトの法則52（ソーテック社）】

最低限必要なサイトボリューム

では**最低限どれくらいのサイトボリュームが必要になるのか**というと、**少なくとも30ページ**は必要です。これよりボリュームが少ない段階で被リンク対策を進めてしまうと、高い確率でペナルティを受ける可能性があります。

もちろん絶対にペナルティになるのかといわれれば、そうとはかぎりません。30ページより少ないサイトボリュームでも、テレビや雑誌などで取り上げられた面白いサイトや商品の公式サイトなどであれば、自然にリンクは増えていくので、数ページしかないのに数千リンクという被リンクがあるサイトも存在します。
　しかしこれらのような自然発生的なリンクではなく、被リンクの購入や自分で構築した被リンク用サイトからリンクを送るといった被リンク対策を行う場合は、必ず最低限必要なサイトボリュームは維持したいところです。

理想的なサイトボリューム

　「では理想的なサイトボリュームはどれくらいですか？」と聞かれたとき、私は次の２つの回答を用意しています。

1 サイトボリュームは大きければ大きいほうがいい

　つまりサイトのページ数は多ければ多いほうがいいということです。これは前著の「SEO対策 検索上位サイトの法則52」で書いた内容です。この書籍はアフィリエイト向けの書籍ではなくSEO対策に特化した内容になっています。SEO対策ではサイトのボリュームは大きければ大きいほうがSEO的に有利になるので、できるかぎり頻繁にサイトを更新して、サイトボリュームを大きくすることが理想です。

　しかし 絶対法則06 で、アフィリエイトサイトは１サイト５万円のサイトを目指せばいいと説明しました。実はこの説明は、サイトボリュームは大きければ大きいほうがいいという話と矛盾してしまいます。答えは、**大きければ大きいに越したことはないのですが、50記事程度あればいい**というということです。50記事程度あれば、情報量もひとまずユーザーを満足させる程度のものになっていますし、被リンク対策をしてもペナルティを受けにくいボリュームになっているからです。

2 目安の１ページ１リンク

　被リンク数の目安としては、１ページ１リンクという目安がちょうどいいでしょう。つまりサイトのページ数が50ページあるなら、おおよそ50リンク程度まで張りつけていいイメージです。

次の図のように、**50リンク張っても上位表示できないキーワードでサイトアフィリエイトをしているのは、人気の高すぎる商品を選定しているか、ライバルが多い分野でアフィリエイトしているかのどちらか**になります。

これは、ちょっと無謀な戦いかもしれません。1サイト5万円のサイトを目指しているわけですから、もっと少ない被リンク数で上位表示できるのが理想的です。アフィリエイトする分野や商品を見直すのも1つの方法です。

● 1サイトに対する被リンク数の目安

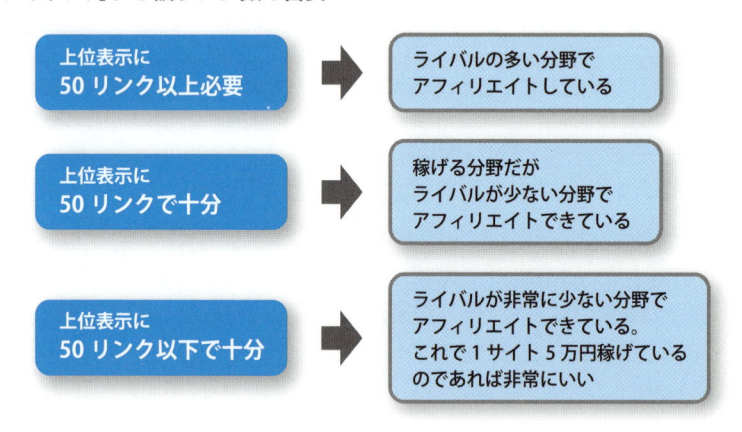

| 上位表示に
50リンク以上必要 | ➡ | ライバルの多い分野で
アフィリエイトしている |

| 上位表示に
50リンクで十分 | ➡ | 稼げる分野だが
ライバルが少ない分野で
アフィリエイトできている |

| 上位表示に
50リンク以下で十分 | ➡ | ライバルが非常に少ない分野で
アフィリエイトできている。
これで1サイト5万円稼げているのであれば非常にいい |

Check!
1. 被リンクはサイトボリュームが大きくなってから
2. 最低30ページまでサイトボリュームは増やせ
3. アフィリエイトサイトのサイトボリュームは、50ページ程度が理想

絶対法則 21 Googleへの配慮と客観的コンテンツ

アフィリエイト商品を販売するためにアフィリエイトをしているわけですから、アフィリエイト商品について好意的な記事を書くのはあたりまえです。しかしあまり偏りすぎたサイトにならないようにしましょう。

重要度 ★★★★☆　難易度 ★★★☆☆　対応 HTML　無料ブログ　WordPress

何でもかんでも「お勧めですよ」は信頼されない

　よく言われるたとえですが、洋服屋に行ってどれを試着しても、「よくお似あいです」「素敵ですよ」と店員さんに言われると、「売り込まれているのか」と疑ってしまうことがありますよね。頭ではわかっていても、平気で同じようなことをしているアフィリエイトサイトが目立ちます。もちろんアフィリエイトですから、商品の特徴やいいところをきちんと紹介して買ってもらうことが必要なのですが、そんなコンテンツばかりではユーザーに疑われてもしかたありません。

⚠ ユーザーも褒めすぎには敏感になってきている

　またそのようなアフィリエイトサイトが多くなってきたので、ユーザーもアフィリエイトサイトに対して多少の警戒感を持っていることも覚えておいてください。「アフィリエイト」という言葉は知らなくても、ユーザーは「このサイトはこの商品を紹介して、買わせたいんだな」と気づいてしまいます。これだけアフィリエイトという言葉が有名になっても、商品が買われてはじめて成果が発生するアフィリエイトのしくみについては、まだまだ知らないひとがたくさんいます。それでも、「このサイトは商品や広告をたくさん宣伝して、いいことばかり書いてお金をもらっているのかな」程度は想像されているのです。

　たとえYahoo!やGoogleの検索エンジンで上位表示されていても、**商品のいい部分しか紹介していないとか、どの商品もどの商品も褒め称えているという状態では、商品は買ってもらえない**のです。

　現実の世界でも八方美人は嫌われるように、インターネット上の世界でも八方美人は嫌われてしまいます。また何でもかんでもいいといいすぎると、サイト内でのつじつまがあわなくなってくる場合もあるので注意が必要です。

● 売り込んでいるのと紹介するのとでは違う

売り込まれているような気がする ✕

- それもお似あいですね
- あちらもお似あいでしたよ
- これもお似あいですよ

ちゃんと商品を紹介してくれている ◯

- いま試着されている服よりも先ほど試着された服のほうがお客様の雰囲気にはあっていますよ

きちんとデメリットも記載する

　わざわざ商品のあら探しをして、いちいちデメリットを紹介しろとはいいませんが、多少でも自分が気になった点やほかの商品とのサービス内容の違いなどは、きちんと紹介してあげるべきです。

⚠ デメリットは商品のあら探しをするのではなく「違い」を紹介する

　「どんな人にもいい」「どんな人にもおススメ」といったフレーズほど、響かない宣伝文句はありません。たとえば「20代の疲れからくるお肌のたるみ」と「50代のほうれい線の悩み」ではまったく原因が別物です。「しわに悩んでいる人におススメ」といわれても、20代の女性も30代の女性も40代の女性も50代の女性も、誰ひとり「自分にとってぴったりの商品」とは思ってくれません。しかし「ほうれい線が気になる40歳以上のための美容クリーム」といわれれば、20代と30代の女性は振り向かないとしても、40代と50代の女性は興味を示してくれるのです。
　このように商品やサービスには、それぞれが持っているいいポイントの「違い」があります。あら探しをするのではなく、その違いによって商品を紹介してあげればいいのです。

● 紹介のしかたを変えるだけで押し売りにならない

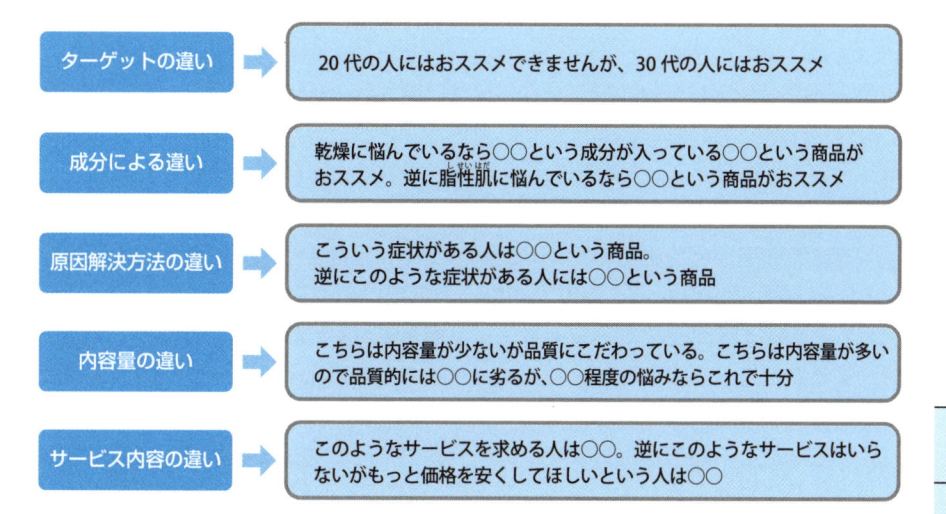

| ターゲットの違い | → | 20代の人にはおススメできませんが、30代の人にはおススメ |

| 成分による違い | → | 乾燥に悩んでいるなら○○という成分が入っている○○という商品がおススメ。逆に脂性肌に悩んでいるなら○○という商品がおススメ |

| 原因解決方法の違い | → | こういう症状がある人は○○という商品。逆にこのような症状がある人には○○という商品 |

| 内容量の違い | → | こちらは内容量が少ないが品質にこだわっている。こちらは内容量が多いので品質的には○○に劣るが、○○程度の悩みならこれで十分 |

| サービス内容の違い | → | このようなサービスを求める人は○○。逆にこのようなサービスはいらないがもっと価格を安くしてほしいという人は○○ |

ほかのサイトと差別化する方法

　世の中の商品すべてがアフィリエイトできるわけではありません。しかしアフィリエイトサイトに出てくる商品は、必ずといっていいほどアフィリエイトできる商品ばかりです。確かにアフィリエイトサイトなのだからあたりまえなのですが、それでは紹介している商品の顔ぶれが似てきてしまいます。

　このような状態は、真剣に情報を探しているユーザーにとってあまり好ましいとはいえません。少しきつい言い方をしてしまうと、**そもそも同じようなサイトは存在する意義がありません。**

⚠ 自分のサイトを長く見てもらうコツ

　ユーザーが「ウォーターサーバー」と検索したら、比較サイトが大量に出てきます。どのサイトも紹介されている商品は同じで、順位が異なるだけです。これでは、ユーザーはより詳しい情報を求めて、どんどん違うサイトに行ってしまいます。

　ここでユーザーに自分のサイトを長く見てもらうコツを紹介します。

　想像してほしいのですが、ある女性が美白化粧品を検討していて、今まで3つのサイトを見たとします。どのサイトを見ても、同じ5商品が紹介されていたと

します。ランキングの順位も違って、口コミ内容も違っていますが、紹介されている商品は同じです。もちろん1つ目や2つ目のサイトで商品を決めてしまう人もいるでしょうが、そんな人ばかりではありません。少しうんざりしてきたところで4つ目のサイトを見ると、5つの商品に加えて、今までのサイトには載っていなかった2つの商品が紹介されていました。これはユーザーにとって新しい情報なので、そのサイトをしっかりと読んでくれる可能性が高くなります。

　この例では、アフィリエイトできる美白化粧品が5つありました。アフィリエイトできる商品が5つあるので、アフィリエイターはこぞってこの5つの商品をいろいろな角度から紹介するのですが、それだけではほかのサイトと情報が似通ってしまいます。そこで**アフィリエイト商品ではないけれど、お勧めの商品も紹介することで、ほかのアフィリエイトサイトと差別化し、ユーザーの滞在時間を高めて商品の購入につなげる**のです。

　この方法だと、もちろんアフィリエイト商品以外の商品が売れることもありますが、それよりも、ほかのサイトとコンテンツが似ているというだけで直帰されるよりはマシです。

Googleへの配慮も忘れないで

　絶対法則27 で詳しく紹介しますが、同じようなサイトが乱立する傾向はGoogleも嫌っていて、**情報はしっかりしているがリンク先がすべてアフィリエイトリンクという場合、「これはアフィリエイト目的だけのサイトで、情報が客観的とはいえない」**という理由で、ペナルティを受けてしまう可能性もあるのです。

Check!
1 何でもかんでも「お勧めですよ」では、商品は売れない
2 その人にピッタリの商品を探せるように工夫しろ
3 ときにはアフィリエイトできない商品も紹介しろ

絶対法則 22 １サイト５万円のサイトを複数維持する

「 絶対法則06 モンスターサイトの罠」で紹介したように、１サイトあたり５万円のサイトを目指すのがサイトアフィリエイトでは必須になります。これはSEO的な観点とコンテンツ的な観点からも、とても重要になります。

| 重要度 | ★★★★☆ | 難易度 | ★★☆☆☆ | 対　応 | HTML | 無料ブログ | WordPress |

稼げるキーワードは飽和状態

現在、非常にたくさんのキーワードがYahoo!やGoogleの検索エンジンで検索されています。そのうちの約２割のキーワードはSEO対策の分野で激戦区になっていて、残りの８割はライバルが非常に少ないキーワードといわれています。

たくさん検索されているキーワードほどたくさんの人を集客することができるので、「稼げるキーワード」ということになるのですが、その分ライバルが多いキーワードということになります。またそれほど検索数が多くなくても、思いつきやすいキーワードはライバルが多くなります。

特にアフィリエイターがねらいがちな「○○　効果」「○○　比較」「○○　口コミ」「○○とは」「○○　メリット」「○○　方法」「○○　ランキング」「○○　通販」「○○　費用」などは、SEO対策の分野で人気の激戦区の２割に入り、アフィリエイトの世界でもライバルの多いキーワードになっています。

常に１つのサイトのSEO対策に追われてしまうスパイラルに陥る

競合の少ないキーワードでSEO対策できることに越したことはありません。しかし１カ月に50万円以上稼ごうと思ったら、たくさんの人が検索している競合の多いキーワードでSEO対策しなくてはなりません。こういった人気のあるキーワードで、本気でSEO対策しようとするとSEO対策の費用や時間が非常に多くかかってしまいます。

ライバルの多いキーワードでSEO対策しようとすると、それだけ被リンクの数も必要になります。それと比例してサイトボリュームも増やさないといけません。

また、上位表示が達成されたとしても、次から次へと新しいサイトが出てくるので、自分のサイトも常にSEO対策をし続けないと上位表示を維持することができなくなってしまいます。つまり、この1つのサイトがどんどんモンスターサイトとなって、SEO対策のみならず、あらゆる対応に追われていくことになるのです。

モンスターサイトは知識と忍耐力が必要

　このようにライバルの多いキーワードで、SEO対策をしてしっかり上位表示を維持し、月に50万円以上稼ごうと思うとなると、相当のSEO対策知識と、上位表示されるまでの相当な時間がかかるので、稼げるまでの忍耐力も必要になってきます。知識は自分で勉強すれば何とかなりますが、初心者のアフィリエイターは「アフィリエイトはすぐに稼げるもの」という認識があるため、なかなか上位表示されないと、「アフィリエイトって稼げないんだ」とあきらめてしまいます。
　それでは元も子もないので、**サイトアフィリエイトの場合は50万円以上稼ぎ出すようなキーワードでSEO対策したモンスターサイトをつくるのではなく、もっとニッチなキーワードでSEO対策をして、5万円でも稼げるようなサイトをつくることを目標にします。**

リスクを分散するという考えがアフィリエイトにも必要

　これに加えて、モンスターサイトを避けるべきもう1つの理由があります。それはリスクを分散するという考え方です。
　株などの分散投資のときによく使われる格言で、「卵を1つのカゴに盛るな」というものがあります。これはイギリスの格言ですが、意味としては「卵を1つのカゴに入れた場合、1つのカゴをひっくり返してしまえばすべての卵がダメになるが、卵を3つのカゴに入れた場合、1つのカゴをひっくり返しても残りの2つのカゴに入れた卵は割れないですむ」というものです。

　これはサイトアフィリエイトにも応用することができます。2014年1月、Googleは不正な被リンク対策を行っていたサイトやコンテンツ内容が薄いサイトを一斉に取り締まったと推測されています。その際、多くのアフィリエイトサイトがペナルティを受けました。特に今回の取り締まりともいえるGoogleの対策は、「まったく被リンク対策をしていなかった善良なサイト」「コンテンツの内容的にそれほど問題がないと思われるサイト」も多くペナルティを受けていて、

● 卵は1つのカゴに盛ってはいけない

1つの大皿に盛ってしまったら、全部が割れてしまう

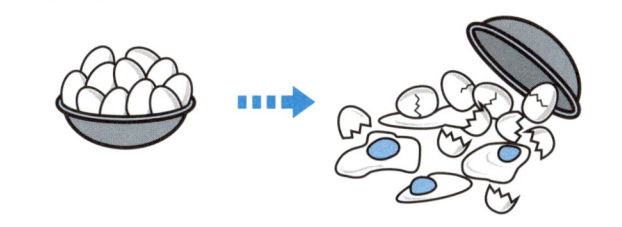

3つの小皿に分ければ、1つ割れても2つは残る

　その主旨がちゃんと見えませんでした。
　今までは、ペナルティを受けたサイトの基準や理由について納得できるものが多かったのですが、今回ペナルティを受けたサイトの中には、なぜペルティを受けたのかわからないサイトも多数ありました。
　もちろん真面目にSEO対策をしていれば、そんな簡単にペナルティを受けることはないのですが、このように、いつどういう理由でペナルティを受けてしまうかわからない状況なので、50万円以上稼ぐモンスターサイト1つに頼ってアフィリエイトすることは危険なのです。それよりも、**小さく稼ぐサイトをたくさん持つようにしたほうが、一気に報酬がなくなってしまう可能性を避けることができる**のです。

Check!
1 ニッチなキーワードでSEO対策しろ
2 モンスターサイトは忍耐力と知識が必要
3 リスク分散してアフィリエイトしろ

2 サイトアフィリエイトの法則

101

絶対法則 23　被リンク対策におけるリスク分散のしかた

「絶対法則22」で1カ月5万円程度報酬が発生するサイトを制作しようとお話ししましたが、それらのサイトのすべての被リンク元が似通っているのは、かなり危険なことです。ここでもリスク分散をしましょう。

重要度 ★★★★★　難易度 ★★★☆☆　対応 HTML　無料ブログ　WordPress

あくまでも被リンク対策をせずに魅力的なコンテンツ

　さて、ここでは「被リンク対策でいかにリスク分散するのか」ということを重点的にお話ししたいと思いますが、あくまでも理想は「被リンク対策をしてSEO対策をする」のではなく、「魅力的なコンテンツを提供して自然にリンクが集まる」サイトをつくることです。

　そうはいっても、アフィリエイトサイトでこの理想を実現するには、「文才」「非常に飛び抜けたライティングセンス」「ユーザーを魅了する情報」が必要になってくるので、そういったセンスを持ち得ていない人が被リンク対策をするときに、気をつけましょうという意味で紹介しておきます。

被リンクが似通っているとどうなるか

　絶対法則22で「卵を1つのカゴに盛るな」という格言を紹介しましたが、たくさんのアフィリエイトサイトをつくってリスク分散をしても、すべてのアフィリエイトサイトの被リンクが同じだとすると、リスクを分散したことにはなりません。

　確かに「サイトの品質の問題」というペナルティへのリスク分散にはなりますが、被リンクに対するペナルティへのリスク分散ができていません。

　被リンク対策を意図的にして受けてしまうペナルティというのは2種類あります。それは「そもそもリンクを受けたサイト自体（被リンク元）に問題がある場合」と「総合的に見てリンクの構造がおかしな場合」の2種類です。

　この2つのうち「そもそもリンクを受けたサイト自体（被リンク元）に問題がある」という理由でペナルティを受けてしまうと、これらのサイトからリンクを

● 被リンク対策を意図的にして受けてしまうペナルティの種類

● そもそもリンクを受けたサイト自体に問題がある場合

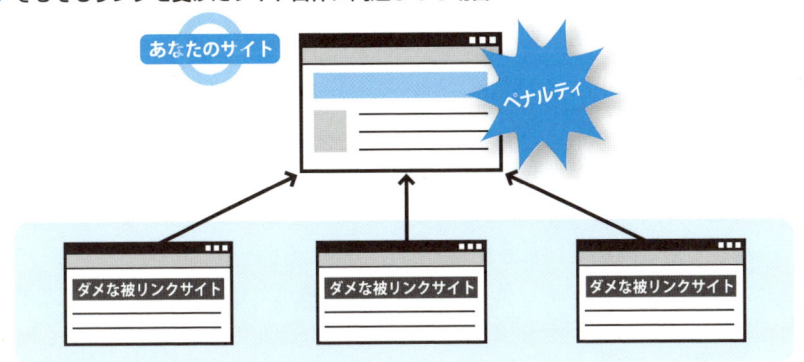

被リンクサイト自体が「被リンク用のサイトである」と Google に見抜かれている場合、これらのサイトからリンクを受けるだけでペナルティを受ける可能性がある

● 総合的に見てリンクの構造がおかしい場合

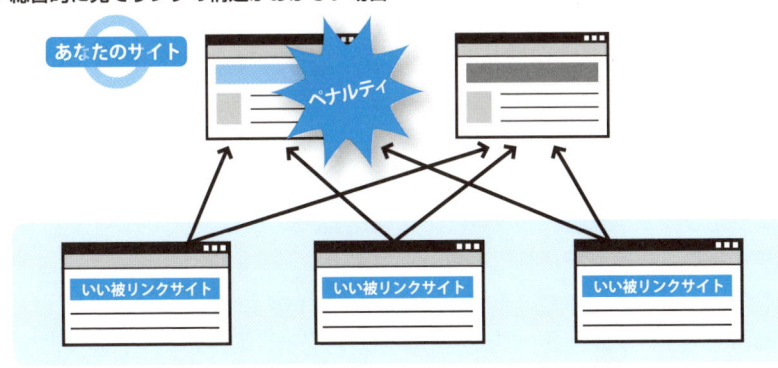

被リンクサイト自体が「被リンク用のサイトである」と Google に見抜かれていないが、
❶ リンクの送り方が不自然 (アンカーテキストが不自然)
❷ サイトボリュームが少ないのに被リンクが明らかに多すぎる
といったリンクの構造に問題がある場合、ペナルティを受ける可能性がある

受けているすべてのアフィリエイトサイトで同時多発的にペナルティを受けてしまうのです。

逆に、もうひとつの「総合的に見てリンクの構造がおかしい」という理由でペナルティを受ける場合は、たとえば10個のアフィリエイトサイトを所有してい

て被リンク元が同じでも、1つのアフィリエイトサイトへのリンクの送り方がおかしな場合や1つのアフィリエイトサイトのページボリュームが少ない場合などは、単独でペナルティが来ることになるので、一斉にペナルティを受けるということはありません。

被リンク元の分け方

　ではどのように被リンク元を分けるのがいいのでしょうか。まず**1番の理想は、アフィリエイトサイトそれぞれの被リンク元を1つずつ変更するということ**です。これが1番の方法でしょうが現実的ではありません。
　たとえば10個のアフィリエイトサイトを所有していて、1サイトにつき50個の被リンク用のサイトを所有する場合、合計500個の被リンク用サイトを保有しなければなりません。確かに被リンク対策をする場合、このような手間暇かけたやり方が最も理想ですし、ここにお金をかけているトップアフィリエイターもいます。
　しかしあまりにもお金と時間がかかる作業なので、この本を読んでいるみなさんにお勧めなのは、被リンクサイト「群」をつくるということです。
　特にコンテンツを似せた群をつくることにより、ペナルティリスクの削減とSEO効果のアップをはかることができます。

　たとえば右頁の図のように、被リンクサイト群をつくるとします。こうすると被リンク用サイト群❹のサイトがGoogleによって、「これらのサイトは被リンク用サイトだ！」と見抜かれた場合、美容関連のアフィリエイトサイトはペナルティを受けてしまいますが、被リンク用サイト群❺と❻からリンクを受けている金融商品関連、ウォーターサーバー関連のアフィリエイトサイトはペナルティを受けずに生き残ります。このように分散しておけば、すべてのアフィリエイトサイトが1度にペナルティを受ける確率は減ります。つまり、ペナルティリスクの軽減になります。それでも、100％ないとはいえません。

　そしてもう1つの利点は、SEO効果が高くなるという点です。**サイトのコンテンツ内容が似ているサイトからリンクを受けることは、SEO効果が高くなる傾向にあります。**つまり「美白化粧品」というキーワードで上位表示をしたければ、「美白」について書かれたサイトからリンクを受けると上位表示されやすくなるということです。

● リスクを分散させるときの被リンク元サイト構成例

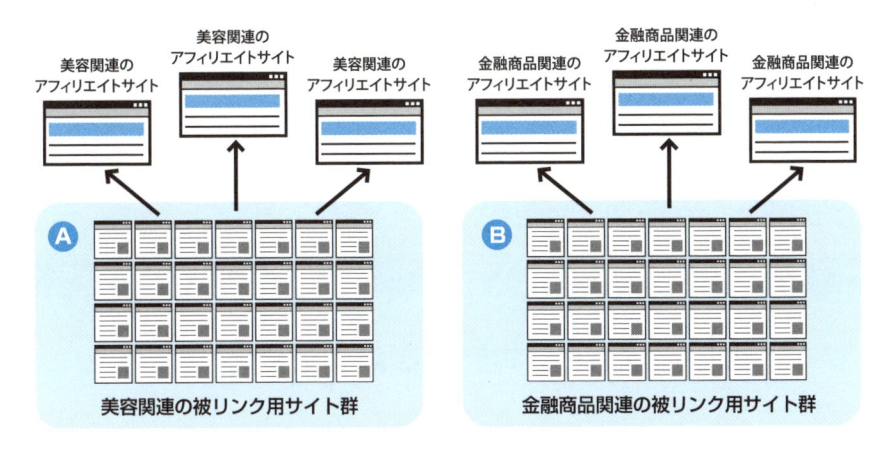

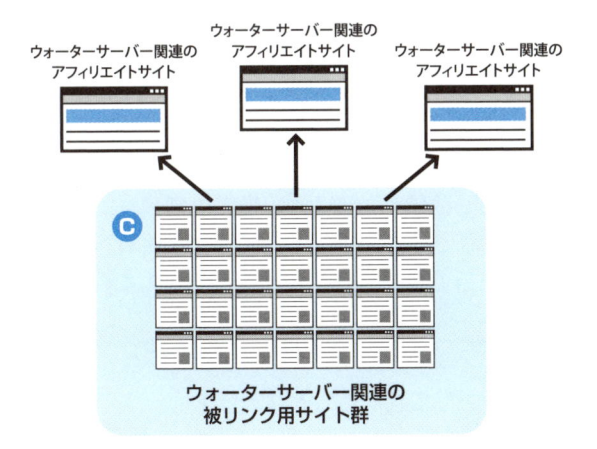

美容関連のアフィリエイトサイト
美容関連のアフィリエイトサイト
美容関連のアフィリエイトサイト

Ⓐ 美容関連の被リンク用サイト群

金融商品関連のアフィリエイトサイト
金融商品関連のアフィリエイトサイト
金融商品関連のアフィリエイトサイト

Ⓑ 金融商品関連の被リンク用サイト群

ウォーターサーバー関連のアフィリエイトサイト
ウォーターサーバー関連のアフィリエイトサイト
ウォーターサーバー関連のアフィリエイトサイト

Ⓒ ウォーターサーバー関連の被リンク用サイト群

　ということは、被リンクサイトⒶ群は「美容関連」、Ⓑ群は「金融商品関連」、Ⓒ群は「ウォーターサーバー関連」というように分けておけば、美容関連のキーワードで上位表示を目指しているアフィリエイトサイトは、Ⓐ群のような美容関連のサイトからリンクを受けたほうが上位表示されやすくなるということです。

> Check!
> 1. あくまでも理想は魅力的なコンテンツで勝負すること！
> 2. 「被リンク元が同じ」は「1つのサイトでアフィリエイトしているのと同じ」
> 3. 被リンクを「群」に分けてリスク分散とSEO効果の上昇をねらえ

2 サイトアフィリエイトの法則

105

絶対法則 24 最適な更新頻度と内容。そして更新できないときの対策方法

サイトアフィリエイトでは、定期的に記事の更新をしないと徐々に順位が落ちてしまう危険があります。では定期的に更新する場合、どのようなコンテンツを増やしていけばいいのでしょうか。

重要度 ★★★★☆　難易度 ★★★☆☆　対応 HTML　無料ブログ　WordPress

■ サイトの更新はSEO対策に関係してくる

　サイトは基本的に「更新する」のが前提です。なぜなら情報提供をしているわけですから、更新しなければどんどん古い情報になってしまい、存在意義のないサイトになってしまいます。このようなことから、**常に更新しているサイトは、Google検索でも上位に表示される傾向にあります**。もちろんたくさん更新しているからといって、絶対に上位表示されるということはありませんが、評価は高くなっていきます。

　逆に一切更新していないサイトは、上位に表示されていても、徐々に順位が落ちてきてしまいます。こちらも当然のことですが、更新をしなくてもリンクが増え続けるなど、何かしらのSEO評価が上がっていれば順位は落ちないこともあります。

　サイトアフィリエイトの場合、SEO対策をして集客するわけですから、できるかぎりの対策をしておくに越したことはありません。

　SEO対策の面だけでなく、訪問者への対応も必要になります。右頁の図を見てほしいのですが、あまりにも更新されていないのが訪問者にばれてしまうと、訪問者はサイトから離脱してしまいます。なぜなら、訪問者は「悩みを抱えている」「何かについての情報がほしい」と思ってサイトに訪問しているわけですから、それらの情報が古いものだとわかれば、「この情報はちょっと古いな。もっと新しい情報があるかもしれないなー」「このサイトは、すでに閉鎖されているサイトだから見ても参考にならないなー」と思われてしまうかもしれないのです。

● 定期的に更新されているサイトと更新されていないサイト

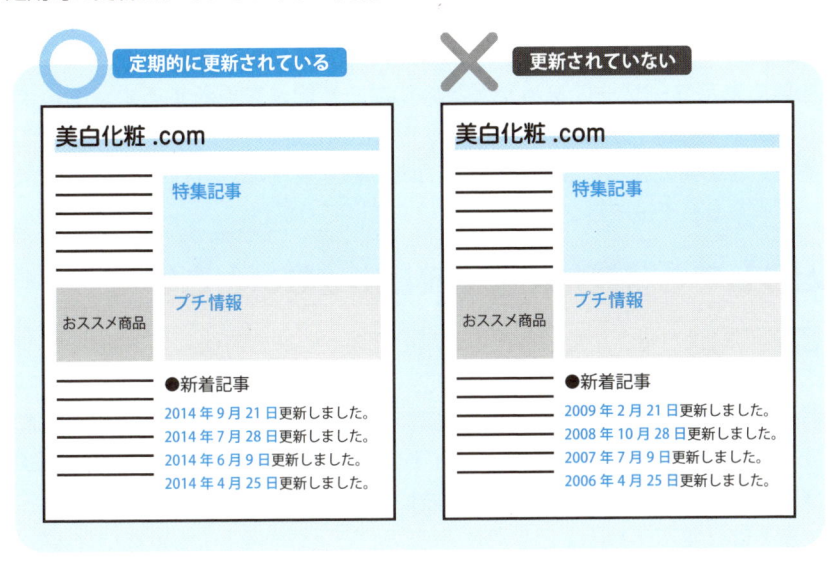

| ○ 定期的に更新されている | × 更新されていない |

美白化粧.com
- 特集記事
- おススメ商品 / プチ情報
- ●新着記事
  - 2014年9月21日更新しました。
  - 2014年7月28日更新しました。
  - 2014年6月9日更新しました。
  - 2014年4月25日更新しました。

美白化粧.com
- 特集記事
- おススメ商品 / プチ情報
- ●新着記事
  - 2009年2月21日更新しました。
  - 2008年10月28日更新しました。
  - 2007年7月9日更新しました。
  - 2006年4月25日更新しました。

　もしどうしてもサイトの更新をすることができないのであれば、「新着記事情報」の紹介を避けるべきでしょう。またWordPressや無料ブログを利用する場合、記事の中に更新した日付が入る設定がされているときがありますが、これを意図的に消しているアフィリエイターもいます。訪問者は「この情報が新しいかどうか」を見ていることもあるので、これは理想的ではないのですが、**更新できずに古い日付が残ってしまうのであれば日付を意図的に隠すのも1つの方法**です。

更新頻度は2週間に1度や1カ月に1度程度でいい

　では30～50ページあるサイトをつくったあと、どのような記事を追加していけばよいのでしょうか？　また記事の更新頻度はどれくらいが理想的なのでしょうか？
　まず**理想的な更新頻度については、1記事でもいいので、毎日更新すること**です。
　しかしそれだけの労力をかけるということは、1サイト5万円の報酬が上がるサイトを制作しましょうという考えと矛盾してしまいます。ですから、**更新頻度は2週間に1度や1カ月に1度程度で十分**です。とにかく何カ月も更新されていないという状況だけは避けるようにしてください。

更新用記事の内容は読者に有益なものに

　では、更新用の記事の内容は、できれば**そのアフィリエイトサイトのコンテンツを見に来るユーザーにあった（ためになる）記事を更新する**ようにします。30〜50ページのサイトを制作したときにさまざまな情報を掲載したので、「もう提供できる情報なんてない」と思うかもしれませんが、それでもできるかぎりユーザーにとって役に立つ情報を提供してあげてください。

どうしても有益な記事を絞り出せないときは

　絶対法則15 で紹介したように更新用の記事を委託して購入してもかまいません。また 絶対法則17 で紹介したようにランサーズを利用して、「○○に関する記事」というぐあいに募集をすれば、在宅ワーカーさんが記事を書いてくれます。いずれにしても、**アフィリエイトサイトでねらっているキーワードが文章中に入っている記事を書いてもらってください。**

　たとえば「美白化粧品」というキーワードで上位表示したいのであれば、「美白化粧品」というキーワードが入っている記事を書いてもらうのがお勧めです。

　ただし、これらの委託した記事の内容はどうしても薄くなりがちなので、あまりお勧めはできないのですが、記事をまったく更新しないよりはマシというレベルで考えてください。

更新用記事にはアフィリエイトリンクを張らない

　上記のように**記事を委託してシステマチックに記事更新をする際、その記事にはアフィリエイトリンクを張らない**ようにしてください。

　よりたくさんの記事に、アフィリエイトリンクが張ってあるほうが稼げるような気がしますが、まったく商品と関係のない記事に張りつけるのはSEO的によくありません。

　詳しくは次の 絶対法則25 でお話しします。

Check!
1. サイトは常に更新しろ
2. 更新する記事はユーザーにとって魅力的な記事を追加する
3. どうしても記事更新ができない場合は記事を購入してもよい

絶対法則 25 アフィリエイトリンクの張り方と注意点

アフィリエイターが収益をあげるためには、まずサイトに張ったアフィリエイトリンクを訪問者がクリックしなくてはなりません。このリンクの張り方によってペナルティを受けやすくなることがあるので、注意が必要です。

重要度 ★★★★☆　難易度 ★★☆☆☆　対応 HTML　無料ブログ　WordPress

アフィリエイトリンクのダメな張り方

1 すべてのページにアフィリエイトリンクが張られている

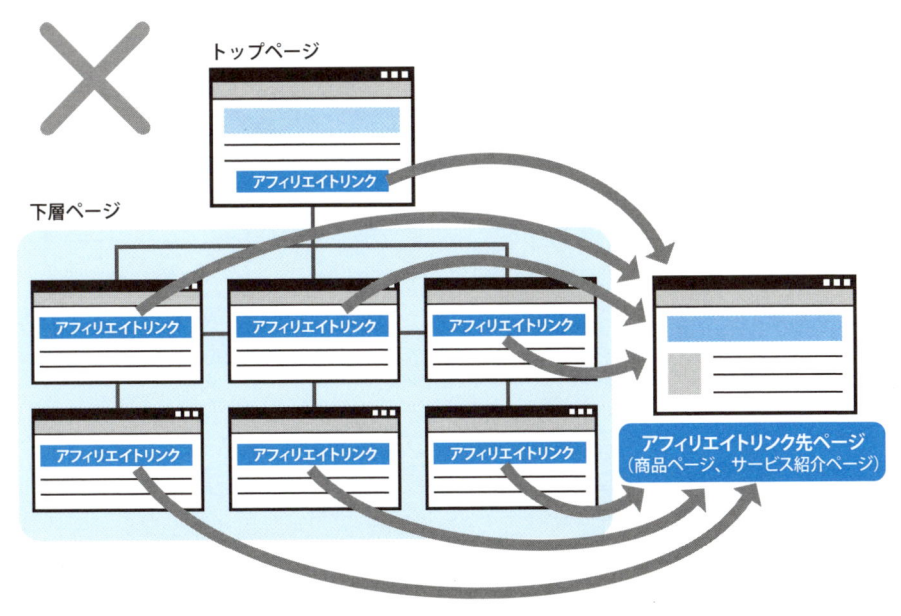

アフィリエイトの初心者に1番多いミスが、サイトのすべてのページにアフィリエイトリンクを張りつけてしまうことです。下図のような構図です。すべてのページにアフィリエイトリンクが張られています。

● すべてのページにアフィリエイトリンクが張られている例

2 全ページにランキングページへのリンクを張っている

　そして次に多いのがアフィリエイトリンクをまとめて張りつけているページ、たとえば商品のランキングページへのリンクを全ページに張りつけているというミスです。

● まとめてアフィリエイトリンクが張られているページへ、すべてのページがリンクしている

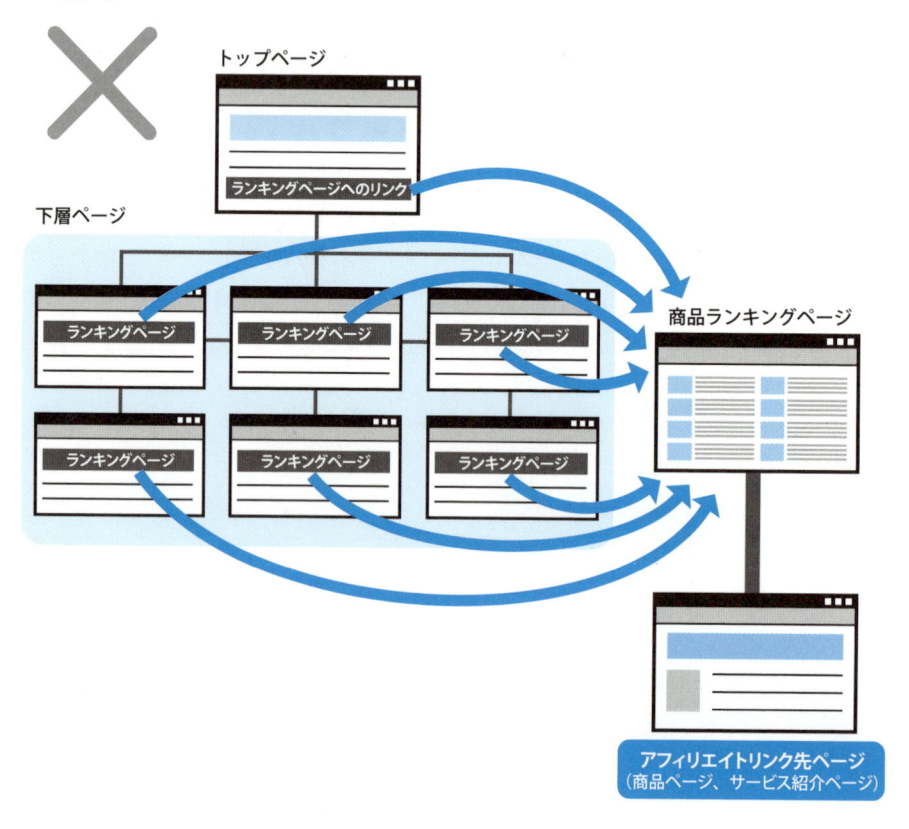

```
✕　　　トップページ
　　　┌─────────┐
　　　│ランキングページへのリンク│
　　　└─────────┘
下層ページ
　ランキングページ × 6
　　　　　　　　　　　　→ 商品ランキングページ
　　　　　　　　　　　　　　↓
　　　　　　　　　　　　アフィリエイトリンク先ページ
　　　　　　　　　　　　（商品ページ、サービス紹介ページ）
```

　アフィリエイト商品とは関係のないページでも、リンク先のページがアフィリエイトリンク集のような場合、「アフィリエイト目的のためだけ」のサイトと判断されてしまいます。また、すべてのページからアフィリエイトリンクが張られているページへリンクされていると、「誘導目的のため」のサイトと判断されてしまうので、ペナルティを受ける可能性があります。

さらに、すべてのページにアフィリエイトリンクを張りつけることは、自分のサイトのSEO価値を下げることにもなります。**リンクを送ることは基本的にSEO価値をリンク先に分け与えるということなので、自分のサイトからほかのサイトにリンクをたくさん送っていると、自分のサイトのSEO価値が低くなってしまいます。**

アフィリエイトリンクの理想的な張り方

　では、理想的なアフィリエイトリンクの張りつけ方とは一体どのようなものでしょうか？
　アフィリエイト商品を紹介しているページからだけ、紹介している商品のランキングページや商品比較ページにアフィリエイトリンクを張る方法です。

⚠ トップページにアフィリエイトリンクを張りつけてもかまわない

　トップページにアフィリエイトリンクを張りつけるとSEO効果が低くなるという意見もありますが、特にそのようなデータは確認が取れていません。このような意見があるのは、リンクを送ったサイトはSEO価値が低くなるという定説から来ていますが、その少数のリンクが大幅にSEO価値を低くするとは考えられませんし、弊社の実験サイトでもトップページにリンクを張りつけても順位に変動はありませんでした。
　加えて**ほかのサイトを紹介することはユーザビリティを高めるので、トップページにリンクを貼ってもまったく問題はありません。**

　アフィリエイト商品を紹介しているページにだけアフィリエイトリンクを張るというのは、報酬へのトリガーを減らす行為になるように思えますが、残念ながらこのルールを守っていないと、あとでお話しする 絶対法則28 とも関連しますが、Googleからのペナルティを受けてしまうことになります。

アフィリエイトリンク以外のリンクが大切な理由

1 ユーザビリティの高いリンクを張る

　では自分のサイトからのリンクはアフィリエイトリンクだけでいいのかというと、そうではありません。なぜならアフィリエイト商品がすべてではないからです。

たとえば、美白についてのサイトを立ち上げて美白化粧品のアフィリエイトをしていると、アフィリエイトできる美白化粧品だけを紹介するという流れが一般的です。しかし世の中にはほかにもたくさんの美白化粧品が存在します。
　つまりアフィリエイトできる商品やサービスだけを紹介していると、ユーザーにとって一部の情報や偏った情報しか流れない可能性があるのです。
　この点は、Googleも上位表示する判断基準に入れていると推測されます。つまり先ほどもお話ししましたが、**リンクがアフィリエイトリンクばかりだと「アフィリエイト目的だけのサイト」と判断されてペナルティを受けてしまう**のです。こういったことから、今ではアフィリエイトサイトでも、ごく少数ですが一般的なリンクを張っているサイトが多く出てきました。

2 Googleのアドセンス広告を入れてもいい

　また前著「SEO対策　検索上位サイトの法則52」でも紹介したように、アフィリエイトリンク以外にもGoogleのアドセンス広告を入れるといいと書きましたが、これも同じような理由です。

　とにかくGoogleは被リンクによるペナルティばかりを与えているという思い込みがあるかもしれませんが、アフィリエイトサイトはサイトの内部の問題についてかなり多くのペナルティを出しています。サイト運営者としては真面目にサイト運営していても、知らない間にペナルティが来たということになりかねないので注意が必要です。
　次の 絶対法則26 ～ 絶対法則28 でかなり詳細にお話しするので、サイトアフィリエイトをする人は絶対に確認しておいてください。

Check!
1 全ページにアフィリエイトリンクを張るな
2 商品を紹介しているページにアフィリエイトリンクを張れ
3 アフィリエイトリンク以外のリンクも張れ

絶対法則 26	サイト内部のペナルティ ❶ ～商品ページと自社ページ編～

サイトのペナルティと聞くと、真っ先に思い浮かぶのが被リンクによる外部リンクのペナルティです。ところがアフィリエイトサイトは、サイト内部のペナルティにも気をつけなければなりません。

| 重要度 | ★★★★☆ | 難易度 | ★★★☆☆ | 対応 | HTML | 無料ブログ | WordPress |

コピペ記事ではないのに警告が来る？

　サイト内部へのペナルティは基本的に被リンクによるものと考えている人が多いのですが、サイトのコンテンツに対してのペナルティも多く存在します。またサイト内部のペナルティが存在すると知っている人も「コピペ記事を使用する」「隠し文字を使用する」「キーワードを詰め込みすぎる」という明らかにペナルティになるような対策をした場合のみ、ペナルティを受けると思い込んでいる人が多いのが現状です。

　しかしGoogleがサイト内部に対して行うペナルティは、そんな甘いものではありません。コピペ記事を使用することもなく、すべて自分で書いた記事であったとしても、ペナルティが来てしまうことがあります。また、記事をライターに執筆してもらった場合に、コピペチェックツールを利用してコピペ記事ではないことを確認してから掲載しても、ペナルティが来ることがあるのです。

　では、詳しく見ていきましょう。

商品ページと自社ページが似ているとどうなるか？

　コンテンツがコピペ記事ではないとしても、ペナルティが来る原因の1つに、**アフィリエイトリンク先の情報と酷似している**というものがあります。たとえば次頁の図のようなサイトです。

　次頁の図は、ややおおげさにコンテンツが似通っているケースとして紹介しているので「自分には関係のないことだ」と思うかもしれません。ここまで酷似していることはなくても、実際に自分のアフィリエイトサイトが、アフィリエイトリンク先のサイトに似てしまってペナルティを受けていることはたくさんあります。自分とは関係ないと思わずにしっかりと確認してみてください。

● サイトがアフィリエイトリンク先と酷似しているケース

```
┌─────────────────────────────┐         ┌─────────────────────────────┐
│ 自分のアフィリエイトサイト    │         │ 美白化粧品 Ⓐ の購入サイト    │
│                             │         │                             │
│ 美白化粧品Aとは……            │         │ 美白化粧品Aとは……    ┌───┐ │
│ ─────────────               │   誘導  │ ─────────────       │   │ │
│ ─────────────               │   ⇒    │ ─────────────       └───┘ │
│ 美白化粧品Aの効果とは……      │         │ 美白化粧品Aの効果とは…┌───┐│
│ ─────────────               │         │ ─────────────       │   │ │
│ ─────────────               │         │ ─────────────       └───┘ │
│ 美白化粧品Aの基本情報(価格など)│         │ 美白化粧品Aの基本情報(価格など)│
│ ─────────────               │         │ ─────────────               │
│ ─────────────               │         │ ─────────────               │
│ 美白化粧品Aに寄せられた口コミ！│         │ 美白化粧品Aに寄せられた口コミ！┌─┐│
│ ─────────────               │         │ ─────────────           │ ││
│ ─────────────               │         │ ─────────────           └─┘│
│     詳しくはコチラ(アフィリエイトリンク) │         │                    購入はコチラ│
└─────────────────────────────┘         └─────────────────────────────┘
```

　上記の例はもちろんコピペしたようなサイトではありません。さらに、美白化粧品Ⓐのランディングページがすべて画像で構築されているサイトとします。つまり**美白化粧品Ⓐのランディングページは画像で構成されているので、画像に書かれている文章をまるまるコピーして掲載しても、通常であればペナルティにならない**ような状態です。

　このアフィリエイトサイト（自分のサイト）は、美白化粧品Ⓐをアフィリエイトするために運営しているのですが、サイトコンテンツが美白化粧品Ⓐについていろいろ書かれているサイトだとします。コピペではありませんが、美白化粧品Ⓐのサイトを参考にしながら「効果」や「基本情報」「口コミ」などを紹介しているサイトです。

　ここで落とし穴があります。商品購入サイトが画像で構築されているので、アフィリエイトサイトは、コピペしている記事ではなく「参考にしながら」サイト構築をしています。これならペナルティに引っかからない気もしますが、実は引っかかってしまいます。

　なぜなら「このアフィリエイトサイトは存在意義がないから」です。存在意義がないという言い方は少し厳しい言い方ですが、よく考えてみてください。

　このアフィリエイトサイトには「美白化粧品Ⓐの効果」や「基本情報」「口コミ」などが独自コンテンツとして紹介されていますが、これらの情報は、このアフィリエイトサイトで紹介されなくても美白化粧品Ⓐのサイトに行けばわかる内容

です。つまり**このアフィリエイトサイトがなくても知ることができる情報なので、存在意義がない**のです。

　実際左頁の図のように並べてみれば理解しやすいのですが、自分のサイトを見返したときにこのようなサイトになっていることが多くあります。このようなことをしていると、コピペ記事ではないだけにGoogleロボットによる自動のペナルティは受けないのですが、上位表示されてGoogleのスタッフがサイトを見たときに、「このサイトは存在意義がない」としてペナルティを課せられて圏外に消えていってしまいます。

ペナルティを回避するには独自コンテンツを増やす

　「存在意義のないサイト」にならないためには、アフィリエイトサイト独自のコンテンツが必要になります。それらが、商品購入サイトに書かれていない体験談や口コミ、使ってみてどうだったのか、デメリットは何か、ほかの商品と比べてどのような違いがあるのか、どのように使用すればいいのかといった、商品購入サイトに書かれていないような内容をとにかく多くすることです。

　特にペナルティを受けやすいのは、商品の紹介に特化したサイトの場合です。たとえば美白化粧品Ⓐを販売するために「美白」についての情報を提供するサイトを構築していて、美白になるためのノウハウを提供しつつ、「こういう商品もありますよ」という紹介で美白化粧品Ⓐのアフィリエイトリンクを張りつけるという程度であれば問題はありませんが、**美白化粧品Ⓐについて特化したサイトを構築する場合は、商品購入サイトに負けないくらいの独自コンテンツが必要になる**ので注意が必要です。

　つまり、**商品に特化したサイトではなく、分野に特化したサイトをつくらなければならない**ということです。

Check!
1. アフィリエイトサイトはサイト内部のペナルティにも注意しろ
2. 自分のサイトの存在意義があるのかしっかりとチェックしろ
3. 商品に特化したサイトをつくる場合は独自コンテンツを強化しろ

| 絶対法則 27 | サイト内部のペナルティ ❷ ～ほかのアフィリエイトサイトとの違い編～ |

アフィリエイターの数は年々増えています。それに伴って、アフィリエイトサイトも年々増えています。自分のサイトの存在意義があるかどうかをしっかりと見直してみましょう。

| 重要度 ★★★★☆ | 難易度 ★★★☆☆ | 対応 | HTML | 無料ブログ | WordPress |

ほかのアフィリエイトサイトだってがんばっている

絶対法則26 で商品に特化したサイトではなく、分野に特化したサイトであれば問題ない……とお話ししましたが、分野に特化したアフィリエイトサイトでも、違う理由でペナルティを受けてしまうことがあるので注意が必要です。

まず頭に入れておくことは、次の2つです。

❶ アフィリエイトサイトは無数にある
❷ それらのアフィリエイトサイトも工夫を凝らしてサイト運営している

稼げるアフィリエイターは、アフィリエイト仲間と情報共有をしつつ戦略を立てて稼いでいると 絶対法則14 で説明しましたが、まだまだ1人で黙々とアフィリエイトしている人が多いのが現状です。そうだとするとほかのアフィリエイトサイトのがんばりがわからないため、自分だけががんばっているような気になり、サイトのページ数が少し増えてくると「自分のサイトは魅力的だ」と思い込んでしまう人が多くいます。

ありきたりなコンテンツはペナルティ対象になる

しかし、残念ながらあなたが1人でがんばってつくっているサイトは、ほかのアフィリエイトサイトとコンテンツが似てしまいがちです。この書籍の例では、「美白」や「美白化粧品 Ⓐ」という単語を度々出していますが、美白化粧品 Ⓐ を販売するための「美白」に関する情報提供サイトを構築することを想像してみてください。あなたなら一体どのようなコンテンツを提供しようと思いますか？

おそらく次のようなことを思いついたのではないでしょうか？

● 「美白」に関する情報提供サイトのコンテンツを考えてみる

- 美白についての基本情報×5ページ
- 美白成分×5ページ
- 美白になるための方法×5ページ
- しみやくすみの原因×5ページ
- 紫外線対策（日焼け対策）×5ページ
- 美白化粧品ランキング×5ページ
- 美白化粧品の口コミ×5ページ

　上記のようなところまで思いつかなかった、それ以上に思いついたという人もたくさんいると思いますが、平均的に大方このようなサイトをつくりがちです。
　上記のようなサイトは無数に存在しているので、どうしてもほかのアフィリエイトサイトとコンテンツが似通ってしまいます。もちろんほかのアフィリエイトサイトからコピーしたコンテンツではないのはわかっていても、Googleは容赦なくペナルティを与えてきます。なぜなら、**同じような情報を提供しているアフィリエイトサイトは、すでに無数に存在しているわけですから、今さら同じようなサイトができても「存在意義がない」**からです。

　「美白」「美白　方法」などとYahoo!やGoogleで検索してみると、上記のようなコンテンツを提供しているサイトが山ほどあることに気づくはずです。コピペコンテンツでないにしても、今さらこのようなありきたりなコンテンツが掲載されたサイトがつくられて、それぞれにSEO対策したとしたら、ユーザーが検索したときに同じような情報ばかり掲載されたサイトがたくさん上位表示されて、ユーザーにとってはうれしくもない情報の固まりとなってしまい、有益な情報にはならないのです。
　このように検索上位のサイトが同じような情報を提供しているアフィリエイトサイトばかりであれば、ユーザーに「検索エンジンで検索してもいい情報は得られない」と思われる可能性があるため、**Googleも必死になって、このような「ありきたりなサイト」の排除を行う**のです。
　なぜなら、Googleは検索エンジンを使ってもらうことによって検索エンジン内の広告をクリックしてもらったり、Googleが提供するGメールやYouTubeの利用をしてもらって収益を得ているからです。

● 存在意義のあるサイトないサイト

いい例　かなり詳しく書かれているサイトで
かなり前から運営されているサイト

悪い例　存在意義なし！

美白についてのサイト
- 美白についての基本情報 ×20 ページ
- 美白成分 ×20 ページ
- 美白になるための方法 ×20 ページ
- しみやくすみの原因 ×20 ページ
- 紫外線対策（日焼け対策）×20 ページ
- 美白化粧品ランキング ×20 ページ
- 美白化粧品の口コミ ×20 ページ

美白についてのサイト2
- 美白についての基本情報 ×5 ページ
- 美白成分 ×5 ページ
- 美白になるための方法 ×5 ページ
- しみやくすみの原因 ×5 ページ
- 紫外線対策（日焼け対策）×5 ページ
- 美白化粧品ランキング ×5 ページ
- 美白化粧品の口コミ ×5 ページ

悪い例　存在意義なし！

悪い例　存在意義なし！

しみやくすみをなくして美白になろう！
- しみの原因 ×10 ページ
- くすみの原因 ×5 ページ
- 紫外線対策 ×5 ページ
- 日焼け予防 ×5 ページ

美白化粧品マニア
- 美白化粧品ランキング ×5 ページ
- 美白化粧品の口コミ ×5 ページ
- 紫外線対策商品ランキング ×5 ページ
- 紫外線対策商品口コミ ×5 ページ

　上記の左上のように、本当に詳しく情報を提供しているサイトであればペナルティにはなりにくいです。**同じようなコンテンツでも、左上のサイトはほかのサイトでは紹介しきれていない情報まで紹介できている**ということです。

　逆にほかの3つは「全体的に情報は提供できているが、ほかのサイトとコンテンツが重複している場合」や「分野に特化しているが、特化している割に左上のサイトよりコンテンツが薄い場合」「商品のランキングや口コミに特化している割に左上のサイトよりコンテンツが薄い場合」などです。また図の中には「かなり前から運営されている」と書きましたが、例としてわかりやすく書いただけで、運営履歴が長ければいいというわけではありません。

デメリットを書いたり、写真つき記事などで独自性を出す

1 初心者が特化しやすいのは「体験談」「口コミ情報」「ほかの商品との比較」

これらを回避するためには、とにかく独自性を出していかなければなりません。

初心者がサイト構築をする際に、特化しやすいのが「体験談」や「口コミ情報」「ほかの商品との比較」です。左頁の図の例のように、ほかのサイトに書いてあるような薄い情報や、情報量が少ない場合はダメですが、**それなりに情報量が多く、商品販売ページに掲載されていないような具体的な口コミや、悪い点も書かれているような口コミが掲載されていると、独自コンテンツとして認められやすく**なります。

2 基本的なサイトの構造を深堀りする

基本的なサイトの構造に対して「足してみたり」「引いてみたり」してサイトを差別化することもお勧めです。基本的なサイトの構造とは、次の6つがワンセットだと思ってください。

> ❶ 基本情報：「美白になるには」「便秘の原因とは」など
> ❷ 商品の紹介：「〇〇ウォーターサーバーの利用料金」など
> ❸ 〇〇になる方法：「ほうれい線を消す方法」「猫背を治す方法」など
> ❹ 〇〇ランキング：「クレジットカードポイント還元率ランキング」など
> ❺ 体験談：「美白化粧品Aを使った体験談」など
> ❻ 商品の口コミ：「便秘解消グッズBの口コミ」など

これらをほかのサイトと同じように制作するのではなく、**「体験談だけに特化」「口コミ情報だけに特化」というように、1つ2つを深堀りする**ようにします。

しかし特化するからには、ほかのサイトの体験談や口コミよりも圧倒的に情報量は多くなければならないですし、情報の質もよくなければならないので、その点だけ注意してください。

3 写真つきの記事

また**「写真つきの記事」を書いて丁寧に情報提供を行うことも、独自コンテンツとして認められやすい**傾向にあります。商品が売れなくなるようなデメリットを書いてしまうのはよくありませんが、ほかの商品と比べた結果を詳細に伝えて

あげることもお勧めです。なぜなら、**アフィリエイトサイトは商品を売ろうと思っていい情報しか提供しないがために、コンテンツが似通っているという状況でもある**からです。

4 ほかのサイトと差別化するための基本的な考え方

　まずアフィリエイトをはじめる前に、ほかのアフィリエイトサイトはどのような情報を提供しているのかよく確認しておくことをお勧めします。要はコピペ記事を使用していなければ、Googleロボットがペナルティを課すことはなく、Googleのスタッフがペナルティを課すわけです。つまり**「人が見てありきたりなサイト」であれば、ペナルティを受けてしまう可能性は大いにある**ということです。Googleのスタッフであってもあなたでも、「目」は同じですから、より多くのほかのアフィリエイトサイトを見て、ライバルサイトと同じような情報を提供してしまっていないか、注意を払いながらサイトを構築するようにしましょう。

Check!
1 ほかのアフィリエイトサイトも工夫していることを肝に銘じろ
2 中途半端な情報ではペナルティを受けてしまう
3 差別化、特化でペナルティを回避しろ

絶対法則 28 サイト内部のペナルティ ❸ 〜自動生成編〜

業務効率化のために、何かしらの作業を自動で行うことがあります。しかしこの効率化が裏目に出てしまうこともあるので、気をつけなければなりません。ここではペナルティが来てしまう確率の高い「自動化」についてお話しします。

重要度 ★★★★☆　難易度 ★★★☆☆　対応 HTML　無料ブログ　WordPress

アフィリエイトリンクの自動生成

アフィリエイトリンクの自動生成は 絶対法則25 と重複しますが、**すべてのページにアフィリエイトリンクが入ってしまうような自動生成は、ペナルティを受けてしまう可能性が高い**です。特に最近では、記事の最後に必ずアフィリエイトリンクを張るように設定することが簡単にできてしまうので、注意が必要です。

● すべての記事にアフィリエイトリンクを張る HTML の構文

XHTML 上で「すべてのページ」にアフィリエイトリンクを張るように指定

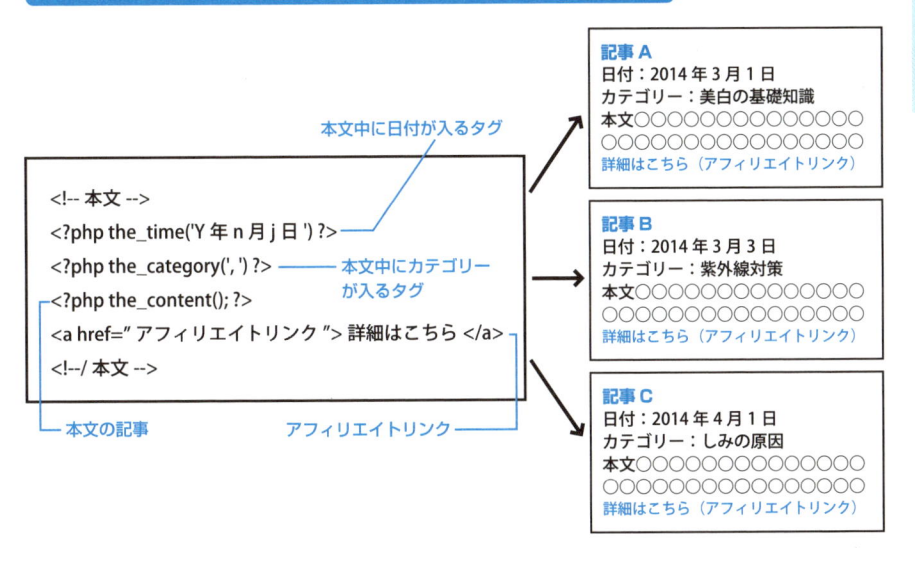

```
<!-- 本文 -->
<?php the_time('Y 年 n 月 j 日 ') ?>     ← 本文中に日付が入るタグ
<?php the_category(',' ') ?>            ← 本文中にカテゴリーが入るタグ
<?php the_content(); ?>                 ← 本文の記事
<a href=" アフィリエイトリンク "> 詳細はこちら </a>  ← アフィリエイトリンク
<!--/ 本文 -->
```

記事 A
日付：2014 年 3 月 1 日
カテゴリー：美白の基礎知識
本文○○○○○○○○○○○○○○○
○○○○○○○○○○○○○○○○
詳細はこちら（アフィリエイトリンク）

記事 B
日付：2014 年 3 月 3 日
カテゴリー：紫外線対策
本文○○○○○○○○○○○○○○○
○○○○○○○○○○○○○○○○
詳細はこちら（アフィリエイトリンク）

記事 C
日付：2014 年 4 月 1 日
カテゴリー：しみの原因
本文○○○○○○○○○○○○○○○
○○○○○○○○○○○○○○○○
詳細はこちら（アフィリエイトリンク）

前頁の図にあるような、簡単な構文でWordPressや無料ブログの管理画面からすべての記事に、「日付」や「記事のカテゴリー」といった項目を自動で挿入できるようになります。これは非常に便利なのですが、同様に、アフィリエイトリンクも自動で挿入できるように設定してしまうと、 絶対法則25 で説明したダメな例のように、すべてのページにアフィリエイトリンクが挿入されてしまうことになります。

　以前までは、このようなアフィリエイトリンクの自動生成でもペナルティは来なかったのですが、2014年1月以降、**アフィリエイトリンクの自動生成が原因と思われるペナルティが来るようになった**ので、これからサイトアフィリエイトをする人は注意が必要です。

自動ページ生成・自動的に生成されたコンテンツ

　 絶対法則20 で、サイトボリュームは多いほうがいいとお話ししましたが、これを受けて、ページが自動で増えていくようなツールを使ってサイトボリュームを増やすと、ペナルティの対象となるので注意してください。たとえば、ページに入れたいキーワードを指定しておけば、そのキーワードが入ったページを自動的に生成していくツールです。

　それと似たものが、「**ワードサラダ**」といわれるツールを利用した記事の追加です。ワードサラダを使用すれば、自動的に記事を制作することができます。この記事を使ってサイトボリュームを増やすということも、ペナルティの対象となってしまうので避けなければなりません。

　右頁の図のように、ワードサラダを利用した不正な記事や自動でページが増えていくようなツールを利用してサイトボリュームを増やしても、SEO的な観点のメリットは1つもありません。このような**自動ツールを使って、記事を追加してサイトボリュームを増やすくらいなら、少なくてもいいので、非常に魅力的な記事だけのほうがマシ**です。

被リンクも自動化してしまう

　自動ツールには記事生成だけではなく、被リンクが増えていく自動ツールも存在します。自動被リンクツールとは、そのツールを購入または登録すると、自動的にあるサイトからリンクを受けるようになったり、簡単なサテライトサイトを

● ワードサラダツールを利用してサイトを構築した例

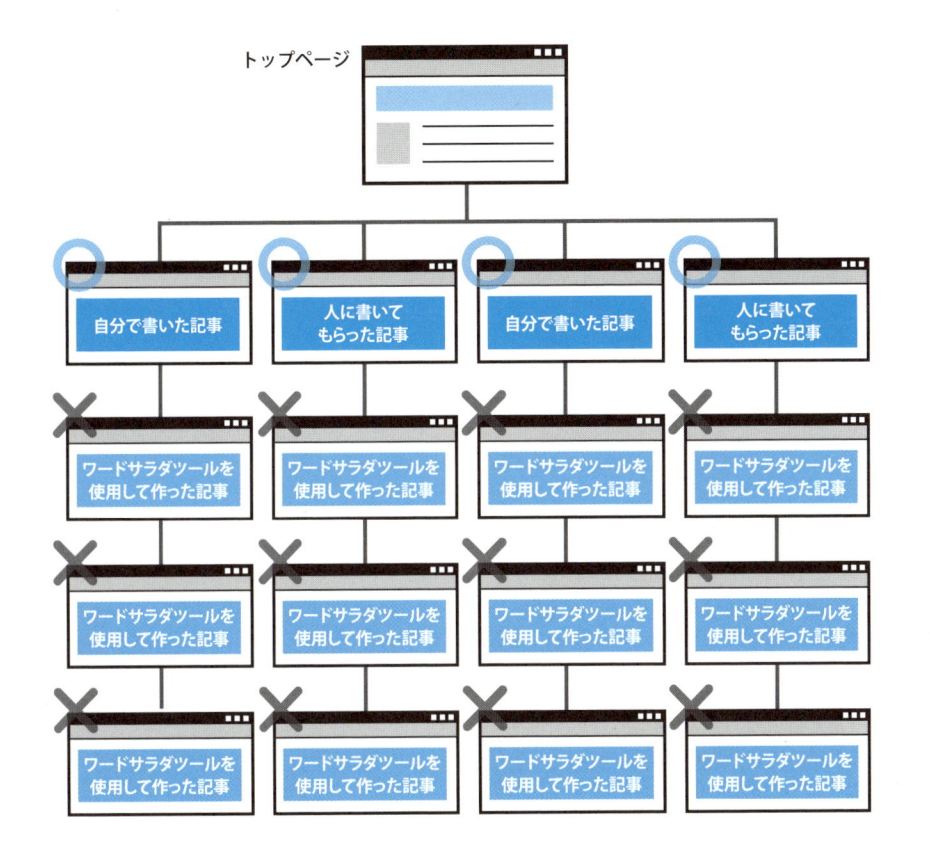

```
                    トップページ
        ┌──────────┬──────────┼──────────┬──────────┐
     自分で書いた  人に書いて   自分で書いた  人に書いて
       記事       もらった記事   記事       もらった記事
        │          │          │          │
     ✕ワードサラダ  ✕ワードサラダ ✕ワードサラダ  ✕ワードサラダ
      ツールを使用  ツールを使用  ツールを使用  ツールを使用
      して作った記事 して作った記事 して作った記事 して作った記事
        │          │          │          │
     ✕ワードサラダ  ✕ワードサラダ ✕ワードサラダ  ✕ワードサラダ
      ツールを使用  ツールを使用  ツールを使用  ツールを使用
      して作った記事 して作った記事 して作った記事 して作った記事
        │          │          │          │
     ✕ワードサラダ  ✕ワードサラダ ✕ワードサラダ  ✕ワードサラダ
      ツールを使用  ツールを使用  ツールを使用  ツールを使用
      して作った記事 して作った記事 して作った記事 して作った記事
```

構築してリンクを送ってくれたり、ブックマークサイトのアカウントに半自動で登録してブックマークしてくれたりするものです。

　この自動被リンクツールは、労力をかけずに被リンクが受けられるということで人気が高いのですが、ほぼ100%の確率でGoogleからペナルティを受けてしまいます。「Googleにばれないように不規則にリンクを張りつける」というようなうたい文句で新商品がどんどん出てきますが、今までペナルティを受けなかったツールは1つもありません。また私のところに「被リンクのペナルティを受けました」と相談される人のほとんどが、過去に自動被リンクツールを利用してSEO対策をしていたという人が多いのが現状です。

共通していえるペナルティ問題

　内部のペナルティも外部のペナルティも同じですが、**アフィリエイトのペナルティは「❶ 楽する」「❷ 存在意義がない」**という問題が結果的に「❸ ユーザビリティを壊している」につながり、Googleがペナルティを課すという方程式になっています。

　「❶ 楽する」はこの 絶対法則28 に関係します。楽をしたいから自動的に何かをするのであって、そこにユーザーへの配慮は感じられないので「❸ ユーザビリティを壊している」につながってしまいます。

　 絶対法則26 　 絶対法則27 は「❷ 存在意義がない」に関係しています。アフィリエイト商品の販売ページの情報と似ている、ほかのアフィリエイトサイトと情報が似ているということから「存在意義」がなくなり、結果的に「❸ ユーザビリティを壊している」につながっています。

　このようなペナルティの例は、ECサイトや企業のサイトではあまり見かけることはなくアフィリエイトサイトに非常に多く、またアフィリエイターはSEO能力が高いのにこれらの法則を理解していないがためにGoogleからペナルティを受けてしまうということが非常に多いので、法則を3つに分けて具体的にお話ししました。

　これからサイトアフィリエイトをする人も、サイトアフィリエイトで伸び悩んでいる人もしっかりとこの3法則は頭に入れておいてください。

Check!
❶ アフィリエイトリンクの自動生成には気をつけろ
❷ サイトボリュームを自動で増やすな
❸ 自動被リンクツールは絶対に使うな

絶対法則 29 稼げるサイトアフィリエイトの記事例

ここでは、サイトアフィリエイトをするときの最適な文章例を提示します。サイトアフィリエイトでは、キーワード比率やサイトタイトルも非常に重要になってくるので、その点も考えながら文章を見てください。

重要度 ★★★★★　難易度 ★★★☆☆　対応 HTML 無料ブログ WordPress

■ サイトアフィリエイトの記事例 ❶

美白になるためのサイト

[このサイトについて] [商品ランキング] [口コミ情報] [お問いあわせ]

サイドメニュー:
- ○○という成分の効果
- ○○という成分の効果
- ○○という成分の効果
- ○○という成分の効果
- 美白の○○方法
- 美白の○○方法
- 美白の○○方法
- 紫外線対策方法
- 紫外線対策方法
- 紫外線対策方法

シミ、そばかすを撃退！　美白になるための新常識と美白化粧品！

●最近シミ、そばかすが増えてきた……

シミやそばかすは、紫外線によって肌の色が変色していると思っている人が多いのではないでしょうか？　だからこそ美白化粧品を使っていれば「問題ないんだ！！」という考え方の女性が多いように思います。

しかし！！　実は「シミ」「そばかす」の原因は1つではありません！！

●シミ、そばかすの種類

シミ、そばかすの種類は、実は6種類に分かれるのです。それが以下の6種です。老人性色素斑、脂漏性角化症、雀卵斑（そばかす）、炎症性色素沈着、肝斑、花弁上色素斑、上記のシミ、そばかすの原因とそれぞれの症状におススメの美白化粧品について紹介をしていきます。

●老人性色素斑

これが一般的にみなさんが想像しているシミです。紫外線対策を若いころに怠っている人に表れるシミです。これらでお悩みの方は「美白化粧品A」というのがおススメです。

夏には負けない！ Bright Up クリック お試しセット▶▶▶

●脂漏性角化症

これはシミ、そばかすというよりも「イボ」のようになってしまうシミです。このようなシミには美白化粧品は効果がなく、皮膚科などでレーザー治療などが有効です。

- 「シミ」「そばかす」「美白」というキーワードでSEO対策をする場合には、これらのキーワードを文章中に適度に盛り込みましょう

- 何でもかんでも「効果がある」「どんな人でも効果がある」というのは逆効果です。効果がないものは「ない」とはっきりと書きましょう

- 悩みを解決する記事の場合には、「複数の要因」を示すことでユーザビリティが増します。またこれらの原因をもっと深く解説してあげるのがベストです

2 サイトアフィリエイトの法則

125

● 雀卵斑（ソバカス）
スズメの卵のガラに似ていることから名づけられました。
若いころの紫外線が原因で、おススメの化粧品は
「美白化粧品B」がおススメです。
また効果が見られない場合は皮膚科などのレーザー治療でも
取り除くことができます。

● 炎症性色素沈着
ニキビ跡、傷痕、虫刺され後などによってできてしまった
茶色や黒のシミです。こちらはビタミンC誘導体が入った
「美白化粧品C」がおススメです。

● 肝斑（かんぱん）
メラニンを抑制することで治るので「美白化粧品D」が
おススメです。美白化粧品Dはメラニン生成を阻害する
「トラネキサム酸」が入っています。

● 花弁上色素斑
強烈な日焼けをすることが原因のシミで化粧品では治すことができないため、レーザー治療などがおススメです。

> 代替案などを示してあげることはユーザーの満足度を高めます。また商品を購入させる以外の案を提示してあげることで、売り込まれているという気持ちが和らぎます

> こういったニッチな情報は、ユーザーからの信頼度を高めます

サイトアフィリエイトの記事例 ❷

美白になるためのサイト

[このサイトについて] [商品ランキング] [口コミ情報] [お問いあわせ]

- ○○という成分の効果
- ○○という成分の効果
- ○○という成分の効果
- ○○という成分の効果
- 美白の○○方法
- 美白の○○方法
- 美白の○○方法

「美白化粧品D」の効能と使ってみた体験談！

● 美白化粧品Dの基礎知識
美白化粧品Dは、厚生労働省認可の美白成分が入っている化粧品です。洗顔石鹸、化粧水、美容液、美容クリームがワンセットになったトライアルセットで送料込の1,680円(税込)で販売されています。

● どんな人に効果があるの？
美白化粧品Dは、「炎症性色素沈着」「肝斑（かんぱん）」で悩んでいる人にベストな化粧品でしょう。なぜならメラニンの生成を阻害するアルブチン、ビタミンC誘導体、トラネキサム酸が入っているからです。

> 美白化粧品DでSEO対策する場合には、商品名を記事中に適度に出すようにしましょう

> 商品紹介をする際、送料や消費税についても書いてあげるとユーザビリティが上がります

> 誰でも効果があるという内容は好かれません。どういう人に効果があるのかをしっかりと提示してあげましょう

| 紫外線対策方法 |
| 紫外線対策方法 |
| 紫外線対策方法 |

● 美白化粧品に入っている成分
この美白化粧品Dには上述の通り、アルブチン、ビタミンC誘導体、トラネキサム酸のほかにもハイドロキノンという成分が入っています。ハイドロキノンが入っている化粧品は美白化粧品Dだけなのです。実はこのハイドロキノンというのは、昔から「火傷跡」を治すために皮膚科などで処方されている成分で、炎症痕を消すのに非常に効果が高いのです。
もちろんハイドロキノンはニキビ跡、虫刺され跡によってできた黒ずみも消し去ってしまいます。

● 美白化粧品Dはこうやって使え！
美白化粧品Dシリーズの洗顔石鹸は、非常に泡立ちがいいのが特徴の1つです。だから、写真のように 泡立てネットで泡立てて 使うのが効果的です。
さらに、洗顔したあとは「すぐに」化粧水と美容液、美容クリームを塗ることが効果を高めるコツです。
また化粧水を塗る前にホットタオルなどで顔を温めて、毛穴を開いた状態にしてから化粧水を塗るのもGOODですよ！

> 体験談の場合は実際の使い方の写真などがあれば、なおいいです。なければ 絶対法則19 で紹介した無料の写真素材サイトなどを利用しましょう

● 美容液は全体に塗らない！！
ハイドロキノンは非常に強い成分なので、ハイドロキノンが多く含まれている美白化粧品Dの「美容液」は、お肌全体に塗るのではなく、シミに直接ピンポイントで塗るように使いましょう。そうすることでより効果も上がりますし、お肌の弱い人にもお使いいただけます！

> より効果が出る使い方などの情報は、ユーザーにとっては非常にありがたい情報ですし、使っているところを想像できるので、購入意欲が上がります

美白化粧品Dのお得なトライアルセットは コチラ

> 誰でも効果があるというのは逆効果ですが、「こういう人でも使える」という表示は不安を払拭し、購入につながります

> アフィリエイトリンクは最後に張ります

サイトアフィリエイトの記事例 ❸

美白になるためのサイト

| このサイトについて | 商品ランキング | 口コミ情報 | お問いあわせ |

| ○○という成分の効果 |
| ○○という成分の効果 |
| ○○という成分の効果 |
| ○○という成分の効果 |

ハイドロキノンの効果と副作用

● ハイドロキノンの歴史
ハイドロキノンはお肌の漂白剤といわれており、効果としては ビタミンCやプラセンタなどの10～100倍 と効果の高いものになっています。以前までは火傷治療などの理由で医師の処方でしか利用できなかったものが、2001年の薬事法の規制緩和により、化粧品に利用することが認められました。

> ニッチな情報の中でも、数字で示せるすごい効果を示してあげると、そのアフィリエイト商品の購入意欲が高まります

| 美白の〇〇方法 |
| 美白の〇〇方法 |
| 美白の〇〇方法 |
| 紫外線対策方法 |
| 紫外線対策方法 |
| 紫外線対策方法 |

なお、ハイドロキノンベンジルエーテルという薬品が、肌の一部が真っ白になる「白斑」という肌トラブルを引き起こしましたが、ハイドロキノンとハイドロキノンベンジルエーテルは別物です。

● ハイドロキノンの濃度

一般的に販売されているハイドロキノン含有の化粧品の含有濃度は1～5％の間です。ハイドロキノンは効果が高いだけに、自分にあった化粧品を購入しましょう。

【含有濃度：1～3％】
刺激が少なく、安全性が高いです。その分、効果や即効性が低いですが敏感肌の人には最適です。

【含有濃度：4～5％】
人によってはピリピリする可能性があります。
必ずパッチテストを行う必要があります。

> 副作用をきっちりと示してあげることは信頼につながります

● ハイドロキノンの副作用

副作用の1つに炎症を起こして赤みが出る場合があります。また濃度が5％以上の化粧品を長期的に使用すると、白斑という症状が出る場合があります。ただし5％という高濃度な化粧品は、現在のところ販売されていません。これは、医師による処方で薬として出されるハイドロキノン含有のクリームなどです。

● ハイドロキノンの注意点

ハイドロキノンを使用しているお肌は紫外線に弱くなってしまいます。シミやそばかすを消すために使用しているのに、紫外線対策をせずに新しいシミが出てくるのは本末転倒です。ハイドロキノン配合の化粧品は、就寝前に使用しましょう。朝ハイドロキノン配合の化粧品を使用する場合は、しっかりと日焼け止めクリームなどを使用して紫外線対策をすることが重要です。

> ハイドロキノン自体がニッチな成分なので、使用上の注意点などは、非常にありがたい情報となり、リンクやブックマークにつながります

Check!
1. キーワードを適度に分散してSEO効果を高めろ
2. 副作用、注意点、などを示して信頼度を高めろ
3. 商品に対する不安を払拭し、使い方を示すことにより購入意欲を高めろ

コラム

芸能人がブログで稼ぐときの方法

絶対法則05 で芸能人ブログの話が少しだけ出てきましたが、ここでもう少し詳しく解説します。

テレビ出演は少ないけれど、何かとブログなどが話題になる芸能人がいると思います。テレビのワイドショーなどを見ていると、ブログの更新だけで月何百万円も稼いでいるという情報を聞くこともあります。

芸能人がやっているブログというのは、ほとんどがアメーバブログが主流です。アメーバブログは基本的にはアフィリエイトを禁止しているので、この点からアフィリエイトで稼いでいるわけではなさそうですね。では芸能人はどうやってブログで稼いでいるのでしょうか。

それは、芸能人のブログはアクセス数によって広告料が決まるしくみを採用しています。〇〇人のアクセスがあるから1回の宣伝投稿で10万円、〇〇人のアクセスがあるから1回の宣伝投稿で100万円といったぐあいです。芸能人はやはり注目度が高いので、ブログを制作するとアクセスしてくれる人が大勢います。そのようなブログに商品やサービスが掲載されるということは、企業側もいい宣伝になるのです。

もちろん芸能人ブログの中には、宣伝ではない投稿も数多くあります。「ランチで〇〇を食べました」や「今日は撮影会でした」といった投稿もあります。ただし宣伝活動以外で、ある一定の商品を紹介するということは99％ありません。

なぜなら、たとえばAさんというモデルがエステ会社Bから広告料をもらってブログを書くとします。「B社はこういう技術があって、とっても効果のあるエステサロンでした。これからも通い続けます」というようなブログを書いたとします。しかしモデルAさんは、普段はB社を使っていなくてC社のエステに通っていたとしても、C社のことを書いてはいけないのです。むしろB社を利用していなければステルスマーケティングになってしまうので、B社の宣伝ブログを書くにあたって、「今後はB社のエステサロンを利用する。ただし利用料は無料とする」というような契約を交わして、実際にB社に通ってその感想をブログで書くというスタイルなのです。ですからC社がお気に入りのエステサロンであっても、B社からの広告宣伝費用が高額であればB社についてのブログを投稿し、C社のことは書かないということになります。

むしろC社から広告の話が来ていないのに、「C社のエステサロンに行ってきました」などと書いてしまうと、将来的にB社から広告依頼が来ることはありません。なぜなら「C社のエステサロンに行ってきました」というブログが過去にあるのに「今日はB社のエステサロンに行ってきました」といきなりお店が変わると、ブログ読者も最近は賢くなってきているので、「B社の宣伝だな」と思ってしまうからです。

ですから、芸能人は広告関連のブログではないプライベートなブログでは、広告依頼が来なくなると困るので「ある一定の商品やサービス」の名前を出さないようにしているのです。
　とはいっても広告依頼は強制的なものではないので、芸能人がその商品やサービスを嫌だと思えば断ることもできます。よって自分が「イヤだ」と思う商品であれば、たとえ高額な広告料金であっても断ることもあるので、宣伝のためのブログ投稿であっても、芸能人が「いい」と思って使っているわけですから、本当に使ってみていいものの場合もあるのです。
　テレビに出ている芸能人にかぎらず、アクセス数を集められるブロガーになれば、アフィリエイトで稼がなくても紹介するだけで広告料を得ることができる世界なので、みなさんも人気ブロガーを目指したいものですね。

Chapter - 3

ブログアフィリエイトの法則

ブログアフィリエイトはまず自分のブログのブランディングが大事です。そしてほかのアフィリエイトと違って、さまざまな集客方法で集客を行っていくので、この章ではブランディングのしかたや多種多様な集客方法について具体的にお話しします。

絶対法則 30 ブログと運営者のブランディング戦略

ブログアフィリエイトで稼ぐ場合、ブログとブログ運営者の「ブランド」がなければいけません。ここでは、この「ブランド」をつけるための記事の制作ノウハウをお話しします。

重要度 ★★★★★　難易度 ★★★☆☆　対応 HTML　無料ブログ　WordPress

キャラ立ちしてブログをブランディング

⚠ ブログアフィリエイトにブランディングは必須

ブログアフィリエイトを行うためのブログは、「何のブログなのか」ということを明確にしなければなりません。ただ単に、個人の日記のようなブログでアフィリエイトをすることは非常に難しいです。つまり**何らかの分野に特化したブログを構築しなければなりません。**

美白化粧品を販売したいのなら、「美白」に関する情報を提供するブログに特化しなければなりません。それに加えて、ブログを更新する運営者も「美白」に詳しい人というイメージを持たせることが必要です。つまり、**ブログとブログ運営者の両方のブランディングが必須**ということです。

サイトアフィリエイトの場合、運営者が目立つことはありませんが、ブログアフィリエイトの場合は「○○さんのブログ」という位置づけになるので、「○○さん」というブランドが重要になります。もちろん本名も顔写真も出す必要はありません。男性が美容のアフィリエイトをする場合、女性になりきってブログ運営をしている例はたくさんあります。

ブログアフィリエイトの場合は「○○さん」が更新しているブログだから何回も見に来る、「○○さん」のブログが更新されたから見に来るという形でアクセス数も増えるので、運営者のブランディングをきちんと考えなければなりません。

このようなブランドをつくることによって、新規の訪問者とリピート訪問者が混ざって、安定的なアクセス数を稼ぐことが可能になるのです。そして安定的なアクセス数を稼ぐということは、安定的なアフィリエイト報酬につながります。またブランディングができると、「○○さんが紹介している商品だから購入しよう」というぐあいに転換率が上がることも期待できます。

ブログ運営者のブランディングテクニック

1 言葉遣いと考え方の統一

　ブランディングをする際に、ユーザーを安心させて信頼させるテクニックが、次の3つです。

> ❶ 言葉遣いの統一
> ❷ 考え方の統一
> ❸ 少し上からの目線

　まず「❶ 言葉遣いの統一」と「❷ 考え方の統一」ができていると、読者に安心感を与えます。ブログに訪問するユーザーは、「○○さん」はこういう考え方で、こういうキャラクターといった認識を持っています。そしてその考え方やキャラクターに共感しているからこそ、何度も足を運んでくれます。それが、いきなり「言葉遣いが過激になった」「考え方や言っていることが以前と違う」「キャラクターが面白い系から堅苦しい系になった」というように、急にガラリと変わると、読者も今までの「○○さん」ではなくなったと無意識のうちに思ってしまい、共感できなくなってリピート訪問がだんだんと少なくなっていきます。

2 少し上から目線で論じる

　次に「❸ 少し上からの目線」で、さまざまなことを論じるということが重要になってきます。普通のブログを運営しているのなら、こういった工夫は必要ありません。しかし**ブログでアフィリエイトを行い、商品やサービスの紹介とそれらに付随する情報の提供を行う場合は、「少し上から目線」というのが重要**になります。みなさんも「頼りない人」から教えてもらうよりも、「頼りがいのある人」から教えてもらいたいと思うことでしょう。

　ブログでアフィリエイトする人は、その分野の「先生」になることが必要なのです。世の中で先生と呼ばれる「医者」「弁護士」「経営コンサルタント」「政治家」が頼りない人であれば、何かを任せることはできないと思います。

　それと同じで、「この商品はこういう効果がありますよ」「このサービスはいいですよ」と言っている人が頼りない人であれば、誰も商品は買ってくれないのです。

● ブログアフィリエイトはキャラ立ちさせるのがポイント！

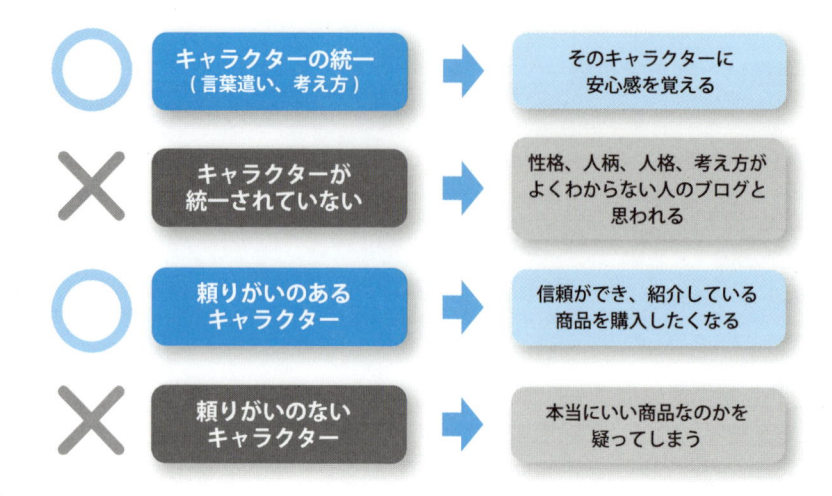

○	キャラクターの統一 （言葉遣い、考え方）	→	そのキャラクターに安心感を覚える
×	キャラクターが統一されていない	→	性格、人柄、人格、考え方がよくわからない人のブログと思われる
○	頼りがいのあるキャラクター	→	信頼ができ、紹介している商品を購入したくなる
×	頼りがいのないキャラクター	→	本当にいい商品なのかを疑ってしまう

信頼感・安心感を与える記事制作のテクニック

信頼感が出てくる記事とは次の3つにまとめることができます。

❶ 実体験がある
❷ 専門性がある
❸ 「ダメなものはダメ！」と言える

　サイトアフィリエイトの場合は、実体験があればいいにこしたことはないのですが、実はそこまでは求められません。ところがブログアフィリエイトは**「❶ 実体験がある」**ということが重要になってきます。紹介している商品やサービスを実際に使ってみた感想は、ユーザーに信頼感を与えます。**実際に商品を使用しているからこそ、「❷ 専門性」があり「❸ ダメなものはダメ」と言える記事が書ける**のです。

　サイトアフィリエイトの場合の「ニッチな情報」というのは、実体験に基づくものではなく「知識的にニッチな情報」です。しかしブログアフィリエイトのニッチな情報というのは、「この商品のこの部分がいい」とか「こういうことをしたけど壊れなかった」とか「意外とこの機能は必要なかった」といった「実体験的なニッチな情報」と思ってください。

それに加えて、アフィリエイト商品であっても「ダメだ」と思ったことはしっかりと伝えるようにしましょう。サイトアフィリエイトの場合は、ほかの商品と比較して情報を提供すればいいのですが、**ブログアフィリエイトの場合は「ダメだ」「使いにくい」「こっちのほうがいい」と言い切るくらいのほうがユーザーの信頼を勝ち取ることができます。**

　安心感が出る記事とは次の3つにまとめることができます。

> ❶ わかりやすい説明
> ❷ 具体例が多い
> ❸ アフィリエイトと関係のない記事もあり、人柄が見える

　サイトアフィリエイトの場合は商品を端的に比較することがありますが、ブログアフィリエイトの場合は「❶ わかりやすい言葉」「❷ 具体例」などを使って説明することが重要です。ときどき話から脱線してしまってもかまいません。ブログというのはつくり手からしても「Webサイトよりもつくりやすい」という印象がありますが、ユーザーからしても「読みやすい」「わかりやすい」という印象があります。

　よって**ブログに訪問する人は「口コミ」「実体験」「わかりやすい説明」「ほかの人の意見」を探しにきていると思ってください。**そのようなモチベーションで訪問しているユーザーに、「難しい言葉」「難解な意見」で説明しても、ほかのブログに移られてしまうだけです。

　そして、**たまにはアフィリエイトやそのブログと関係ないような記事を追加してもいい**のです。本来ならその分野に特化したブログである必要がありますが、たまにはブログ運営者の素顔を見せることはユーザーの安心感につながります。

　これらの内容はサイトアフィリエイトでもいえることですが、ブログアフィリエイトでは特に重要になってくることです。

文字数や色使いで読みやすい記事形式にする

　どのような記事が読者の安心感と信頼感を得ることができるのかということとは別に、ユーザーが好むブログ記事の形式というのが存在します。

　それは「❶ **少ない文字で改行**」「❷ **できるだけわかりやすい言葉**」「❸ **文字の大きさや色を変更**」することです。

　では例を見てみましょう。「SEO対策とは」という説明をするにしても、次の例のように、ユーザーにわかりやすく伝えることが重要なのです。

● ブログでは読みやすい記事にする

Web サイトで使用する記事

【SEO 対策とは】
SEO 対策とはある特定の検索エンジンを対象として、検索結果でより上位に表示されるように Web ページを書き換えることです。SEO 対策は内部の HTML を修正したり、魅力的なコンテンツを追加する内部対策と、いかに多くの被リンクを獲得するのかという外部対策に分けることができます。日本で利用されている検索エンジンは、Yahoo! と Google の 2 種類ですが、Yahoo! の検索エンジンも Google が決定していることから、Google に好かれる対策が近年では必要になっています。

ブログで使用する記事

【SEO 対策とは】
SEO 対策とは、たとえば「美白化粧品」と検索したときに自分のサイトが Yahoo! や Google で出てくることなんですね！

自分のサイトが「美白になる化粧品」を売っていて「美白化粧品」で検索したときに表示されれば……

売上が上がっちゃいますよね！！

だからみんな必死に SEO 対策をしているんです。

今は Yahoo! の順位も Google の順位も

実は……

Google が決めているんです！！
驚きですよね。
Google に嫌われてしまうと
自分のホームページが出てこない！！ってことに……

そうならないように

Google が推奨している SEO 対策っていうのをしっかりとしないといけないんです。

　Web サイトで使用する記事は、サイトアフィリエイトでも紹介したように、SEO 対策を意識してキーワードが盛り込まれていて、かっちりした内容の記事がいいです。逆に**ブログで使用する記事はキーワード比率も少しは意識してほしいですが、それよりも「わかりやすさ」が重要**になってきます。
　わかりやすさを出すために少ない文字で改行を行い、あまり専門用語を使わず、文字の大きさや色を変えるなどして「何が重要なのか」を示してあげることが重要です。

Check!
1. ブログと運営者をブランディングしろ
2. 信頼感・安心感を与える記事を心がけろ
3. わかりやすい文体や形式で記事を書け

絶対法則 31 情報提供の「速さ」「新鮮さ」「更新頻度」

ブログアフィリエイトは、ほかのアフィリエイトと違って定期的に新鮮な情報を早く提供する必要があります。繰り返しますが、サイトアフィリエイトと違い、得意分野で勝負することが重要です。

重要度 ★★★★☆　難易度 ★★★☆☆　対応 HTML 無料ブログ WordPress

ブログは更新していることが大前提

　サイトアフィリエイトの場合は、定期的に更新することが「SEO」の観点から重要でした。しかしブログアフィリエイトの場合、SEO的な観点ではなく「新鮮さ」をアピールするために、頻繁に更新することが重要になります。

　なぜなら、ユーザーも「ブログは定期的に更新するもの」というイメージあるので、更新されていないと「このブログは閉鎖した」と思われてしまうからです。ブログアフィリエイトの集客方法を 絶対法則33 以降で紹介しますが、**ブログアフィリエイトの場合は新規の訪問者を獲得することに必死になるよりも、いかにリピーターを獲得して、紹介した商品を次々に買ってくれるかが重要**になってきます。

ブログの訪問者はリピーターが多い

　リピーターをつくるためには、更新頻度が重要になります。新規の訪問者は、記事を更新していなくても、お目当ての記事を読んで商品を1つ2つくらいなら買ってくれるかもしれません。みなさんのブログがいい情報を提供していたなら「このブログは役に立つブログだからたまにチェックしよう」と思ってくれると思います。しかし次にブログを訪問したときに、新しい記事が更新されていないうえに、最終更新日から長期間経過したままだと、「このブログは閉鎖したんだ」と思われて2度と足を運んでくれなくなります。

　これではブログアフィリエイトのメリットを活かすことができません。

　次頁の図のように、ブログアフィリエイトのメリットは、新規の訪問者に加えてリピーターも訪問してくれて、新規訪問者とリピーターの両方が商品を購入してくれるので「安定収入につながる」ということです。たとえ新規訪問者が少な

い時期でも、リピーターが訪問してくれるので安定収益につながるのです。ですから**ブログアフィリエイトにおいては「更新」というのが非常に重要**になってくるのです。

● サイトアフィリエイトとブログアフィリエイトの新規訪問者とリピーターの割合

● サイトアフィリエイトの場合

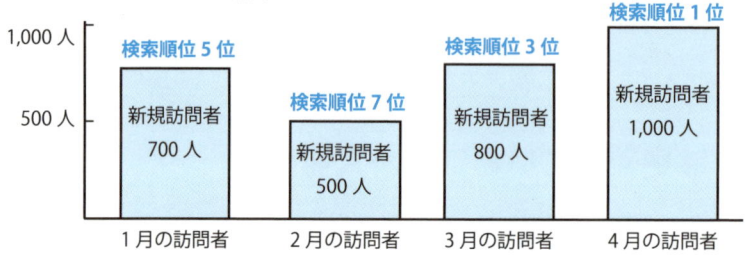

	1月の訪問者	2月の訪問者	3月の訪問者	4月の訪問者
検索順位	5位	7位	3位	1位
新規訪問者	700人	500人	800人	1,000人

● ブログアフィリエイトの場合

	1月の訪問者	2月の訪問者	3月の訪問者	4月の訪問者
新規訪問者	200人	100人	300人	200人
リピーター	500人	600人	700人	800人

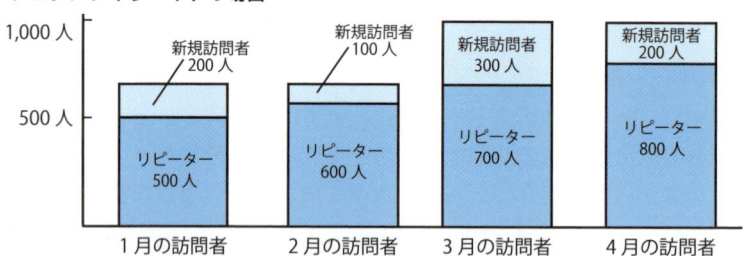

得意分野はブログアフィリエイトで、不得意分野はサイトアフィリエイトにする

　日々更新するためには、自分が興味のある分野や得意な分野でないとなかなか続かないと思います。**常に更新し続けるためには「ニッチな情報」や「旬の情報」をお届けしないといけないので、「得意な分野」「興味のある分野」「勉強したい分野」を記事にすること**をお勧めします。

　得意な分野であれば、どんどん記事を更新することができます。興味のある分野や勉強したい分野であれば、自分でいろいろなサイトや書籍を調べながらブログを更新して、勉強のついでにアフィリエイト報酬もゲットできるということになるので、一石二鳥です。

　逆に、不得意な分野はサイトアフィリエイトで行うべきです。サイトアフィリエイトの場合は、SEOの観点から更新する必要がありますが、とりあえず30〜

50記事程度つくれば、あとはそれほどニッチな情報でなくてもいいからです。

　商品の比較サイトや体験談を集めたサイトであれば、自分自身にその商品に対する深い知識がなくても、ほかのサイトを参考にしながら（コピペはダメです）サイトを制作することができます。

　そういった意味で「**得意分野はブログアフィリエイト**」「**不得意な分野はサイトアフィリエイト**」でやるという棲み分けをしておきましょう。

頻繁に更新する裏ワザ

　ただブログを頻繁に更新しろといわれても、なかなかできないこともあります。それなら、できるだけ効率的に更新したいと思いませんか。ブログアフィリエイトは、リピーターがついてくれば非常に安定した収益になるのでお勧めですが、それまでの更新作業を何とか効率的にしたいというのが本音です。

　そこで**トップアフィリエイターが行っている技は「過去記事の見直し」**です。たとえば以前投稿した記事を見返していると「朝バナナダイエットを紹介したけど、実は効果がないって実証されたんだよな」「これは非常に高額な成分が入った化粧品だったけど、今は技術革新が起こって大衆向けの化粧品にも入っているよな」「この方法は今では稼げないからお勧めのアフィリエイト方法ではないよな」「薄毛の原因について書いたけど、よくよく調べてみると少し言い方を変えないと誤解を招くな」というようなことがあると思います。

　このような記事を、再度紹介するというものです。この手法はかなり多くのトップアフィリエイターが行っています。**記事の中で、「以前このような記事を紹介しましたが、今は〜」というような形で再度紹介していることが多い**です。また上記のように「訂正」をするのではなく、「関連すること」「つけ加えておきたいこと」などを上手に紹介しているブログもあります。

　つまり**記事投稿に行き詰ったときは「自分の記事を見返して自分の記事をネタにする」**ということです。この手法であれば最近リピーターになった訪問者に対しても有益ですし、昔からのリピーターに対しても新しい情報や変更点を伝えることができるので信頼感も上がり、これまた一石二鳥です。

Check!
1. リピーターを意識して更新頻度を高めろ
2. 得意分野をアフィリエイトして一石二鳥
3. 過去記事の見直しで一石二鳥

| 絶対法則 32 | ブログアフィリエイトで使用する写真 |

ブログアフィリエイトで使用する写真は、きれいな写真を使用する必要はありません。親近感があって、わかりやすい写真であればかまいません。よくいわれる撮影キットなどは必要なく、スマホのカメラ機能さえあれば十分です。

| 重要度 ★★☆☆ | 難易度 ★★☆☆☆ | 対応 HTML 無料ブログ WordPress |

届いたときの写真

　一般的に、ブログは普通の個人が運営していると思われているので、ものすごくきれいな写真を撮る必要はありません。スマートフォンやデジカメで撮影したような写真で十分です。むしろ、スマートフォンやデジカメで撮影したような写真のほうが、親近感や実際に使用している感じが伝わるのでお勧めです。
　では、具体例を見ていきます。

　次の写真は、実際に商品が届いたときに箱を空けずに撮影した写真です。ネットで購入すると、商品はすごく小さいのになぜか届く箱が大きいということがよくあります。昼間は会社に行っているので、宅急便はマンションの宅配ボックスを利用して受け取る人もたくさんいます。1人暮らし向けのマンションだと、宅配ボックスの大きさ制限がある場合もあるので、箱があまりにも大きいと宅配ボックスに入るのか心配という人もいます。そこまで考えて、**ブログ記事にどのような大きさの箱で届くのかを教えてあげると、読者に好かれる記事になります。**

● 商品配送時の写真

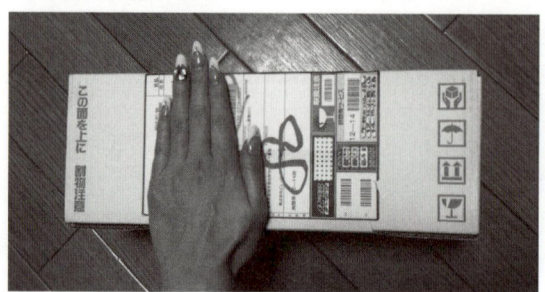

写真を撮る際に手のひらを入れて撮ると、箱の大きさがわかりやすくなります。

右の写真は、実際に箱を空けて商品を取り出したときの写真です。現在ではネットで掲載されている写真と実物がかけ離れているということはあまりありませんが、商品写真を掲載することで、実際に買ったという感じも出るのでお勧めです。右の例の写真のように、多少ピンボケしていてもかまいません。キレイな写真を撮る必要はないので安心してください。

　商品以外にも、「付属品」や「おまけ」「サンプル」などが同梱されていれば掲載してあげましょう。同じメーカーのおまけやサンプルが入っていれば転換率も上がりやすくなります。特に、商品サイトに「おまけ」や「サンプル」が入っていることが告知されていないとしたら、「この商品も気になっていたの！　サンプルも入っているなら1回買っちゃおう！」という動機づけになります。

● 商品の写真

商品の実物写真をブログにアップすることで本当に購入して試したんだということをアピールすることができます。

　化粧品関連の商品は、利用者にほかの商品を購入してもらおうと思って、自社のほかの商品のサンプルを入れることが多くあります。また、紹介している商品の購入を検討している読者は、そのメーカーが気になっているので、そのメーカーのほかの商品の購入も検討している可能性が高くなります。

　サンプルといえども、迷っている商品を実際に使用することができるわけですから、購入意欲を上げることができます。

● 同梱されてきたサンプル品の写真

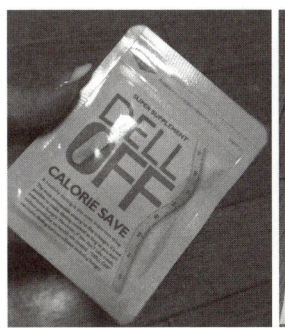

購入した商品にサンプル商品やオマケがついている場合は写真を撮って掲載しましょう。もし同じブランドの商品でサンプルで付随している商品も気になっている人がいれば、購入してくれる可能性が高くなります。

使用しているときの写真

　実際にその商品を利用しているような写真を掲載することは重要です。その写真と併せて「味」「使ってみてどうなったか」「どのような効果があったのか」「どのようなメリット・デメリットがあったのか」「ほかの商品と比べてどうだったのか」を解説すると、ユーザーにとって非常に価値のある情報になります。それに加えて商品と関連するようなウンチクかこぼれ話を紹介するといいでしょう。

● 使用時の写真

商品がどんな色なのか、どのように使うのかということを紹介する記事を書けばユーザーも助かります。

　たとえばここで使用しているのは、「酵素ドリンク」というダイエットなどのときに使用するドリンクなのですが、ブログの記事に「ダイエット」つながりで、右下のような写真を載せて「ダイエットの方法」を紹介するのも喜ばれます。

　たとえば、こんなイメージで記事を書きます。

　「酵素ドリンクは、24〜48時間の間、プチ断食を行うときに使います。プチ断食の間、栄養不足にならないように、そしてリバウンドしないように酵素ドリンクを飲んでしっかりと栄養を取ります。断食するのに勇気がいる！　自信がない！　という人は、この写真のようにお昼に野菜スープを飲んで、軽い食事を取ってみてはいかがですか」

● 紹介している商品に関連したネタの写真

商品の写真だけでなく、関連写真を掲載して情報提供してあげることはユーザビリティの向上につながります。

　このような説明とともに**商品写真だけでなく、「関連するような写真」**「購入を邪魔している不安を取り除くような写真」「商品と併せて何かをしている写真」などを掲載しましょう。

このような写真を掲載していると、「断食しなければならないと思っていたけれど、昼に軽い食事を取っても効果があるんだ！　じゃあお昼は会社のランチミーティングがあるから何も食べないと変だから、自分でつくった小さいお弁当を持っていこう！」みたいな感じで「購入を控えなければならない理由」を払拭することができます。

申し込み完了時、サービスを利用したときの写真も効果的

そのほかにも、次のような写真を掲載すれば、もっと親切でわかりやすいブログになります。

- 通販が完了したときに届いたメールのスクリーンショット
- 発送メールが届いたときのスクリーンショット（注文からどれくらいで発送されたのかがわかる）
- 商品購入後に届いたリピーター限定の特別ハガキの写真（美容系に多い）
- 商品購入後にほかの商品の無料サンプルが届いたときの写真
- アフィリエイトしたものが商品ではなく「サービス」であった場合、サービスを受けているときの写真（マッサージや美容院など）

こういったことを細かく掲載すれば、非常に転換率が高くなります。商品を購入するときは少なからず何らかの不安を抱えているわけですから、その不安を払拭し、「こんなメリットもあるんだ！」「こんなサンプルももらえるんだ！」「こんな使い方もできるんだ！」というメリットを、たくさん伝えられる写真を掲載するようにしましょう。

Check!
1. 商品が届いてすぐの写真を掲載しろ
2. おまけ・サンプルが付属しているなら写真で紹介しろ
3. 不安を払拭してメリットを伝える写真はどんどん掲載しろ

絶対法則 33 さまざまな集客ルートを確保する

ブログアフィリエイトは、SEO対策、メルマガ、SNS、ブログランキングなど、いろいろなルートから集客しなくてはいけません。多数の集客ルートを確保するのには時間がかかりますが、長期的に安定した集客が見込まれます。

重要度 ★★★★★　難易度 ★★★★☆　対応 HTML 無料ブログ WordPress

とにかく集客方法の幅を拡げる

　サイトアフィリエイトはSEO対策で、PPCアフィリエイトはリスティング広告で集客するなど、アフィリエイトの手法によって集客方法はおおよそ決まっています。これらの集客方法は、多くの顧客を集客することができるのでいいのですが、悪い言い方をすれば1つの集客方法に頼りすぎていて危ないともいえます。

　「ブログアフィリエイトで稼ぐ方法」という情報商材や高額な塾では、ブログアフィリエイトの場合でも「SNSを使って集客する」「メルマガで集客する」というように、いずれかの集客方法で爆発的に集客できるような指南をしている教材があります。

　しかしブログアフィリエイトは、本来そのような「意外」で「画期的」な集客方法で爆発的に集客するものではなく、地道にいろいろな集客方法を使って集客するものなのです。**ブログアフィリエイトは、さまざまなルートから訪問者を増やさなければならないのです。**

　1つひとつの集客方法で爆発的に集客できるというわけではないので、時間はかかるかもしれませんが、時間が経てば経つほどリピーターも増えて、集客数も増えてくるのです。

　ここにブログアフィリエイトの魅力があります。はじめはアクセスこそ集まらなくても、自分の好きな情報を更新することができて集客するための行動を日々起こしていけば、「確実に」アクセス数が増えてくるうえに、「安定的なアクセス」が期待できるのです。「安定的なアクセス」はアフィリエイトにとって「安定的な報酬」を意味することなので、初心者でゆっくりアフィリエイトしたい人にとっては最適なアフィリエイト方法なのです。

● ブログアフィリエイトはあらゆるルートから集客を考える

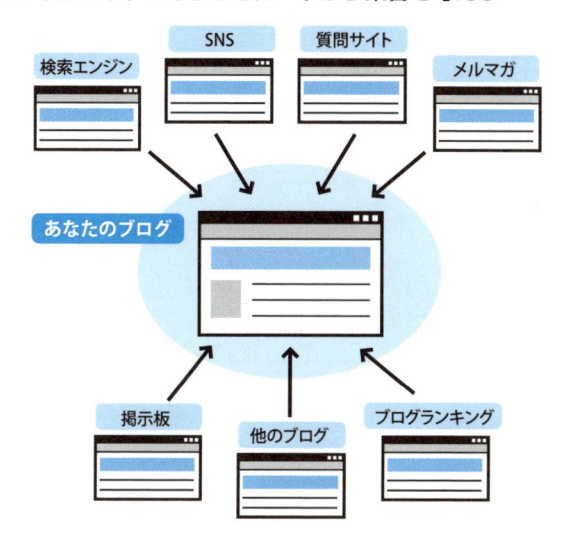

ブログアフィリエイトのリスク分散方法

　サイトアフィリエイトの場合は、被リンク元を分散させてリスク分散をしていました。これは、いつどのような状況で一斉にペナルティを受けるかわからないという状況を回避するためのリスク分散でした。これによって、検索エンジンから集客するサイトアフィリエイトのリスクを極限まで減らして、安定したアフィリエイト報酬を得るというものでした。

　ブログアフィリエイトのリスク分散方法は、先ほどお話ししたように、さまざまなルートから集客することでリスクの分散をしています。たとえば、ある１つのブログに紹介されて、そのブログ経由のアクセス数が非常に多く、ほかのルートからの集客がゼロだったとします。このような状態だと、そのブログからのリンクがなくなった場合や、そのブログが閉鎖してしまった場合、集客が突然できなくなります。

　しかし、何か１つの集客方法に頼らないで集客をしていれば、このようなリスクを削減することができます。よってほかのブログから紹介される場合でも、１つのブログから紹介されて満足のいくアクセス数が得られたとしても、もっと多くのブログで紹介されるようにしなければなりません。

● 理想の集客のリスク分散例

1つの集客方法に頼っている

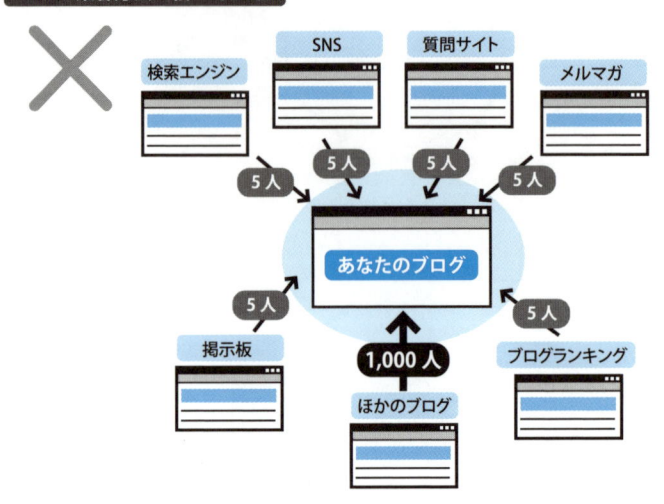

×

検索エンジン　SNS　質問サイト　メルマガ
　　5人　5人　5人　5人
掲示板　→　あなたのブログ　←　ブログランキング
　　5人　　　　　　　　　　　5人
　　　　　↑ 1,000人
　　　　ほかのブログ

さまざまなルートで集客できている

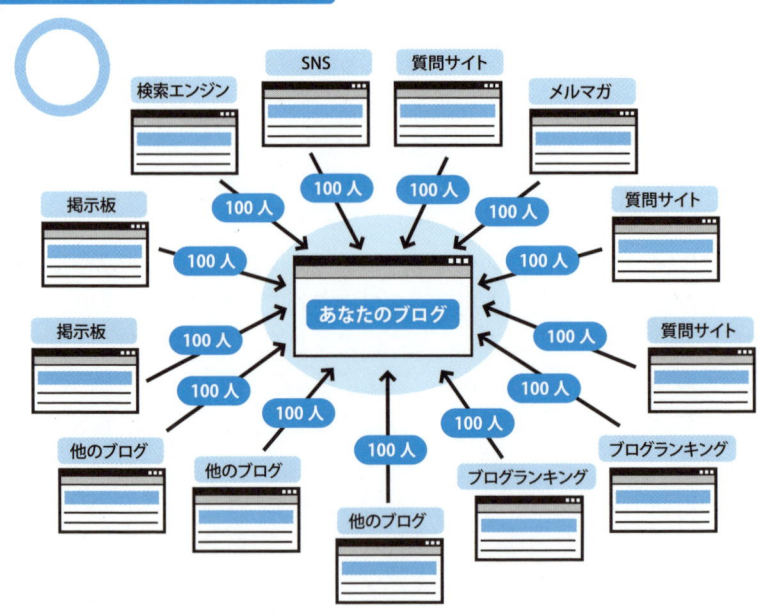

○

検索エンジン　SNS　質問サイト　メルマガ
掲示板　100人　100人　100人　100人　質問サイト
　100人　　　　　　　　　　　　　100人
掲示板　→　あなたのブログ　←　質問サイト
　100人　　　　　　　　　　　100人
　　100人　100人　100人　100人
他のブログ　他のブログ　他のブログ　ブログランキング　ブログランキング

まずは面白い情報を発信し続けること

　さまざまなサイトから集客をするには、自分のブログで提供している情報が面白くなければなりません。誰だって、自分のブログで他人の面白くないブログを紹介したいとは思っていません。ほかの人のブログで紹介してもらうにはテクニックが必要なのですが、そのようなテクニックを使って紹介してもらえるように工夫をしても、そもそもブログ自体がいい情報を提供していなければ紹介してもらえることはありません。

　またYahoo!知恵袋のようなFAQサイト経由で集客するときや、掲示板からの集客をするときも、いい情報を提供しているブログに誘導すれば問題ありませんが、ただ単に商品を売りつけているようなアフィリエイトブログに誘導すれば、広告宣伝目的という理由で回答や書き込みが削除される可能性もあります。

　そういった意味でブログアフィリエイトは、いろいろなルートから集客を目指すことで安定的な集客ができるものの、**ブログがただ単に商品を売りつけるブログであれば、逆に集客しづらくなってしまう**のです。

Check!
1. 1つの集客方法に固執するな
2. 多様なルートで集客してリスク軽減しろ
3. ただ単に商品を紹介しているブログは集客しづらい

絶対法則 34 ブログアフィリエイトのSEO対策

ブログアフィリエイトのSEO対策は、サイトアフィリエイトのようにトップページを指定のキーワードでSEO対策するのではなく、各記事をニッチなキーワードで上位表示させて集客する必要があります。

重要度 ★★★★★　難易度 ★★★★☆　対応 HTML　無料ブログ　WordPress

トップページはSEO対策をしなくてもいい

　ブログアフィリエイトは、トップページに対して、時間、労力、お金をかけてSEO対策する必要はありません。逆に**個別の記事が、ニッチなキーワードで上位表示されるようなイメージでSEO対策をすればいい**でしょう。個別記事をSEO対策する方法は、 絶対法則17 の「記事タイトルの決め方」「記事中に入れるキーワード」でお話ししたので、そちらを参考に、記事のタイトルや記事中に適度にキーワードを入れることを意識してください。

　サイトアフィリエイトの場合は、トップページでねらっているSEO対策キーワードを意識しながらニッチなキーワードを推測するというものでしたが、ブログアフィリエイトの場合はトップページのことは意識しなくてもいいので、逆に自由に考えることができます。

　しかし、まったく検索されていないようなキーワードばかりをねらってSEO対策をしても、集客することはできません。それに加えて、ブログアフィリエイトに必要な「情報の新鮮さ」を武器にして、「あるキーワード」をねらうことがお勧めです。

急上昇キーワードをねらう

　あるキーワードとは、「**急上昇キーワード**」のことです。急上昇キーワードとは、今まで全然調べられていなかったキーワードなのに、テレビや雑誌、新聞などで取りあげられて、急に検索されるようになったキーワードです。

　これらのキーワードは、当然今まで誰も注目していなかったので、SEO対策されていないキーワードばかりです。このキーワードが入った記事を書くだけで、

上位に表示されることがしばしばあります。すぐに上位表示されるのに検索数が一気に増えるので、アクセス数も自然と増えます。

このような急上昇キーワードが入った記事を書くことが重要なのですが、「今まで誰も注目していなかったキーワードをどうやって見つけろっていうの！」という声が聞こえてきそうなので、急上昇キーワードの見つけ方をお話ししておきます。

急上昇キーワードの見つけ方

急上昇キーワードは、何段階かに分けて急上昇することがわかっています。

急上昇キーワードなので一気に急上昇するんじゃないの？　といわれそうですが、傾向を見ていると、一般の人が知らない間に話題になり、そしてある一定の人が知りだすとテレビなどのマスコミに取り上げられて、やっと一般の人の耳に入るという流れがあるのです。

1 急上昇キーワードはイノベーター理論で考える

マーケティングの世界で「イノベーター理論」というのがありますが、実はその構図とよく似ています。イノベーター理論とは、1962年にスタンフォード大学の社会学者エベレット・M・ロジャースという人が提唱した、新商品やサービスの浸透度に関する理論です。

イノベーター理論は次の図のように表すことができます。

● イノベーター理論

採用者数

イノベーター 2.5%
アーリーアダプター 13.5%
アーリーマジョリティ 34.0%
レイトマジョリティ 34.0%
ラガード 16.0%

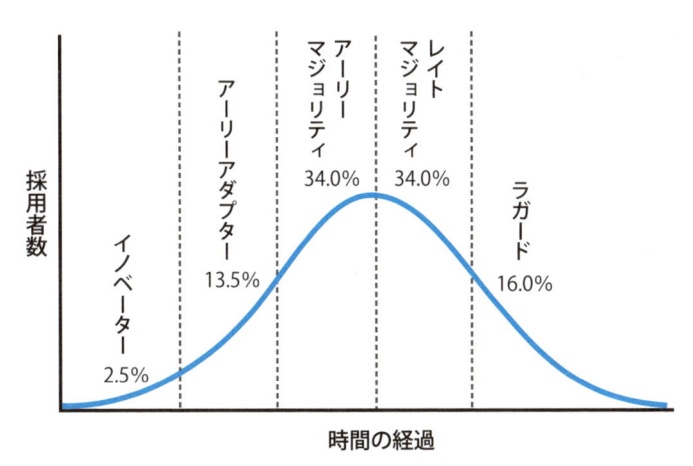

時間の経過

まず新商品が出たときに2.5%の**イノベーターという「新しいもの好きの人たち」**が使用しはじめます。その次に、イノベーターたちが利用しているのを見た13.5%の**アーリーアダプター（オピニオンリーダーともいいます）**も、その商品の存在を見て利用しはじめます。その後34%の**アーリーマジョリティという「一般人としてはまだ流行に敏感な人たち」**が一気に使いはじめて、それに引きつけられるように34%の**レイトマジョリティという「友達も持っているし私も買おうと考える、少し冒険心の薄い人たち」**が使いはじめます。そして最後に、16%の**ラガードという「周りの人のほとんどが使っているし私もそろそろ使いはじめようかなという人たち」**が使いはじめるという構図です。

　わかりやすくたとえれば、新しいiPhoneが発売される当日に徹夜で並んでいる人たちがイノベーター、予約をしていち早く手に入れたい人がアーリーアダプター、予約までしないけどすぐに手に入るような状態になれば、いち早く購入する人がアーリーマジョリティ、自分のiPhoneの型が古くなってきたし周りはみんな新しいiPhoneを持っているので、気後れして買いはじめるのがレイトマジョリティ、まだガラケーだけど、そろそろiPhoneでも買おうかなと思うような人がラガードになります。

2 実際に、急上昇キーワードも段階的に上がる

　急上昇キーワードも、実はこのように段階的に急上昇していることが多いのです。その流れは次のようになります。

---

❶ 2ch、Twitter、専門紙（業界新聞など）で話題になる
　　　　　　↓
❷ インターネットニュースやネットで話題となる
　　　　　　↓
❸ 最後に編集や取材をし終わったテレビで放映がはじまる

　そして、一気に急上昇するという構図になります。この3段階に分かれるのですが、話題性によっては1日で完結することもあります。たとえば午前中に2chやTwitterで話題になり、それが午後のインターネットニュースで話題となって、夕方の情報番組で取りあげられるというような例です。

　アフィリエイトに関連する「流行している商品やサービス」などは、このよう

な構図がほとんどです。ただし事故や事件性の強いものは、取材力のあるテレビが1番早かったりもします。

急上昇キーワードの手軽な見つけ方

急上昇キーワードを手軽に見つけるにはどうしたらいいかというと、意外と簡単です。とにかく**2chやTwitterを随時チェックする**ようにします。2chというとハードルが上がりそうな気もしますが、今では2chで話題になっているものだけを集めたスマートフォンのアプリもたくさん出ています。

また、Twitterで話題になっていることってどうやって見つけるのだろうと思うかもしれませんが、**Twitterの場合は、ログイン後のホーム画面に「トレンド」という欄**があります。

● Twitterのトレンド画面（PC版）

```
日本のトレンド  ・変更する
恐竜戦車
イカルス
ありがとうございます？
GLG
オザケン
日馬富
Erie
ラプンツェルだ
張り手
コラボCAS
```

このトレンド欄に表示されているキーワードは、Twitterで急激にツイートされている内容なので、のちのち情報番組で取りあげられることもしばしばあります。

ここまでインターネットが普及すると、インターネットのニュースが1番早いと思うかもしれませんが、実は業界に強い新聞なども非常に早い情報の1つです。

なかでもアフィリエイトと関連しそうな業界紙といえば、**日本経済新聞社が発行している「日経MJ（流通新聞）」**という新聞です。「流通新聞」と聞くと堅苦しそうなイメージがあるかもしれませんが、「マーケティング新聞」ともいわれる新聞で、非常に身近なネタを取り扱っています。たとえば、新商品情報や映画ランキング、クックパッドの検索料理ランキング、テレビの視聴率ランキング、ファッション業界のニュース、飲食業界のニュースなどです。基本的に定期購読が普通ですがコンビニなどでも購入することができるので、1度チェックしてみてください。私はこの日経MJを見ていますが、日経MJに掲載されて少し経ったころに、「スッキリ」や「特ダネ」という朝の情報番組で取りあげられているキーワードを何回も見ました。

そのほかにも日経MJに掲載されてから、インターネットニュースで話題になったという状況もあります。新聞といえば古臭いメディアと思われがちですが、「日

経MJ」は私にとって今でも大きな武器です。

> ●「日経MJ（流通新聞）」
> http://www.nikkei.co.jp/mj/

　このように2chやTwitter、日経MJで頻繁に取りあげられていて、自分のブログと関係しそうなキーワードや情報を記事として投稿しておくと、テレビで放映されたあとに一気にアクセスが集まることがあります。またテレビで放映される前にブログで掲載しておくことは、リピーターからすれば「やっぱりこのブログは情報が早い」と思われるので、信頼感にもつながり、アフィリエイト商品を紹介したときの転換率も大幅にアップします。

> Check!
> 1 急上昇キーワードでSEO対策
> 2 急上昇キーワードはTwitter、2ch、業界紙でチェックしろ
> 3 テレビ放映される前に紹介することで信頼度アップ

絶対法則 35 メルマガを有効活用する

メルマガは古い集客方法と思われがちですが、今でも効果は抜群です。特にブログアフィリエイトをするときには重要な集客方法になるので、実践しなければなりません。

重要度 ★★★☆☆　難易度 ★★★☆☆　対応 HTML 無料ブログ WordPress

今でもメルマガの効果はあるの？

　私が学生時代のころに、「まぐまぐ」というメールマガジンスタンドが話題になり、そのときは、アフィリエイターもこぞってメルマガの購読者を集めていました。流行りから10年も経過しているので、すでに古い集客方法というイメージがあるのも事実です。

　それに加えて、「迷惑メール」「スパムメール」という存在も、メルマガのイメージを崩している要因の1つです。昔は1つのメールマガジンに登録するといろいろなメルマガ発行者にメールアドレスが転売されて、多数の迷惑メールが来るという状況がありました。このような状況から、メルマガなんて誰も見ていないという思い込みをしている人が非常に多いのです。このような思い込みから、集客方法の1つとしてメルマガを捨ててしまっているアフィリエイターがすごく多いのが現状です。

　しかし現在では、昔のようにメールアドレスの転売などが行われることは少なくなって、ほとんどがまっとうなメルマガになりました。また利用者も、過去の経験から本当に信頼できる人のメルマガだけに登録しようという風潮があるので、**今集めることができるメルマガの読者は、しっかりと読んでくれる人が多い**のです。

　商品や商材にもよるので一概にはいえませんが、**メルマガを送れば登録読者の10％以上が何らかのアクションを取ってくれる**というイメージです。ネットショップの転換率は3％で優秀といわれている時代なので、10％という数値は非常に高いものです。ということはメルマガも1つの大事な集客方法と位置づけて、読者を獲得していかなければならないのです。

メールマガジンスタンドの紹介

　メルマガを発行するときに、メルマガを発行するサービスと契約しなければなりません。このシステムのことをメールマガジンスタンドと本書では呼びます。メールマガジンスタンドは、無料のタイプと有料のタイプがあります。無料のものは他社の広告も入ってしまうので、できれば使用しないほうがいいですが、どうしても無料でやりたいという場合は、無料のメールマガジンスタンドでもかまいません。

　有料・無料いずれのメールマガジンスタンドを利用するにしても、**1番重要視しなければならないのが「到達率」**です。**到達率とはその名のとおり、メルマガを出してどれくらいのメールアドレスに正しく到達するのかというパーセンテージ**です。たとえば100人にメルマガを送って98人に届けば、98%ということになります。なぜ到達率が重要かというと、メールマガジンスタンドによっては到達率が低いものもあるからです。ここでは難しい話は避けますが、メルマガを送っても送り先のメールフォルダに入らないとか、迷惑メールとして処理されやすいとか、そもそもメール自体を受けつけてくれないというメールマガジンスタンドもあるのです。せっかく、ブログの訪問者がメールアドレスを登録してメルマガを読もうと思ってくれたのに、メールが届かないという残念な結果になってしまうのです。

　メールマガジンといえば、登録しているメールアドレスに一斉にメルマガを送るものですが、ステップメールというのは、あらかじめ設定しておいたスケジュールどおりにメールを送るシステムのことです。

　たとえば、Aさんがメルマガに登録したらすぐに「ご登録ありがとうメール」、登録から3日後に「美白の基礎知識」が書かれたメール、5日後に「紫外線対策」が書かれたメール、そして7日後に「紫外線対策クリームの紹介（アフィリエイトリンク）」が書かれたメールというように、「登録後」や「登録から〇〇日後」に指定のメールを送ることができるのです。つまりわざわざメールマガジンを発行しなくても、登録してもらえれば自動で決められたメールを送ることができるのです。

　そのほかにもいろいろな機能が使える無料のメールマガジンスタンドは多数存在しますが、1番重要なのは「到達率」です。到達率が悪ければそもそもどれだけいろいろな機能があったとしても、本末転倒になってしまいます。

では、到達率の高いメールマガジンスタンドを2つ紹介しておきます。

● **有料のメールマガジンスタンド「オートビズ」**

https://autobiz.jp/

　オートビズは厳密にいえば、メールマガジンスタンドではなく「ステップメール配信システム」です。このオートビズは大変お勧めで、メルマガの到達率が非常に高いです。そして「ステップメール配信システム」というとおり、ステップメールの配信をすることができます。もちろん、登録者に一括でメールを送ることもできます。

● **無料のメールマガジンスタンド「まぐまぐ」**

http://www.mag2.com/

　まぐまぐは、無料でメルマガを発行することができるメールマガジンスタンドです。ただし無料バージョンは他社の広告が入ってしまいます。またオートビズのようにステップメール機能はないので、メルマガを送るたびに配信設定を行わないといけません。無料のメールマガジンスタンドを利用したメルマガの到達率は低いのが普通ですが、まぐまぐのメルマガの到達率は高いのがメリットです。

読者が読みたくなるメルマガのつくり方

　メルマガを送るときに「ただ単なる売り込みのメルマガ」や「運営者の日記のような内容の薄いメルマガ」ばかりを送ってはいけません。逆に堅苦しい知識ばかりが掲載されたメルマガばかり送っていてもいけません。そのようなメルマガばかり配信していると、すぐに解約されてしまいます。

まずメルマガを送るときは、メルマガに登録した人がどのようなメルマガを期待して登録したのかを考えなければなりません。メルマガに登録した人は、主に次のような理由で登録する人が多いです。

> ❶ いち早く最新情報を GET したい
> ❷ 1 からブログを読むよりメルマガで送られてくることを少しずつ勉強したい
> ❸ ブログ運営者のことをもっと知りたい
> ❹ お得な情報を送ってほしい

　上記のことを考えると、メルマガを送るときの気持ちが楽になります。なぜなら、**メルマガ用に特別新しい情報を考えなくてもいい**からです。

　まず「❶ いち早く最新情報を GET したい」と「❷ 1 からブログを読むよりメルマガで送られてくることを少しずつ勉強したい」という動機を満たすには、ブログ記事を更新するときに、**ブログ記事の要約をメルマガで送ってあげればいい**のです。そしてもっと詳しく知りたい人をブログに誘導して、記事を読ませるメルマガを配信すればいいのです。

　そして「❸ ブログ運営者のことをもっと知りたい」というものは、難しいことを考えなくても**みなさんの身の回りで起きたちょっと面白いこと、面白いと感じたことをプライベートな感じで伝えてあげればいい**のです。

　「❹ お得な情報を送ってほしい」というのは、**新商品が出たとき、今まで紹介した商品・サービスに加えて、新しく出た商品を加えて教えてあげればいい**のです。もちろんアフィリエイトリンクを張りつけてかまいません。過去に紹介した商品を、再度違う角度から紹介して購入につなげるという工夫をしてもかまいません。

⚠ メルマガの書き方でやってはいけないこと

　このように実はメルマガを発行するといっても、ブログとはまったく別の新しいコンテンツを提供しなければならないというわけではなく、ブログと並行しながら発行することができるのです。

　ただ 1 つだけ注意しておいてほしいのが、「**プライベートなこと**」と「**商品紹介**」を**同じメルマガに掲載しない**ということです。たとえば、プライベートな話から商品紹介をしたメルマガの場合「結局プライベートな話から商品紹介につなげる

のかよ」とプライベートな話をしているにも関わらず、売込感が倍増してしまい反感を買ってしまいます。

　逆にアフィリエイトリンクを張りつけて、商品を紹介してがっつり稼ごうと思っているメルマガのときにプライベートな話をしてしまった場合、メルマガを読んで商品を購入しようかどうか迷っていたのに、最後にプライベートな話が出てきて何か間抜けな感じになってしまい、転換率が下がってしまいます。

　メルマガのコンテンツは「知識的な情報を提供するとき」「ちょっとプライベートな話をして運営者の素性を見せるとき」「しっかり商品紹介をして稼ぐとき」と、上手に分けて配信しなければなりません。

> Check!
> 1 メルマガ告知の転換率は高い
> 2 到達率の高いメールマガジンスタンドを選べ
> 3 1回のメルマガはコンテンツを絞り込め

絶対法則
36 ブログランキングに登録する

ブログランキングというものがあります。このブログランキングを元にアクセスしてくれるユーザーも多数います。また、ランキング上位に入ることは1つのブランドになるので、必ず登録しましょう。

| 重要度 ★★☆☆☆ | 難易度 ★★★☆☆ | 対応 HTML 無料ブログ WordPress |

ブログランキングとは

　ブログランキングとは言葉のとおりブログのランキングなのですが、さまざまなランキングがあります。アメーバブログをしている人はアメブロの中のジャンルごとにアクセスランキングというものもあります。また各ブログサービスのランキングではなくて、登録制のブログランキングサイトというものが存在します。これはどのブログサービスを利用していても参加することができます。**一般的にどのようなランキングでも、上位になるほどそのランキングからの訪問者が増えます。**

● 人気ブログランキング
http://blog.with2.net/

● アメーバブログの
人気ブログランキング

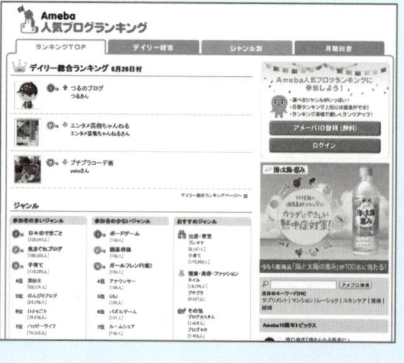

ブログランキングの効果

　ブログをランキングから探して、ランキング上位のものからチェックしていくという人も多く存在します。ランキング上位のブログは、面白かったり、いい情報を提供してくれるという期待があるためです。**ランキング上位のブログは非常にまめに更新されているだけではなく、その分野の情報がしっかりと掲載されているブログが多くあります。**これからブログを構築する人にとっては、お手本になりそうなブログばかりなので、ぜひ参考にしてみてください。

　またランキングからのアクセスがたとえわずかだとしても、「ランキング上位」というブランドによって転換率が上がることも期待できます。「ランキング上位」のブログを運営している人は、その分野について詳しい人が多いです。その分野について詳しい人が紹介している商品なので、1度購入してみようという気持ちになります。

　実はこのメリットが重要なのです。ブログを探すときは「検索エンジンでいろいろ調べていたらたどり着いた」「ほかのブログで紹介されていたから訪問してみた」「SNSで誰かが紹介していたから訪問してみた」ということが多く、ランキングから調べてブログに訪問してみたという人は数としてはあまり多くありません。もちろん数が少ないからといっても、1日に50人でも集客できれば1カ月で1,500人、年間で1万8,000人のアクセスが見込めるので無視するわけにはいきません。それよりもこの1万8,000人の訪問者が、「このブログはランキング上位のブログなんだ」という目で見てくれることが大きなメリットなのです。

　たとえ同じブログに訪問したとしても、**なんとなく訪問したのと、ランキング上位だから訪問したのとでは、そのブログに対する信頼感は違ってきます。**だから、みなさんも積極的にランキングで上位を目指そうとがんばっています。

　またブログランキングで1度でも上位になってしまえば、ブログ上で「○○ジャンルでブログランキング1位を獲得しました」というようなアピールをすることもできるので、ブログランキング以外から集客した人に対しても「ブログランキングで上位なんだ」というイメージをつけることが可能になります。

　もちろんランキングに入っていないのに「ランキングに入った」ということはダメですが、1度でもランキングに入って「●●ランキングで1位を獲得！」というのはウソではないので、非常に効果的なアピールポイントになるのです。

ブログランキング会社紹介

　各ブログ会社にはアクセス別のブログランキングがあり、自動的にブログランキングに参加できていることが多いですが、ここでは自分で登録してブログランキングに参加しなければならないランキングを紹介したいと思います。

　「**人気ブログランキング**」も「**にほんブログ村**」も、ブロガーにとっては有名なブログランキングサイトなので、この2つを紹介しても「目新しい情報じゃない」と怒られてしまいそうですが、**この2つだけ押さえておけば十分**です。

　理由としてはほかのブログランキングがあまり盛り上がっていないのと、たくさんのブログランキングに参加してしまうとランキングを決めるシステム上、どのブログランキングでも上位を目指せないということが起こるので、1つか2つに絞るべきです。ブログランキングサイトのランキングの決め方は次の法則で紹介します。

　また次の法則では、ランキングサイトのランキングを意図的に上げる方法もご紹介します。これは裏ワザ的なノウハウの反面、リスクも伴う方法なので、しっかりと自分で判断して対策するようにしてください。

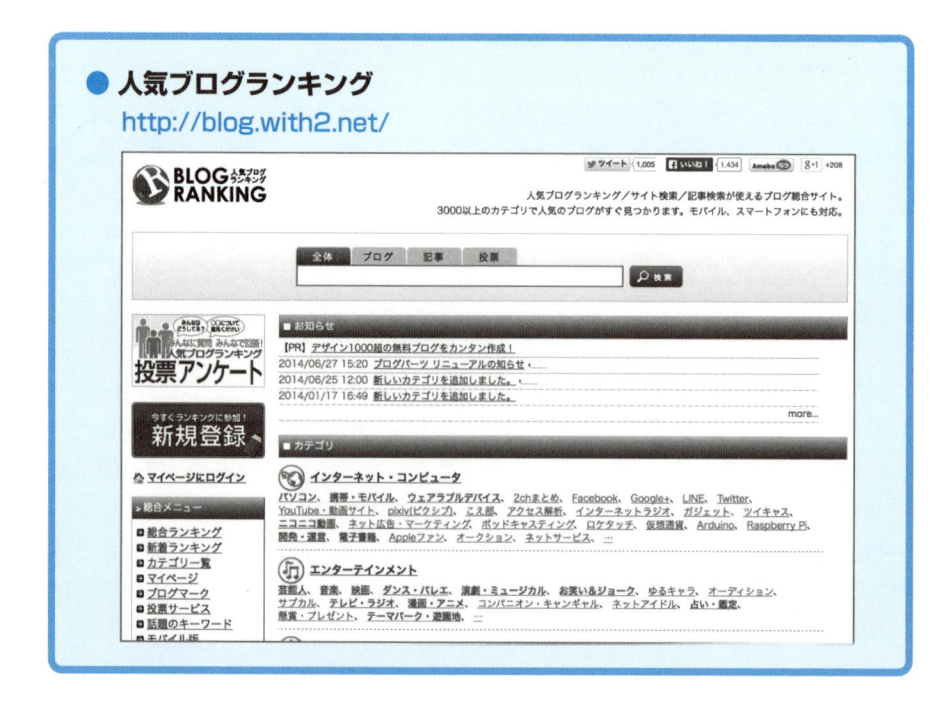

● 人気ブログランキング
http://blog.with2.net/

● にほんブログ村
http://www.blogmura.com/

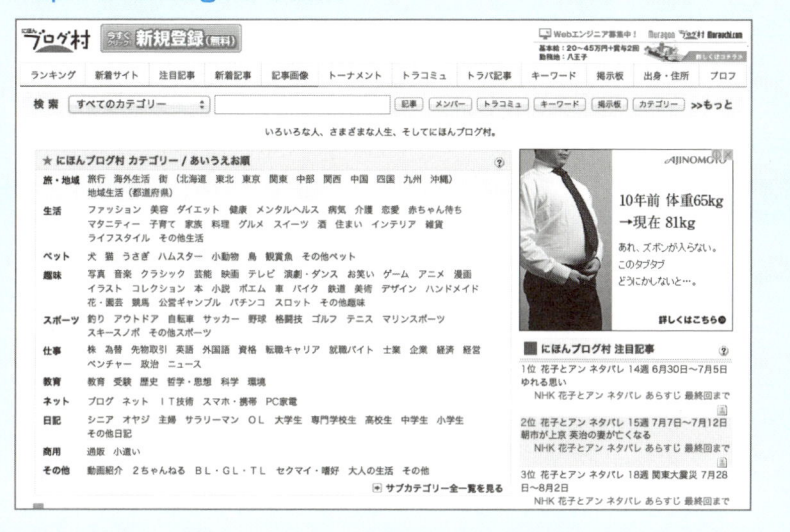

Check!
1. ブログランキングで訪問者を取りこぼすな
2. ランキング上位は信頼度アップ
3. ブログランキングサイトは絞り込んで参加しろ

3 ブログアフィリエイトの法則

| 絶対法則 37 | ブログランキングを操作する方法 |

普通にブログランキングに参加して、すぐにランキング上位に上がることはなかなかありません。スタートダッシュにブログランキングを操作するアフィリエイターもいます。

| 重要度 ★★★☆☆ | 難易度 ★★★☆☆ | 対応 HTML 無料ブログ WordPress |

ブログランキングのランキング決定方法

　アメーバブログやライブドアブログなどが、ブログサービスの中で提供しているランキングの決定方法は各社異なります。たとえばアメーバブログであれば、単純にアクセス数でランキングを決定しています。アクセス数でランキングを決定しているものがほとんどですが、 絶対法則36 で紹介した「人気ブログランキング」や「にほんブログ村」は各ブログのアクセス数を図ることができないので、特殊な決め方をしています。

　まずブログランキングに参加をすると、次のようなクリックするためのバナーをブログに設置することになります。

● 「人気ブログランキング」のバナー

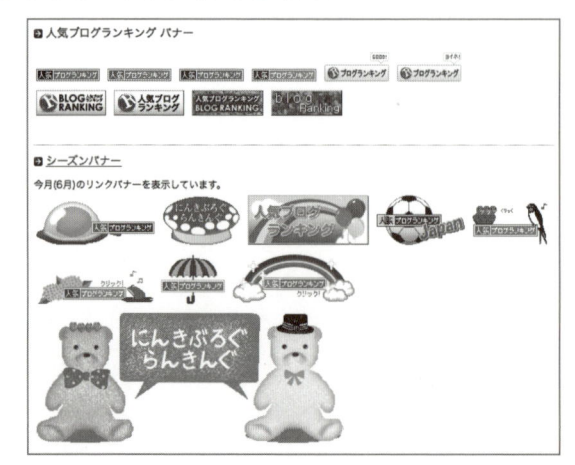

ブログを見ていると、よくこのアイコンの近くに、「応援クリックをお願いします」「記事がよければクリックしてください」「ぽちっと押してください」というようなコメントを見かけることがあります。

このアイコンがクリックされるたびに、参加しているブログランキングのランキングが上がります。このアイコンをクリックするとブログランキングサイトに行くことになります。そしてそのランキングサイトに行ったユーザーはブログに戻ってくることもあれば、ランキングサイトからほかのブログを訪問することもあります。こうやって、ブログランキングに参加しているブログは、ランキングから集客することもできるのです。

ランキングサイトの考え方は次のようになります。

> アクセス数が多い ➡ クリック数が多い ➡ 人気がある

ですからこれらのアイコンをクリックすると、参加しているランキングの順位が上がるのです。

ブログランキングを操作する方法 ❶ 「クリック代行」

さて、このアイコンがクリックされればランキングが上がるとはいっても、自分のパソコンで何度も何度もクリックしたからといってランキングは上がりません。お気持ちはわかります。私もはじめはランキングが上がるのでは？　と思って、自分のブログのアイコンを何度も何度もクリックしましたが、1カウントしかされずがっかりしたことを覚えています。

しかし自分のパソコンでポチポチと押してもランキングは上がりませんが、ポチポチと代わりに押してくれる業者がたくさんあるのです。

このサービスに関しては裏ワザ的な要素が強いため、具体的な業者を紹介するのは控えます。とはいっても法律には違反していないので、利用しても問題はありませんが、サービスを提供している業者もつぶれたり、新しくできたりを繰り返している感が強いので、特定の業者を紹介することができません。

もし気になる人は、「クリック代行」や「クリック代行サービス」「ブログランキング　クリック代行」というようなキーワードで検索するとたくさん出てくるので、見てみてください。

このクリック代行サービスを利用すると、ランキングは確かに急上昇します。おそらく1週間以内に、ジャンル別の1位になれます。もちろん代行サービスなので利用料金はかかりますが、一気にアクセスを集めたい場合にはお勧めです。
　ただし、この節の最後にお話しするデメリットを読んだあとで、利用するかどうかを決めることをお勧めします。

ブログランキングを操作する方法 ❷「トラフィックエクスチェンジ」

　「人気ブログランキング」や「にほんブログ村」のランキングは、アイコンのクリック数によってランキングが変わるので、クリック代行サービスというものがありましたが、アメーバブログのランキングなどのように、アクセス数によってランキングを決めている場合は、クリック代行サービスを使うことができません。アクセス数でランキングを決めている場合は「**トラフィックエクスチェンジ**」というサービスを使います。トラフィックエクスチェンジはマイナーなサービスなので、知らない人が多いかと思います。

　トラフィックエクスチェンジとは「換金できるポイントを集めたい人」と「サイトを見てほしい人」をつなぐサービスです。「換金できるポイント集めたい人」はお小遣い稼ぎとしてトラフィックエクスチェンジを利用して、「サイトを見てほしい人」は集客目的でサービスを利用します。よってトラフィックエクスチェンジとは何ですかという問いに対して、「お小遣い稼ぎができるサービスだよね」と答える人と「簡単にアクセス数を伸ばせるサービスだよね」と答える人の2パターンが存在しますが、本書では「**簡単にアクセス数を伸ばせるサービス**」と認識してください。

　トラフィックエクスチェンジで集客するには、まずサイトからポイントを購入します。たとえば1ポイント1円として、1,000ポイントを1,000円で購入するとします。1ポイントで1回見てもらうことができるので、1,000アクセスを「無理矢理」稼ぐことができます。
　逆にポイントを集める側のユーザーは、ポイントを稼ぐためにたくさんのサイトを見ようとします。1つのサイトを見るたびに0.5ポイントを稼ぐことができるので、たくさんのサイトを見れば見るほどポイントが溜まります。そして1,000回サイトを見れば500ポイントをゲットできるので、500円に換金できます。

差額の500円はサービス提供会社の利益になります。

　トラフィックエクスチェンジは、このようなしくみで成り立っています。先ほどはトラフィックエクスチェンジとは「簡単にアクセス数を伸ばせるサービス」といいましたが、実は「無理矢理サイトを見させるサービス」ということなのです。ということは、このサービスを利用して訪問した訪問者は、ブログに興味があって訪問してくれた人ではないので、アフィリエイト報酬も上がらなければ、リピーターになってくれることもありません。しかしアクセス数でランキングを決めている場合には、立派な「1アクセス」になるのです。

　ちなみに、このトラフィックエクスチェンジというサービスを提供している業者も入れ替わりが激しいので、「トラフィックエクスチェンジ」というキーワードで検索して調べてみてください。

裏ワザのデメリットを考える

　クリック代行サービスとトラフィックエクスチェンジを、夢のようなサービスと思われるかもしれません。しかし残念ながらデメリットも存在します。デメリットはクリック代行サービスもトラフィックエクスチェンジも一緒なので、順にお話ししていきます。

1 法律的には問題なくても、各ブログ会社やランキングサイトが禁止している

　クリック代行サービスでアイコンのクリック数を増やすこと、トラフィックエクスチェンジでアクセス数を無理やり増やすことは、ブログランキングやブログ会社によっては禁止しているところもあります。クリック代行サービスを利用していることがバレると、**ブログランキングに参加できなくなってしまうことも**あります。また、トラフィックエクスチェンジを利用していることがバレると、**最悪の場合ブログを強制的に削除されてしまう可能性も**あります。

2 本当のランキングではないので、サービスを停止するとランキングは下がる

　本当にブログの人気があってランキングが上がったわけではないので、サービスの利用を停止すると自然にランキングの順位は下がっていってしまいます。もちろんブログで提供している記事がよければ、ランキングの順位上昇によって集

客できた人がリピーターになる可能性はあります。しかしブログで提供しているコンテンツが面白くなければ、ランキングからアクセスが増えてもリピーターにはなりません。

とはいっても1位は1位ですから、これらの裏ワザを利用してランキングで1位を獲得して、その実績をブログに掲載するという目的にはいいかもしれません。

3 本当のランキングではないので、記事がいいかどうかわからない

これらの裏ワザを使っていると、アクセス数やクリック数は確実に伸びます。いい記事を書いたときも悪い記事を書いたときも伸びるので、サービス利用中は「どの記事が面白くて本当のアクセスが増えていたのか」がわからなくなってしまいます。

このようなデメリットも考えて、自分にとってメリットのほうが上回るのであれば、利用を検討してみてください。

Check!
1. クリック代行サービスでランキングアップ
2. トラフィックエクスチェンジでランキングアップ
3. ただし、デメリットがあるので真剣に考えること

絶対法則 38 同じジャンルのブログへコメントをする

同じようなブログを運営している人へのコメントも、ブログアフィリエイトには重要です。しかし、上手に行わないとほかのブログ運営者に嫌われてしまいます。

| 重要度 | ★★★☆☆ | 難易度 | ★★★★★ | 対応 | HTML | 無料ブログ | WordPress |

同じジャンルのブログへアピールする

　もしみなさんが美容関連のブログを運営しているなら、ほかの美容関連のブログから自分のブログを紹介してもらえればアクセス数は増えますよね。しかしそう簡単に、ほかのブログが自分のブログを紹介してくれることはありません。ほかのブロガーさんもアフィリエイト目的だろうとなかろうと、必死にリピーターを集めて集客しているわけですから、ほかのブログにリピーターを取られたくないというのが正直なところです。

⚠ 同じジャンルのブログにコメントする

　自分のブログの記事が面白く、有益なものであり、さらに運営者が権威ある立場（たとえば美容の専門家や医者）であれば、自然にリンクは集まるかもしれませんが、一般的にはなかなか集まるものではありません。しかし自分からほかのブログを見ているユーザーに対してアピールする方法が1つだけあるのです。それはそのブログへコメントすることです。**アフィリエイターの中では「コメントまわり」**といわれる有名な行為ですが、今や「無意味な行為」として認識されているようですが、今でもある一定の効果はあります。

コメントをするブログの選別のしかた

　まず、コメントまわりをするブログを選別する必要があります。コメントまわりをするブログは、絶対法則36 でも紹介したブログランキングで上位に入っているブログを選定することがお勧めです。ブログのコメントまわりは地味な作業かつ面倒臭い作業なので、あまり集客できていないブログにコメントをしたところで、自分のブログへの集客も見込めません。よってまずは**集客できているブロ**

グにコメントすることがポイントです。これ、意外とできていない人が多いです。
　そして、次に**同じカテゴリーのブログに対して行うことが大切**です。美容のブログを運営していて美容商品をアフィリエイトしているのに、税金対策について書かれたブログにコメントをして訪問者にアピールしても、集客もアフィリエイト報酬も獲得することはできません。美容のブログを立ち上げているなら、美容に興味がある人が見ている美容のブログのコメントまわりをするようにします。

● 意味のあるコメントまわりと意味のないコメントまわり

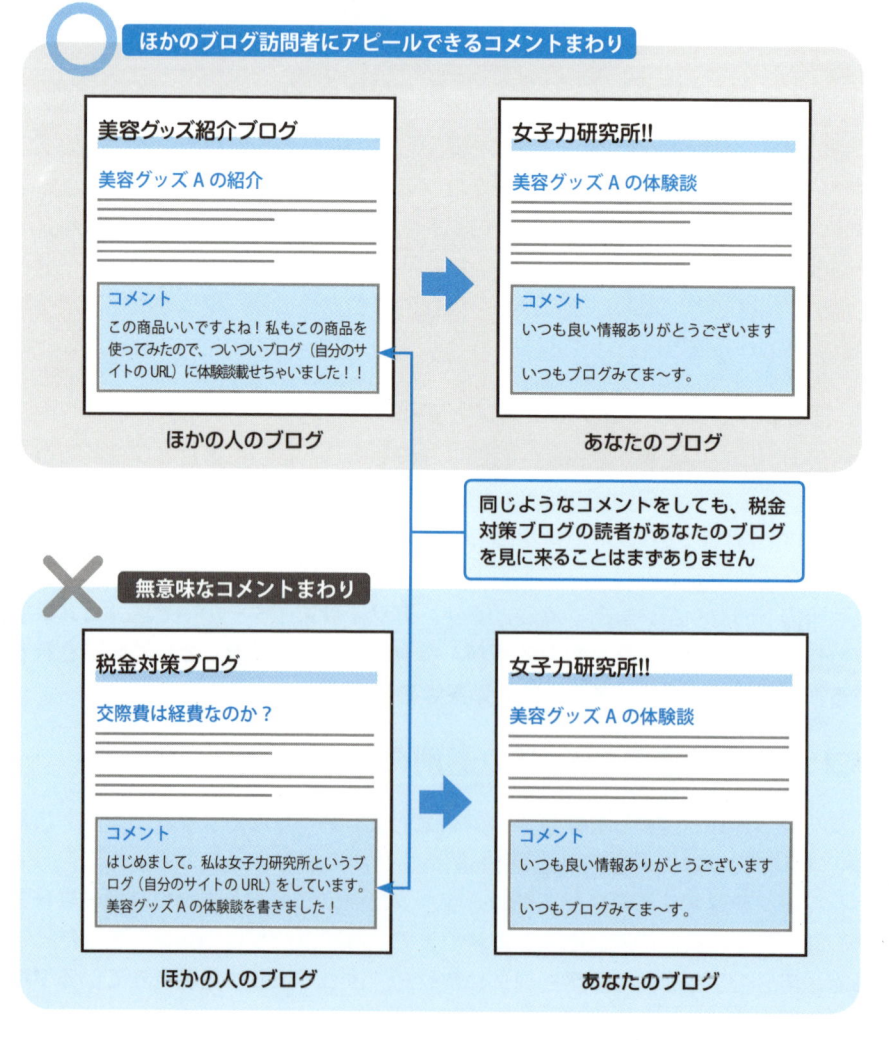

○ ほかのブログ訪問者にアピールできるコメントまわり

美容グッズ紹介ブログ
美容グッズ A の紹介

コメント
この商品いいですよね！私もこの商品を使ってみたので、ついついブログ（自分のサイトの URL）に体験談載せちゃいました！！

ほかの人のブログ

→

女子力研究所!!
美容グッズ A の体験談

コメント
いつも良い情報ありがとうございます
いつもブログみてま〜す。

あなたのブログ

同じようなコメントをしても、税金対策ブログの読者があなたのブログを見に来ることはまずありません

× 無意味なコメントまわり

税金対策ブログ
交際費は経費なのか？

コメント
はじめまして。私は女子力研究所というブログ（自分のサイトの URL）をしています。美容グッズ A の体験談を書きました！

ほかの人のブログ

→

女子力研究所!!
美容グッズ A の体験談

コメント
いつも良い情報ありがとうございます
いつもブログみてま〜す。

あなたのブログ

自動でコメントまわりをしてくれる「コメントまわりツール」は無意味

　自動的にたくさんのブログにコメントをしてくれる「**コメントまわりツール**」という便利なツールがたくさんあるのですが、このツールを使用しても、まったく集客にはつながりません。コメントまわりツールには、コメントするブログをある程度カテゴリー分けして、選別してくれる機能がついたツールも存在しますが、それでもまったく無意味なブログにコメントをしてしまうことが多いので、使うだけのメリットはありません。

　またコメント回りツールで使用するコメントは、決まったフレーズになってしまいます。たとえば「はじめまして〇〇です。私は〇〇というブログを運営しています。よければ見に来てください」というようなコメントです。

　このようなコメントでは宣伝と思われてしまうので、たくさんのブログにコメントをしても集客につながることはありません。

あからさまな宣伝は嫌われる

　過去に「コメントスパム」が流行ったことから、**あからさまな宣伝コメントはブログ運営者に嫌われる**傾向にあります。定型的なコメントは削除されたり、コメントを承認制にしているブログの場合なら、運営者がコメントを承認せずにコメントが反映されないということになってしまいます。

　またあからさまな宣伝行為は、そのコメントを見たユーザーも、「これは宣伝だ」と思ってブログに来てくれることはありません。宣伝行為と思われてしまいがちなコメントは次のようなものです。

- URLだけを張りつけているコメント
- そのブログに対してのコメントではなく、自分のブログを紹介しているコメント
- まったく関係のないことを言っているコメント

　このような行為のことを「コメントまわり」と思っているアフィリエイターも多いことから、「コメントまわり」は無意味でほかのブログの運営者と読者の迷惑になる行為と思っている人が多いようです。しかしほかのブログにコメントするという行為自体は悪くないので、しっかりとしたコメントをすればいいだけの話なのです。

ほかのブログのコメントからユーザーを引き込む方法

　ではどのようなコメントが、ブログ運営者に「このコメントは宣伝でないから反映させよう」と思わせることができて、コメントを見たユーザーが自分のサイトに来てくれるようになるのでしょうか？

　まず**「その記事についてのコメントである」ということが絶対条件**となります。

　この条件を満たしていなければ、どれだけ丁寧なコメントをしても宣伝っぽくなってしまいます。

1 自分のブログURLを必ずクリックしたくなるコメント

　またURLを張りつけると宣伝コメントっぽくなってしまうので、自分のブログを、あたかも他人のブログのように紹介するコメントを残すと効果的です。またコメントするブログと自分のブログを比較するようなコメントもお勧めです。

> **サンプル文**
>
> ブログ読ませていただきました。とても参考になりました！　特に○○は○○であるということは全然知らなかったので、さっそく試してみたいと思います！！　あと、このブログの記事に書かれている○○について違う視点から記事を書いている人もいました（http://www.sample.com）。参考になればうれしいです。また新しい記事楽しみにしています！！

　このように、「具体的に」そして「客観的な立場に立って」コメントすると、宣伝っぽくなくなります。またこの記事に興味を持っている人が見ているわけですから、**この記事と比較していることがわかれば必ず見に来てくれます**。

2 削除されずに反映してもらえるコメント

　もし自分がブログ運営者だと名乗る場合には、コメントするブログのファンであることを必ず伝えましょう。これは誘導するためのノウハウではなくて、コメントを反映させるためのノウハウです。先ほどお話ししたように、ブロガーは集客したユーザーをほかのブログに取られるのを嫌がります。よってコメントした人がほかのブログを運営していて、しかもブログのジャンルが同じだとわかれば、なおさら「コメントまわり」で集客しようとしているなと思われてしまいます。

　そうならないために、**自分がいかにコメントするブログを参考にしていて、いつも熱心に見ているのかを伝えるようにしましょう。また少し下手(したて)に出ることも必要**です。

> **サンプル文**
> 毎日ブログを見させてもらっています！ 私も同じようなブログ（http://www.sample.com）をやっていますが、以前の〇〇の記事のときは同じブロガーとして、めちゃくちゃ研究されていてすごいなーと感じました！ この記事に書かれている〇〇が〇〇であるということは確かに本当で、私も試してみましたがすごく効果があると思いました。これからもブログ楽しみに読ませていただきます！！

　このようなコメントだと、自分も同じようなブログをやっているということをアピールすることができるので、集客することもできるし、宣伝っぽくないコメントなのでお勧めです。

　今までのコメントまわりは、「いかに多くのブログにコメントを残すのか」ということばかりが論じられていたので、実際には効果は薄く、「コメントまわり」は意味のない集客方法として思われている感がありましたが、地道な作業ですが、このようなコメントをすれば意外と集客することができるので、非常に有効な手段となります。

Check!
1. 集客数の多いブログにコメントしろ
2. 同じジャンルのブログにコメントしろ
3. 宣伝っぽくないコメントでユーザーを引き込め

| 絶対法則 39 | ほかのブログへの賞賛リンクを張る |

ほかのブログで自分のブログを紹介してもらうことは、ブログアフィリエイトではとても重要なことです。しかし待っているだけでは、リンクされることはありません。

| 重要度 | ★★★★☆ | 難易度 | ★★★★★ | 対応 | HTML | 無料ブログ | WordPress |

同じジャンルのブログからリンクを受けることはアクセスが濃い

　絶対法則38で説明したように、同じジャンルのブログに紹介されるのは、自分のブログに興味を持ってくれそうな人が訪問してくれる可能性があるので、非常にいいことです。業界用語で「**濃いアクセス**」といいます。逆にトラフィックエクスチェンジ（164頁参照）のようなアクセスを「**薄いアクセス**」といいます。

　絶対法則38のコメントまわりでは、同じジャンルのブログの記事に対してコメントをしようというものでしたが、同じジャンルのブログに紹介されることは、好きなブログや興味のあるジャンルを見ているブログの運営者が紹介してくれるわけですから、もっとアクセスが増えるし、アクセスしてくれた訪問者の信頼度も上がります。

愛は与えてこそ受けることができる

　それでは、どのようにすれば同じジャンルのブログ運営者が自分のブログを紹介してくれるようになるのでしょうか？　それは、**こちらから先に相手方のブログにリンクをする**というものです。これも**絶対法則38**で紹介しましたが、何もせずに自分のブログを紹介してくれるということは、自分がその分野の権威的な存在でないかぎり非常に難しいです。しかしこちらから相手のブログに対してリンクを送ってあげれば、相手のブログも紹介してくれる可能性が広がるのです。親は無償の愛で子どもを育てるといいますが、インターネットの世界にはそのような無償の愛は存在しません。こちらから進んで相手方にメリットを与えた結果、相手も自分のために何らかのアクションを起こしてくれると考えましょう。

アフィリエイト商品を購入してくれるときもそうです。役に立たない情報しか掲載していないのに、そのブログ経由で商品が購入されることはありません。**役に立つ情報をユーザーに提供しているからこそ自分のブログのファンになってくれて、紹介している商品が売れるのと同じ**です。

　こちらからリンクを先に送って、リンクをもらうというやり方は相互リンクのやり方と同じです。相互リンクというのは、「お互いのブログを紹介しあうこと」です。この相互リンクは、基本的に相互リンクしたいブログを先にこちらからリンクして、相手方にリンクをしてもらうというのが常識です。

⚠ 相手に先にリンクをお願いするのは言語道断

　相互リンクをお願いするときに、**「あなたが私のブログにリンクをしてくれたら、私もリンクをします」というスタンスでは100％自分のブログを紹介してくれることはありません。**

　実はこの間違いを犯している人が非常に多くいます。自分のブログはアクセスが増えてほしいけれど、相手のブログのリンクを受けていない状態で自分のブログから相手方のブログにリンクを送るのは、「訪問者がほかの人のブログに移ってしまったら損をする」という考え方をしてしまうからです。

　しかもこの考え方自体も間違っています。

結果的にユーザビリティが高くなりアクセスも増える

　ほかのブログを紹介すると、集客した人がほかのブログに移ってしまって損をすると思ってしまうかもしれませんが、そんなことはありません。**実は同じジャンルのブログで、訪問者のためになるようなブログを紹介していれば、「このブログはいろいろな情報も載っているし、関連するブログも掲載されているいいブログだ」と思ってもらえ、お気に入りのブログとして自分のブログでも紹介してくれたり、はてなブックマークでブックマークしてくれるようになります。**

　そして、リンクを踏んでほかのブログを見にいっても、必ず自分のブログに戻ってきてくれます。こういった意味で、訪問者の役に立つ同じジャンルのブログを紹介することは、自分のブログがほかのブログで紹介される可能性も出てきますし、自分のブログの訪問者の満足度を高めてリピーターにさせることができる一石二鳥の方法なのです。

　だからこそ、先ほどもお話ししたように「相手方にリンクを送ることは訪問者を取られて損をする」という考え方が間違っているのです。

● ほかの人のブログを紹介することは、一石二鳥の効果

ほかの人のブログを紹介することは……

あなたのブログ → 他人のブログ

ほかのブログから紹介してもらえる

ユーザーの満足度を高めてリピーターが増える

リンクをしてほしいときの連絡方法

　こちらからほかの人のブログを紹介しているだけでは、相手の人は気づいてくれません。また、こちらからリンクが張られていることをアクセス解析ツールなどで気づいたとしても、わざわざ自分のブログを紹介してくれることなどあり得ません。

　自分のブログを紹介してほしいときは自分からリンクを張ったうえで、そのブログの運営者に連絡をして、自分のブログを紹介してほしい旨の連絡を取るようにします。

　では一体どのような文面で連絡を取ればよいのでしょうか。ポイントは次の5点です。

● ブログを紹介してもらうときの連絡用の文面の構成

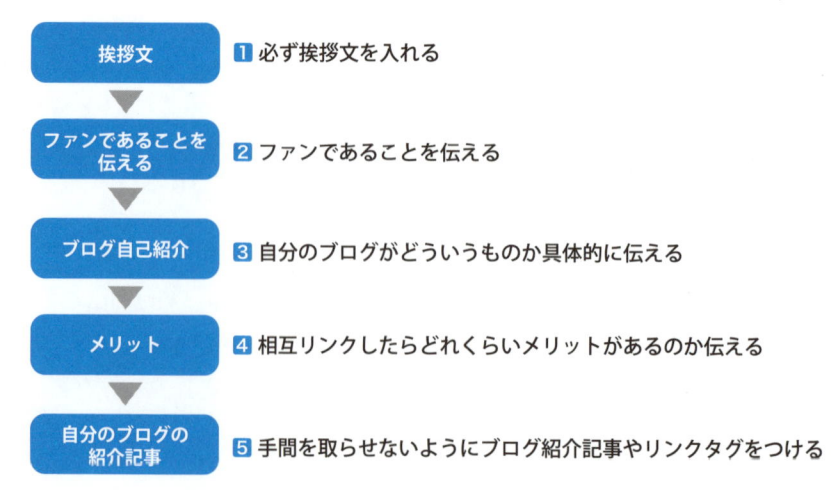

挨拶文	1 必ず挨拶文を入れる
ファンであることを伝える	2 ファンであることを伝える
ブログ自己紹介	3 自分のブログがどういうものか具体的に伝える
メリット	4 相互リンクしたらどれくらいメリットがあるのか伝える
自分のブログの紹介記事	5 手間を取らせないようにブログ紹介記事やリンクタグをつける

では、順番に見ていきましょう。

1 挨拶文を必ず入れる

　まず、挨拶文は必ず入れなければなりません。これはビジネス的な立場からいえば常識の範囲ですが、アフィリエイターの人が問いあわせてくるときに、挨拶文がないメールを送ってくる人が非常に多いです。**「突然のご連絡失礼いたします。〇〇というブログを運営しております〇〇と申します。」くらいは名乗るようにしましょう**。アクセスの多いブログを運営している運営者ほどキッチリしている人が多く、いくらネットでのやり取りで、ビジネス的なやりとりではないといっても、挨拶文のないメールを送られてくると「非常識な人」と思われてしまいます。

2 ファンであることを伝える

　そして、同じジャンルのブログにリンクをお願いするわけですから、「ライバル」ではないことを伝えなければいけません。常に相手のブログを読んで感動していることや勉強になっていること、考え方が同じところなどを伝えて、**ライバルではなく「同じジャンルのブログを一緒に盛りあげていきましょう」というスタンスで、連絡を取る**ことが大切です。

3 自分の自己紹介とブログの説明をする

　1 **2** の2点である程度、「常識のある人」で「敵ではない」というところまでは伝えることができます。しかし「〇〇というブログを運営している」と自己紹介したところで、わざわざ自分のブログを読みに来てくれる人は少ないので、**どのようなブログなのかを簡潔に伝えなければいけません**。たとえばどんなジャンルのブログを書いているのかということです。おおまかなジャンルと小さいジャンルに分けることができるのであれば、両方書いておいたほうがいいでしょう。たとえば、美容（おおまかなジャンル）ブログで、美白化粧品（小さいジャンル）の体験談を書いているブログというように説明します。そのほかにも、どのような記事を書いているのか、どのようなユーザーをターゲットにしているのかを説明してあげるのが親切です。

　これで、あなた自身とブログについて相手側も理解を深めてくれます。

4 メリットを伝えるときは注意深くやる

　そのあとで自分のブログからリンクされていると、どれくらいメリットがある

のかを伝えるようにします。**はじめからメリットを伝えると「上から目線」になってしまうので、注意が必要**です。メリットは「こういうユーザーが多いので、あなたのブログのユーザーと似ている」や「これくらいのアクセス数があるのでどれくらいのユーザーを送ることができる」や「○○という○○業界でも有名なブログにも紹介されているので、あなたのブログの信頼度も上がる」「○○ランキングで1位を獲得した」などです。

　はじめての人はなかなかメリットを伝えることはできませんが、ウソをつかない範囲でアピールするようにしましょう。たとえばクリック代行サービスを使って小さなカテゴリーのランキングで1位になっても1位は1位です。トラフィックエクスチェンジを使って10万アクセスを意図的につくり出しても10万アクセスは10万アクセスです。

5 自分のブログの紹介記事を添える

　そして最後に、自分のブログを紹介してもらいやすくするように、自分のブログを紹介する用の記事を厚かましく書いて、その中にリンクタグをつけ加えた文例などを送ってあげると、忙しいブロガーでも紹介しやすくなります。

> Check!
> 1 こちらから紹介してはじめて紹介してもらえる
> 2 ほかのブログを紹介することはユーザーにとってメリットだ
> 3 きっちりとした文面（右頁参照）で連絡を取れ

● メールで連絡するときの文例

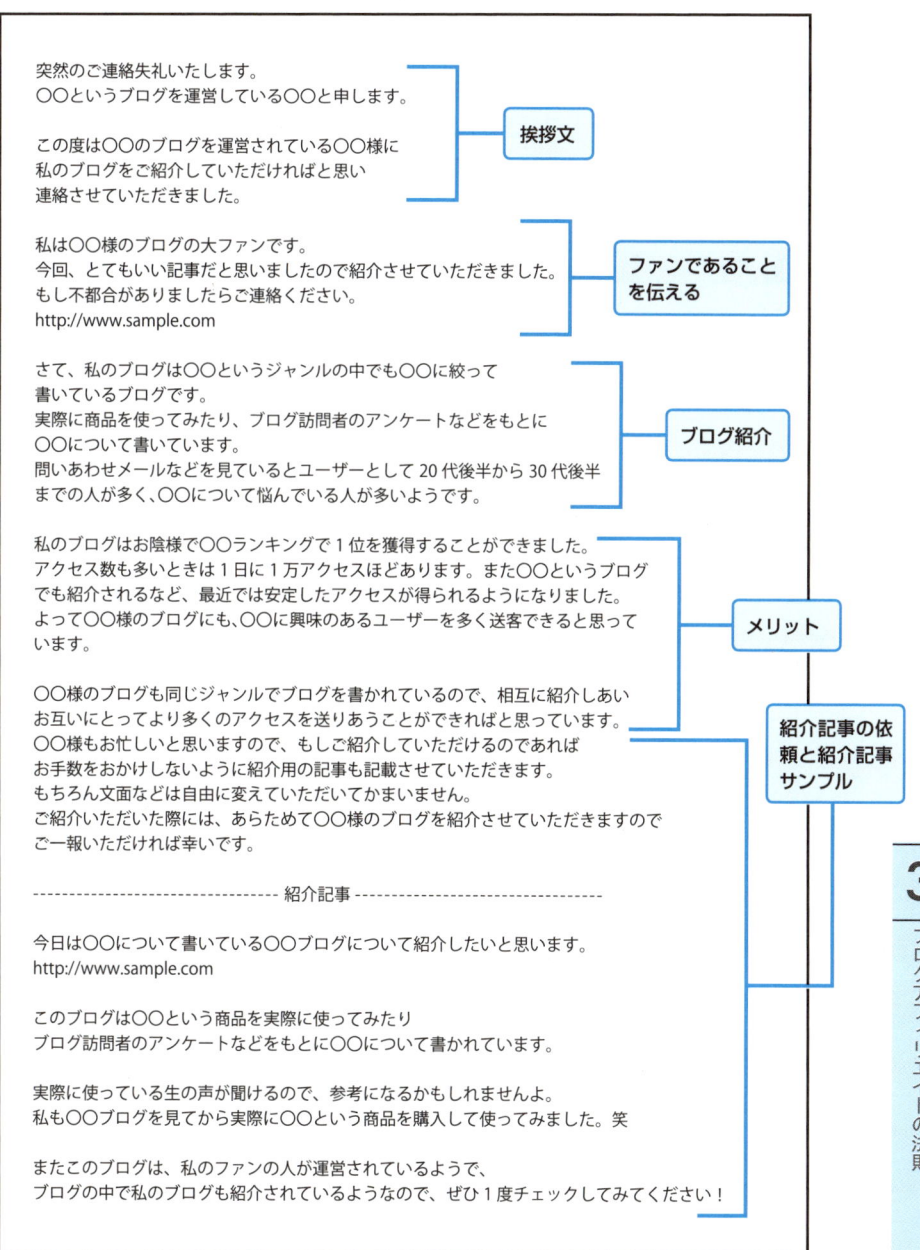

突然のご連絡失礼いたします。
〇〇というブログを運営している〇〇と申します。

この度は〇〇のブログを運営されている〇〇様に
私のブログをご紹介していただければと思い
連絡させていただきました。

― 挨拶文

私は〇〇様のブログの大ファンです。
今回、とてもいい記事だと思いましたので紹介させていただきました。
もし不都合がありましたらご連絡ください。
http://www.sample.com

― ファンであることを伝える

さて、私のブログは〇〇というジャンルの中でも〇〇に絞って
書いているブログです。
実際に商品を使ってみたり、ブログ訪問者のアンケートなどをもとに
〇〇について書いています。
問いあわせメールなどを見ているとユーザーとして20代後半から30代後半
までの人が多く、〇〇について悩んでいる人が多いようです。

― ブログ紹介

私のブログはお陰様で〇〇ランキングで1位を獲得することができました。
アクセス数も多いときは1日に1万アクセスほどあります。また〇〇というブログ
でも紹介されるなど、最近では安定したアクセスが得られるようになりました。
よって〇〇様のブログにも、〇〇に興味のあるユーザーを多く送客できると思って
います。

― メリット

〇〇様のブログも同じジャンルでブログを書かれているので、相互に紹介しあい
お互いにとってより多くのアクセスを送りあうことができればと思っています。
〇〇様もお忙しいと思いますので、もしご紹介していただけるのであれば
お手数をおかけしないように紹介用の記事も記載させていただきます。
もちろん文面などは自由に変えていただいてかまいません。
ご紹介いただいた際には、あらためて〇〇様のブログを紹介させていただきますので
ご一報いただければ幸いです。

― 紹介記事の依頼と紹介記事サンプル

---------------------------------- 紹介記事 ----------------------------------

今日は〇〇について書いている〇〇ブログについて紹介したいと思います。
http://www.sample.com

このブログは〇〇という商品を実際に使ってみたり
ブログ訪問者のアンケートなどをもとに〇〇について書かれています。

実際に使っている生の声が聞けるので、参考になるかもしれませんよ。
私も〇〇ブログを見てから実際に〇〇という商品を購入して使ってみました。笑

またこのブログは、私のファンの人が運営されているようで、
ブログの中で私のブログも紹介されているようなので、ぜひ1度チェックしてみてください！

3 ブログアフィリエイトの法則

絶対法則 40　Q&Aサイトを活用する

Q&Aサイトからのアクセスは意外に多いです。ここまで徹底してアクセスを獲得している人は少ないので、ほかのアフィリエイターと差別化したいときには絶対にねらい目です。

| 重要度 | ★★★★☆ | 難易度 | ★★★★☆ | 対応 | HTML | 無料ブログ | WordPress |

Q&Aサイトからの誘導方法

　Q&Aサイトとは、名前のとおり質問を公開し、ほかのユーザーからの回答を募り疑問を解決するためのサイトです。別名FAQサイトとも呼びます（本書ではFAQサイトと呼びます）。このFAQサイトの中でも、ブログへ誘導するのに1番使えるのは「Yahoo!知恵袋」です。

● Yahoo!知恵袋
http://chiebukuro.yahoo.co.jp/

ではどのように集客をするのかといえば「自分のブログに関連するような悩みについて、自分のブログへ誘導するための回答をする」という方法で集客を行います。

たとえば自分のサイトが、美白化粧品のアフィリエイトをするブログを運営しているのであれば、「美白」「紫外線」「肌荒れ」などについての質問に対して、積極的に回答をしていくという方法です。

FAQサイトのメリット

Yahoo!知恵袋は、日々多くのユーザーが質問や回答をしているうえに、訪問者も多いFAQサイトです。さまざまなFAQサイトがありますが、「質問をしても誰も回答をしてくれない」訪問者の少ないFAQサイトもあるので、そのようなFAQサイトを利用してもブログへの誘導にはつながりません。その点、Yahoo!知恵袋は利用者数が非常に多いので、集客につなげることができます。

さてFAQサイトを利用するメリットは次の3つです。

❶ 興味のあるユーザーを誘導できること
❷ 質問者以外にも多数のユーザーが見ていること
❸ FAQサイト自体が上位表示されていること

1 興味のあるユーザーを誘導できる

質問した人は、質問したことに対して「悩んでいる」または「興味がある」ということです。このような利用者の悩みを解決することは、1つの社会貢献になります。また**興味のある人、悩みのある人をブログに誘導することができるので、アフィリエイト報酬も上がりやすくなります。**これは 絶対法則38 でも紹介したように、同じジャンルのブログを見ている人は自分のブログに興味を持ってくれるという原理と同じです。このように濃いアクセスが増えるのも、FAQサイトのメリットです。

2 質問者以外にも多数のユーザーが見ている

冒頭の「自分のブログに関連するような悩みについて、自分のブログへ誘導するための回答をする」という記述を見て、「1人の人を集客するために、そんな面倒くさいことしてられない」と思った人も多いかと思いますが、実は「1つの

質問」は多くの人が見ているのです。どんな人が見ているかといえば、「同じ悩みを持つ人」が見ているのです。

下図のように、「美白になるには？？」という質問を合計で1万7,564人もの人が閲覧しているのです。**ポイントは、質問だけ見て満足する人はいないので、必ず回答も見るということ**です。その回答の中にあなたの回答があれば、同じ数だけ見てもらえる可能性があるので、非常に効果的な誘導方法なのです。

● Yahoo!知恵袋の「1つの質問」の閲覧者数

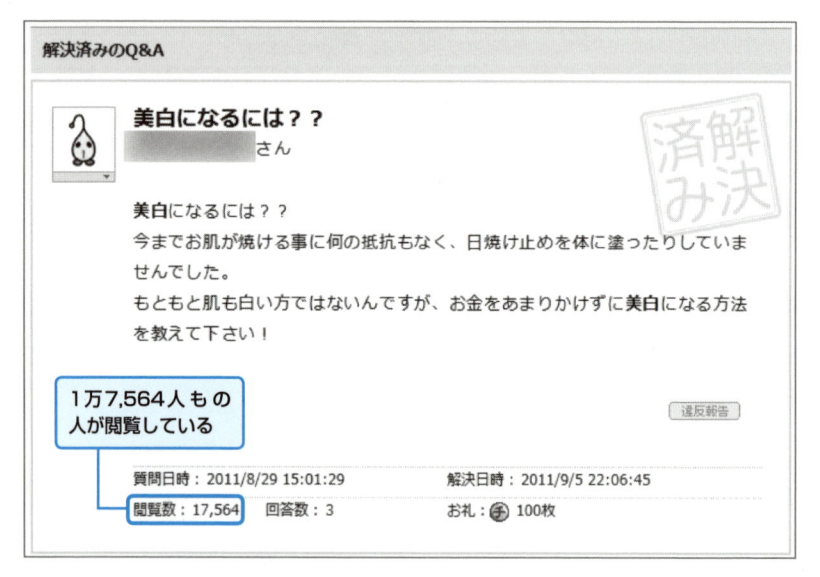

解決済みのQ&A

美白になるには？？
〇〇〇〇さん

美白になるには？？
今までお肌が焼ける事に何の抵抗もなく、日焼け止めを体に塗ったりしていませんでした。
もともと肌も白い方ではないんですが、お金をあまりかけずに美白になる方法を教えて下さい！

1万7,564人もの人が閲覧している

質問日時：2011/8/29 15:01:29　　解決日時：2011/9/5 22:06:45
閲覧数：17,564　回答数：3　　お礼：100枚

3 FAQサイト自体が上位表示されていること

Yahoo!知恵袋の1番のメリットは、Yahoo!検索において、さまざまなキーワードで上位表示されているということです。

右頁の検索結果を見てみると、Yahoo!知恵袋は、「美白」というビックキーワードでも上位表示されているのがわかります。もちろん「美白」以外の多数のビックキーワードでも上位表示されているので、Yahoo!知恵袋自体の集客数も多いですし、各キーワードの集客数も多いので、ブログに誘導するにはとても効果的なのです。

● Yahoo!知恵袋はYahoo!検索で上位表示される

「Yahoo!知恵袋」の中の検索エンジンで、上位3つが表示される（次頁参照）

Yahoo!知恵袋で優先的に回答する質問

　Yahoo!知恵袋自体の集客数が多く、1つの質問に対して同じ悩みを持っているたくさんの人が見に来てくれるので、それだけでも十分なのですが、前頁の図を見てもらうとわかるように、検索エンジンで表示されるには3つの質問しか表示されません。この3つの質問は「Yahoo!知恵袋の中の検索エンジン」で「美白」と検索したときの上位3つがYahoo!検索で上位表示されるしくみなのです。

　つまり「Yahoo!知恵袋の中の検索エンジン」で、**上位3つに入るような質問に対して回答することができれば、一気に集客ができる**ということになります。

　実は上位3つに入っている質問は、「質問に対して回答がされて解決済み」になったものしか入ることができません。よって上位表示される質問に対して回答をしようと思えば、とにかく「美白」というキーワードで検索して、まだ解決済みになっていない質問に対して「回答した質問が上位表示されることを祈って回答していく」しかないのです。

　しかし、実は「上位表示される条件」があります。このような条件を満たしている質問には、積極的に回答をしていくようにしましょう。次の例は、Yahoo!検索で上位表示される条件です。

> **例**　「美白」というキーワードの場合
> ❶ 質問タイトルの先頭に、「美白」というキーワードが入っている
> ❷ 質問タイトルに2個、質問文章に2～3個、「美白」というキーワードが入っている

　このような質問が上位表示されやすい質問です。このような条件を満たした質問を「自分でつくったAというアカウント」で質問を行い、その後「自分でつくったBというアカウント」で回答をするというアフィリエイターもいるようですが、このような行為はしないようにしましょう。

　確かに自分のアカウントで意図的に質問を行い、自分の別アカウントで回答をすればベストアンサーに選ぶこともできますし、Yahoo!知恵袋内の検索エンジン対策がされた質問をつくることができ効果的ではあります。ただ、このような行為はYahoo!知恵袋が禁止しているため、後々削除される可能性や、ほかの利用者から違反報告されて削除される可能性もあるので、無駄な苦労に終わることもあるのです。

ありきたりなステルスマーケティングはしない

　さて、回答をするときの注意点ですが、あまりにも露骨にブログを誘導するような回答だと「誘導目的の回答」と思われてしまうので、思ったように集客できません。Yahoo!知恵袋ではベストアンサー制度というものがあります。質問者が「この回答が1番よかった！」という回答を選ぶ制度で、このベストアンサーに選ばれると**「ベストアンサーに選ばれた回答」**として回答欄の中で1番上に表示されるようになり、より多くの人に回答を見てもらえるのでブログにも誘導しやすくなります。

● Yahoo!知恵袋のベストアンサー制度

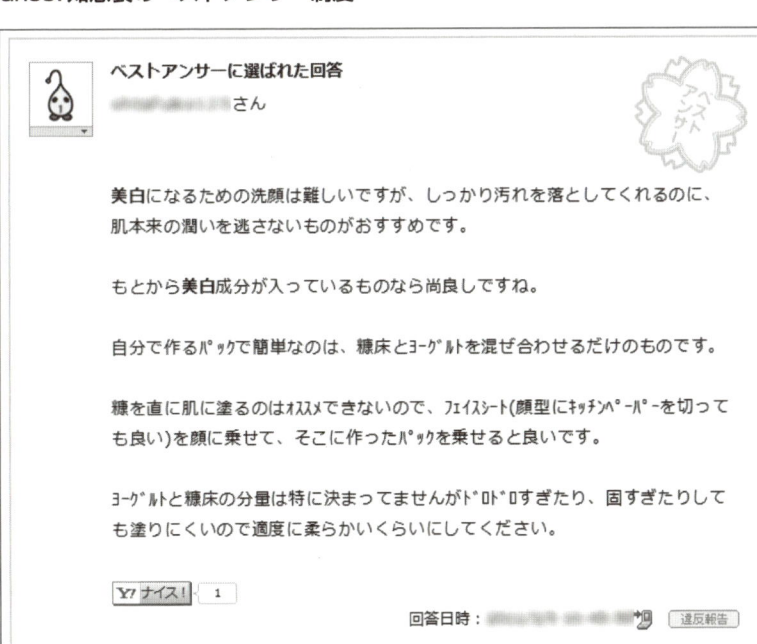

ベストアンサーに選ばれた回答

美白になるための洗顔は難しいですが、しっかり汚れを落としてくれるのに、肌本来の潤いを逃さないものがおすすめです。

もとから美白成分が入っているものなら尚良しですね。

自分で作るパックで簡単なのは、糠床とヨーグルトを混ぜ合わせるだけのものです。

糠を直に肌に塗るのはオススメできないので、フェイスシート(顔型にキッチンペーパーを切っても良い)を顔に乗せて、そこに作ったパックを乗せると良いです。

ヨーグルトと糠床の分量は特に決まってませんがドロドロすぎたり、固すぎたりしても塗りにくいので適度に柔らかいくらいにしてください。

　どのような回答をベストアンサーにするのかは質問者が決めることなので「このように回答すればベストアンサーになれる」というものはありませんが、「ベストアンサーになりやすい回答」というのはあります。それは当然のことながら、**「質問者の悩みに対して的確に回答」**しているものです。

　つまりいくらブログ誘導目的の回答をするといっても、「ブログ誘導目的だけ」

の回答では、さすがにベストアンサーには選ばれません。

　特にURLを張りつけた回答は、「誘導目的」と思われやすいので注意が必要です。誘導目的と思われないように他人を演じて、「こういうブログがありますよ」とURLを張りつけて回答をしても、最近では誘導目的と思われることが多いです。

　よって、潔くブログ運営者であることを名乗って、回答するようにしましょう。

自分がブログ運営者であることを名乗って丁寧に回答すれば、「誘導目的」ではなく「○○ジャンルのブログを運営している知識のある人に丁寧に回答してもらえた」と思ってくれるので、ブログへの誘導もできますし、運営者の株も上がります。 そして、最終的にはより多くの情報を求めてリピーターになってもらえれば、アフィリエイト報酬も発生しやすくなります。

Check!
1. 悩んでいる人、興味のある人を誘導できる
2. FAQサイト自体に集客力がある
3. 丁寧な回答でリピーターづくりをしろ

絶対法則 41 アフィリエイトには、無料ブログとWordPressはどちらがいいのか

無料ブログは、ブログ会社によってはアフィリエイトや商品を販売する商用利用を禁止している場合があります。またWordPressの場合は自分だけのブログをつくることができますが、費用が少しかかってしまいます。

重要度 ★★★★★　難易度 ★☆☆☆☆　対応 HTML　無料ブログ　WordPress

無料ブログのメリット・デメリット

　無料ブログを利用してアフィリエイトをするメリットは、何といっても「無料」でアフィリエイトができるということです。基本的に商品販売などのビジネスをしようと思えば、仕入れ、サイト作成費、広告宣伝費などの「費用」がかかりますが、無料ブログを利用することで費用をまったくかけずにビジネスができることになるので、これ以上のメリットはありません。

　また、アフィリエイター以外の人も無料ブログでブログをつくっているのを見ればわかるように、素人でも簡単に構築・運営できることもメリットです。わずらわしいサイト作成や更新作業はなく、非常に簡単に運営できることもメリットの1つです。

　一方デメリットも存在します。ブログ会社によっては、アフィリエイトなどの商用利用が可能な会社もあれば、商用利用不可の会社もあります。この点を見極めてアフィリエイト活動をしないと、突然ブログが削除されて、今まで必死に獲得してきたリピーターを一気に失うことがあります。また商用利用がOKでも、無料ブログの場合、スペースをブログ会社から「借りている」だけなので、何かブログ会社に不都合なことがあれば突然ブログが削除されることもあります。

　また、大手の無料ブログではあまり考えられませんが、最近では中小のブログ会社が相次いでブログサービスを終了しています。ブログサービスが終了するということは自分のブログもなくなってしまうということです。

　このようなメリット・デメリットをしっかりと認識して、アフィリエイトをしなければなりません。

商用利用できるブログ一覧

　商用利用できる無料ブログを紹介しますが、無料ブログは利用規約の変更により商用利用が可能になったり、不可能になったりすることがあるので、ここで紹介されている無料ブログでも、開始する際には必ず利用規約を確認するようにしてください。
　また商用利用が可能だからといって、ブログが削除されないという保証にはならないので、その点も理解しておいてください。

　次のブログは、基本的には制約なしでアフィリエイトができるブログ会社一覧です。
　そのほかにもブログ会社と提携しているアフィリエイト会社（ASP）ならアフィリエイト可能というような制限つきのブログサービスもあります。たとえば楽天ブログだったら、楽天市場のアフィリエイトであればアフィリエイト可能というものです。

● **制約なしでアフィリエイトができるブログ会社一覧**

- ファンブログ：http://www.a8.net/
- JUGEM：http://jugem.jp/
- FC2ブログ：http://blog.fc2.com/
- エキサイトブログ：http://www.exblog.jp/
- livedoor Blog：http://blog.livedoor.com/
- Seesaaブログ：http://blog.seesaa.jp/

WordPressとは

　WordPressとは、オープンソースのCMSプラットフォームのことをいいます。そういわれても、少し難しい話だと思います。簡単に説明すると「簡単にブログがつくれるツール」です。
　本来、Webサイトを構築するには、ドメインを取得してサーバーを契約して、そのサーバーの中にHTMLファイルを入れてコツコツとサイト作成をしなければならないのですが、このWordPressというツールをサーバーの中に入れてあげ

ると、ブログの管理画面ができあがります。この管理画面は、無料ブログの管理画面と同じような感覚で操作することができるので、比較的簡単にブログを構築することができます。

またWordPressはブログだけでなく、デザインによっては一般的なWebサイトを構築することもできるので、非常に人気の高いツールです。

●WordPress
http://ja.wordpress.org/

WordPressのメリット・デメリット

WordPressのメリットは、何といっても独自ドメインを利用して自分だけのブログを構築できるという点です。自分専用のブログなので、無料ブログのときのような制約はなく、自由にアフィリエイト活動をすることができて、ブログが突然削除されるということもありません。また比較的簡単に操作できるので、初心者でもブログ作成しやすいというメリットがあります。

デメリットは、ドメイン取得代金やサーバー代金がかかってしまうということです。お金がかかるといってもドメイン1つは1,000円以下で購入できますし、サーバーも安ければ月々500円以下のレンタルサーバーもあるので、それほど大きなお金を必要とはしません。

WordPressにお勧めな環境

　WordPressを利用するには、ドメインを取得してサーバーを契約しないといけないのですが、一体どのレンタルサーバーを契約すればいいのでしょうか。前著「SEO対策　検索上位サイトの法則52」でもSEO対策に強いレンタルサーバー会社の紹介をしましたが、WordPressを利用するのであれば「エックスサーバー」というサーバーを借りてサイト構築するのがいいでしょう。

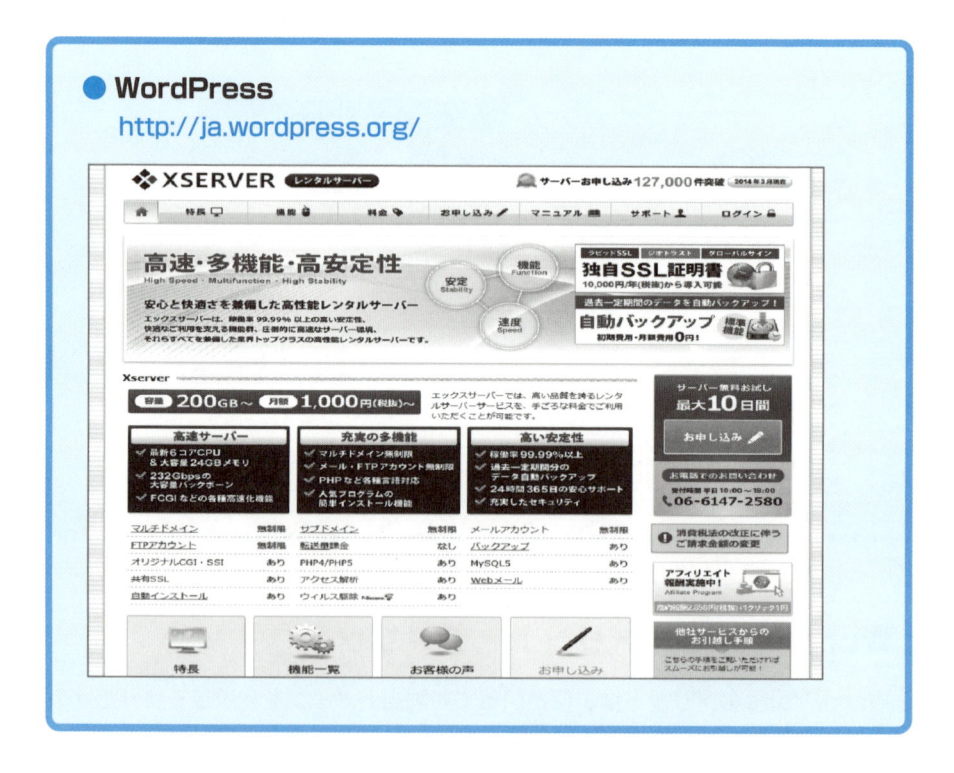

● WordPress
http://ja.wordpress.org/

　エックスサーバーでは、管理画面上から簡単にWordPressをサーバー内にインストールすることが可能です。管理画面の指示にしたがって操作をしていけば、

WordPressを利用したブログを簡単につくることができます。また、はじめてレンタルサーバーを契約したという初心者にもお勧めです。問いあわせの電話も比較的つながりやすく、丁寧に教えてくれます。

これらに加えて、サーバーの安定性、サイトの表示スピードなど、サーバーに必要な条件がすべてそろっているので、もしサーバーにこだわりがないのであればエックスサーバーがお勧めです。

> Check!
> 1. 無料ブログは商用利用可能か確認しろ
> 2. WordPress で自由自在にアフィリエイトしろ
> 3. WordPress を利用する際はエックスサーバーで決まり

絶対法則 42

ブログアフィリエイトの記事例

ブログアフィリエイトでは、自分のブログをブランディング化するための記事を書かなければなりません。またサイトアフィリエイトとは違って、わかりやすく具体例が多い記事が好まれます。

重要度 ★★★★★　難易度 ★★★☆☆　対応 HTML 無料ブログ WordPress

ブログアフィリエイトの記事例 ❶

美白になるためのブログ

| このサイトについて | 商品ランキング | 口コミ情報 | お問いあわせ |

- ○○という成分の効果
- ○○という成分の効果
- ○○という成分の効果
- ○○という成分の効果
- 美白の○○方法
- 美白の○○方法
- 美白の○○方法
- 紫外線対策方法
- 紫外線対策方法
- 紫外線対策方法

シミ、そばかすの6つの原因とおススメの美白化粧品！！

年とともにシミ、そばかすが増えてきた……
そんな悩みを持っている人は多いのではないのでしょうか？

しかし！！　シミ、そばかすの原因って1つじゃなくて6つもあるんです！！
その6つとは……

老人性色素斑、脂漏性角化症、雀卵斑（そばかす）、炎症性色素沈着、肝斑、花弁上色素斑

っていわれても全然わからないですよね！（笑）

正直言ってしまうと
「年とともにシミ、そばかすが増えてきたわ……」
という人の 99%は「老人性色素斑」なんです。

だからきっとこのブログを読んでいるみなさんも 99%「老人性色素斑」に違いありません。この老人性色素斑とは、若いころに日焼けをしていた、日焼け止めクリームなんか塗っていなかった、部活などで日差しの強いところに1日中いた、ガン黒世代だった……（笑）
ここにあてはまる人が「老人性色素斑」なんです。

6つの原因を紹介しつつも、わかりやすい説明を心がけるために、多くの人があてはまる原因に特化して説明をしてあげるのもお勧めです

たとえ話をして、自分にあてはまるかどうかを説明すると、わかりやすい記事になります

こんな老人性色素斑の人には、「美白化粧品 A」がおススメです。老人性色素斑の場合はほかの化粧品を使っても効果はありませんが、「美白化粧品 A」はハイドロキノンという<u>火傷跡を治すのにお医者さんが使う成分</u>が入っているので、<u>めちゃくちゃ効果が高いんです！！</u>

> 効果が高い、非常にいいなどは、「言い切ること」ようにすることで「本当によさそう」と思わせることができます

正直なところ……テレビの CM なんかで
「日焼けの紫外線をなかったことに」「シミ、そばかすには○○」
なんていう CM が流れていますが……

<u>テレビ CM で流せる化粧品には「ハイドロキノン」を入れることはできないんです！！！！</u>（法律で規制されてるみたいです）

だからテレビの CM で流れている美白化粧品は <u>「これからシミを増やすのを防ぐ」</u>ことはできるけれど <u>「できてしまったシミ」</u>を消すことはできないんです！！

> このような裏話などは、ユーザーがあなたのブログに対して信頼感を上げるものになります

私が 2 年以上探し求めて、やっとシミが消えた美白化粧品 A は <u>トライアルセットで 1,680 円</u>からあるみたいなんで、お試しあれ〜。

購入はこちらからどうぞ↓↓↓

美白化粧品 A のトライアルセット

> アフィリエイトリンクは最後に張ります

> サイトアフィリエイトと違って、送料や消費税まで書く必要はありません。詳しく書いてしまうと、ブログの場合は宣伝のように見えてしまうからです

ブログアフィリエイトの記事例 ❷

美白になるためのブログ

| このサイトについて | 商品ランキング | 口コミ情報 | お問いあわせ |

○○という成分の効果
○○という成分の効果
○○という成分の効果
○○という成分の効果
美白の○○方法
美白の○○方法
美白の○○方法

「美白化粧品 D」が届いたので 1 カ月使ってみました。

美白化粧品 D のトライアルセットが 1,680 円であったので購入してみました。早速 1 カ月使ってみた体験談を書いていきます。

購入したところはコチラ（<u>アフィリエイトリンク</u>）です。

> さりげなくアフィリエイトリンクを張るようにしましょう

● 商品到着！
注文して 2 日後に商品が届きましたー！
結構早かったですね。
商品自体はこんな感じです。
トライアルセットなのでちょっと小さめですね。

| 紫外線対策方法 |
| 紫外線対策方法 |
| 紫外線対策方法 |

● 早速使用してみます！
洗顔石鹸の泡立ちがめちゃくちゃよかったです！
化粧水はトロっとしていないタイプなので、乾燥肌の人には物足りないかもしれません。私も乾燥肌なので、この化粧水以外に自分の持っている化粧水を2度塗りして使いました！

● 美容液の使い方
美容液はシミの部分にチョコっと塗るイメージでいいみたいです。
お肌全体に塗ってしまうとダメみたいですね。。。

● 美白化粧品Eと比べてみて……
美白化粧品Eには、確かに保存料などの添加物が入っていませんでしたが、それだけに効果はなかったと思います。もちろん、超敏感肌でシミはとくにない！ という人にはぴったりかもしれませんが、私にはこの美白化粧品Dがあっていましたね。

● 1カ月後
写真のように、小さなシミが1カ月でなくなってしまいました。
大きなシミはまだ残っていますが薄くなっているので期待大です！！！

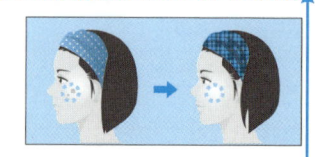

> どのような人にお勧めで、どのような人に向かない商品なのかを言ってあげることで、「正直なことをいうブログ」として信頼されます。そしてお勧めできない人には代替案を示してあげることで、購入につながる可能性があります

> 自分が使ってみて、よくなかったところは正直に書きましょう。ただし、商品そのものを批判するのではなく、商品が自分にあわなかった（こういう人にはあわない）というスタンスで批判するようにします

ブログアフィリエイトの記事例 ❸

> わかりやすいたとえ話は、ブログのユーザーに好かれます

美白になるためのブログ

| このサイトについて | 商品ランキング | 口コミ情報 | お問いあわせ |

| ○○という成分の効果 |
| ○○という成分の効果 |
| ○○という成分の効果 |
| ○○という成分の効果 |
| 美白の○○方法 |
| 美白の○○方法 |

ハイドロキノンの効果と副作用をわかりやすく解説。

ハイドロキノンってよく耳にするようになってきましたが、結局どういう効果があって、どんな副作用があるの？？ って思っている人も多いのではないのでしょうか？

というわけでハイドロキノンをわかりやすく解説しちゃいます。

● ハイドロキノンの効果
ハイドロキノンは「お肌の漂白剤」や「シミの消しゴム」といわれてるくらい「美白効果」や「シミを消す効果」が非常に強いんですね。

美白の○○方法	ビタミンCは昔から美白に効果があるといわれていますが**ハイドロキノンはその100倍も効果があるんです！！**
紫外線対策方法	
紫外線対策方法	
紫外線対策方法	

> わかりやすい数字などもブログのユーザーに好かれます

● ハイドロキノンの濃度

ハイドロキノンが含まれている化粧品はいくつかありますが、濃度はさまざまです。
濃度が低いほど効果が薄く、濃度が濃いほど効果が高いんですね。

ハイドロキノン1～3％の化粧品は、敏感肌の人でも使えます。
たとえば美白化粧品Aは3％の濃度です。
→美白化粧品Aの購入はこちら

逆に4～5％の濃度の化粧品は、**敏感肌の人には使えません！！** ですが、効果は高いです。美白化粧品Cの濃度は5％です。
→美白化粧品Cはコチラ

> 使えない人を言い切ってあげることで、逆に「この人には絶対おススメです」というフレーズが信じやすくなります

● ハイドロキノンの副作用と注意点

副作用は濃度が高い化粧品を長期間ずーーっとつけていると、お肌の一部が真っ白になる症状が出てしまいます。しかし市販されている化粧品ではこのような症状が出ないといわれています。**お医者さんから出される治療用のクリームなどを美容目的で使用するのは厳禁**なんです！！

そして絶対に注意してほしいことが2つ！
ハイドロキノンをつけているお肌は紫外線に弱くなっているので、絶対に日焼け止めクリームを塗ること！　そしてできれば、**夜寝る前に使用すること！**　がポイントです。
シミを消すためにハイドロキノンを使って、紫外線に負けて新しいシミができてしまっては意味がないですからね。正しい使い方をしてしっかりとシミを消しちゃってください！！

> してはいけないこと、お勧めできないことは、強い言葉で禁止すると信頼度が上がります。逆にこのような場合の禁止のしかただと、確実に「効果が高い」ことを意味することができます

Check！
1. わかりやすい文章や具体例でユーザーを引きつけろ
2. いいことも悪いことも言い切ってしまって信頼度を上げろ
3. 赤文字や改行を多用し、見やすい文章を心がけろ

コラム

「情報商材」と「一般書籍」の違い

　情報商材がどんなものか、アフィリエイターの人なら知っているとは思いますが、金額が高額なものが多いので、読者の中には実際に購入したことがある人はほとんどいないと思います。

　そこで、情報商材がどのような内容のものなのかを説明しつつ、一般書籍と比べてみたいと思います（以下、情報商材はPDFや動画ファイルに含め、塾やスクールも含みます。また詐欺まがいの情報商材ではなく、正確な情報が掲載されている情報商材について解説します）。

　では内容としては一体どのような違いがあるのでしょうか。

　まずアフィリエイト関連の一般書籍は、「アフィリエイトとは」から「ASPの選び方」「ブログのつくり方」「基本的な集客方法」などについて書かれていることが多いです。つまり、これからアフィリエイトしようと思っている初心者の人が読むべき内容になっています。つまり、「アフィリエイト」という言葉さえ知らない人や、アフィリエイトという言葉は知っているけれど100％理解できていない人が読むのに適しています。ですが、書籍というのは情報を得るためだけのものなので、著者にメール相談ができたり、アフィリエイトのツールが配布されるセミナーに参加することができるというサポート体制はありません。

　逆に情報商材は、「ある1つのアフィリエイト方法」を紹介したうえで具体的な方法が紹介されていることが多いので、「アフィリエイト」という言葉を知っている程度の知識は必要です。ただ初心者の人でもできるように、紹介しているアフィリエイト方法でアフィリエイトができるように1から10まで解説していることが多いです。そしてわからないことがあれば、メールや電話で相談できるというメリットもあります。また紹介されているアフィリエイト方法の作業を効率化するためのツールなども、付属している場合があります。

　両者の違いを簡潔に説明するなら、一般書籍は「客観的な内容」であり、情報商材は「具体的な内容」であるといえます。また販売されている金額も大きく異なります。一般書籍は1,000～2,000円前後ですが、情報商材の場合、PDFや動画ファイルだけであれば1万～5万円程度、塾やスクールであれば20万～30万円が相場です。ただ最近では塾やスクールも5、6万円程度で販売されるようになってきました。

　高額な情報商材でも、出版社から販売されるわけではなく、誰でも販売することができます。その分見極めて購入しないと、内容の薄い情報や事実と異なる情報に対して高額な金額を支払うことになるので、注意が必要です。

　本書では、一般書籍のデメリットである「購入者に対してのサポート」ができないということを解消するために、「アフィリエイト会員」を用意しています。これは高額な塾やスクールとは違い、月額980円で有名アフィリエイターのセミナー参加、各種情報提供、アフィリエイトツール、メール相談などを受けることができるものです。詳細は「あとがき」に掲載しています。

Chapter - 4

Google アドセンスの法則

アドセンスを利用したアフィリエイトは、ほかのアフィリエイト方法と違う報酬体系なので、集客方法やサイト構築方法も異なってきます。Chapter-4 では、その点について詳しくお話しします。アドセンスのメリットを活かして、アフィリエイトに励みましょう。

絶対法則 43 Googleアドセンスならコンテンツを自由に決められる

アフィリエイトASPに登録するタイプのアフィリエイトと違い、アドセンスは訪問者またはサイトに合致した広告をGoogleが自動で表示してくれるので、サイトのコンテンツを自由に決めることができます。

重要度 ★★★☆☆　難易度 ★★☆☆☆　対応 HTML　無料ブログ　WordPress

アドセンスのしくみ

　普通のアフィリエイトは、まず自分のサイトで紹介する商品を自分で決定します。その後、サイトの訪問者に商品を紹介し、その商品を訪問者が購入すれば一定の割合の手数料が入ってくるしくみです。アドセンスは、普通のアフィリエイトとは少し違う方式でアフィリエイトすることになります。

　アドセンスはGoogleが提供しているアフィリエイトシステムですが、アドセンスはそもそも「何をアフィリエイトするのか」を決めることはできません。サイトに「広告タグ」を貼りつければ、その場所に自動で何かしらの広告が表示されます。そしてサイト訪問者が訪れたときにその広告をクリックしてくれれば報酬が入ってくるクリック報酬型のアフィリエイトです。

　ではどのような広告が表示されるのかというと「❶ どのようなサイトを運営しているのか」と「❷ 訪れたユーザーがどんなことに興味があるのか」の2種類から表示される広告が決まります。

❶ どのようなサイトを運営しているのか

　これは、サイトのコンテンツ内容と合致した広告が表示されます。たとえば、美容系のサイトには美容系の広告が表示されます。これは、美容系のサイトを見る人は美容系の商品に興味を持ちやすいので、美容系の広告を表示すればクリックする可能性が高くなるからです。

❷ 訪れたユーザーがどのようなことに興味があるのか

　これは、ユーザーの過去の検索履歴などから広告が表示されます。たとえば、過去に検索エンジンで「マンション　購入」と検索したことのあるパソコンの所有者は、「マンションの購入」や「不動産投資」に興味がある可能性があります。

この人は、「マンション購入」や「不動産投資」といったアドセンス広告が張られたサイトを閲覧すると、その広告をクリックする可能性が高くなるからです。

● Google アドセンスのしくみ

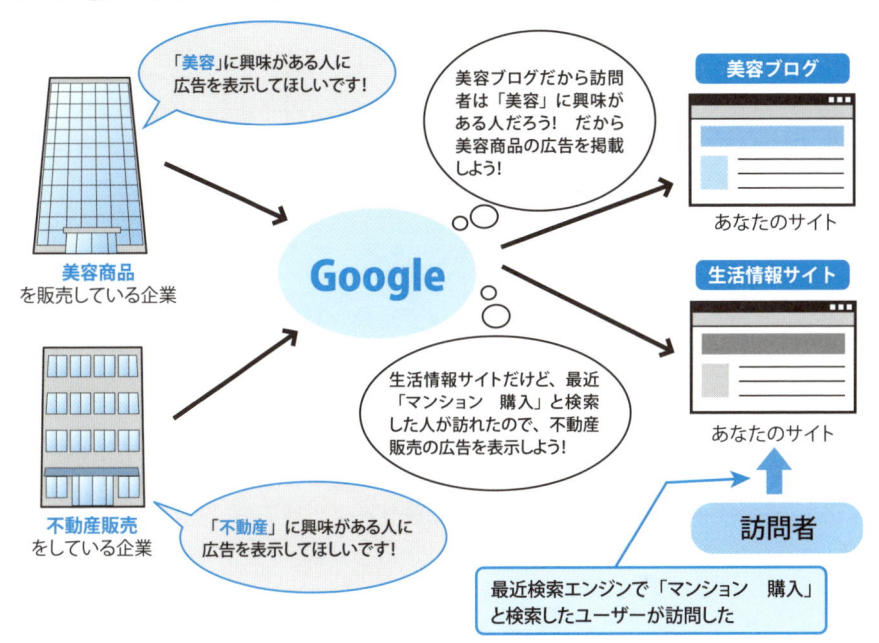

```
「美容」に興味がある人に広告を表示してほしいです！
美容商品を販売している企業

美容ブログだから訪問者は「美容」に興味がある人だろう！ だから美容商品の広告を掲載しよう！
美容ブログ → あなたのサイト

Google

生活情報サイトだけど、最近「マンション　購入」と検索した人が訪れたので、不動産販売の広告を表示しよう！
生活情報サイト → あなたのサイト

「不動産」に興味がある人に広告を表示してほしいです！
不動産販売をしている企業

訪問者
最近検索エンジンで「マンション　購入」と検索したユーザーが訪問した
```

自分の得意分野で稼ぐことができるのがアドセンス

このように、普通のアフィリエイトと違って、**アフィリエイトする商品の分野に特化した**サイトを運営しなくても収益化を図ることができるのが、**Googleアドセンスのメリット**ということができます。

今までならアフィリエイトできる商材を選択しなければならないという制限がありました。アフィリエイト商材の中に自分がよく知っている分野や興味のある商品がなければ、アフィリエイトするときもアフィリエイト商材にあわせて関連するサイトを無理やり運営しなくてはなりませんでした。

私もアフィリエイターを多く指導してきましたが、美容系に興味のない年配の男性が化粧品のサイトを運営している光景を多く見てきました。みなさん稼ぐた

めに必死に美容に関する情報を集めているのです。しかし実際に商品に興味を持ち、購入するのは女性なので、サイトを見ている女性からすれば「情報が物足りない」「なぜか情報に興味が持てない」「商品体験談になぜか納得できない」というような「かゆいところに微妙に手が届かない」というようなサイトになってしまうことが多いのです。

しかしGoogleアドセンスの場合は、自分のサイトのコンテンツにあわせて、Googleが訪問者の興味にあわせてクリック率が高くなる広告を自動で判別して表示してくれるので、コンテンツに制限されることなく、自分の好きな分野、得意な分野、興味のある分野でアフィリエイトをすることが可能になるのです。

かなりニッチな情報を提供できる

このように**自分の得意分野のコンテンツで勝負ができるということは**、ニッチなコンテンツを提供することができるので、ユーザーの満足度を得やすく、ブックマーク数の上昇、被リンク数の上昇もねらえるため、SEO対策もしやすくなります。

さらに、通常のアフィリエイトサイトと違い、何かの商品を紹介しているというスタンスのサイトではなくなるので、ユーザーにとっても「売りつけられている感じがしない」という点で好意的に受け止められます。こちらもブックマーク数の上昇、被リンク数の上昇、TwitterやFacebookでの紹介にもつながります。

またGoogleアドセンスはアフィリエイトシステムではあるものの、アフィリエイトという枠にとらわれず新しいビジネスの発展にもつながります。

たとえば「全国の駐車場の口コミサイト」をつくったとします。このサイトでは、何台駐車できるのか、クレジットカードは使えるのか、おつりがもらえる支払機なのか、停めやすい場所にあるのか、30分あたりの価格はいくらなのか、1日の最大料金はいくらなのかといった、街中で駐車場を探している人がほしい情報が網羅されているとします。しかしこのようなサイトを収益化しようとしても、なかなか収益に結びつけることはできません。駐車場から広告料金を徴収するというビジネスモデルでは成り立たないでしょう。もちろん駐車場を紹介するようなアフィリエイト広告は存在しません。しかし、Googleアドセンスを張りつけておけば収益化をすることができるのです。

これはアフィリエイトというよりも、新しいビジネスモデルでの起業に近いのです。

つまりGoogleアドセンスのしくみがあればどのようなサイトでも収益化することができるという、発展性が非常に大きいアフィリエイト方法なのです。

> **Check!**
> 1. コンテンツに制限されることなくアフィリエイトできる
> 2. ニッチな情報提供で魅力的なサイトをつくれ
> 3. 使い方によってはアフィリエイトではなく「起業」にもつながる

| 絶対法則 44 | Googleアドセンスをやるなら人気アフィリエイト分野には手を出すな |

コンテンツに縛られないアドセンスアフィリエイトの強みを活かすなら、アフィリエイトASPで扱われているような商材のサイトをつくる必要はありません。逆に、もっとニッチな分野をねらいましょう。

重要度 ★★★★★　難易度 ★★★☆☆　対応 HTML 無料ブログ WordPress

Googleアドセンスのデメリット

　Googleアドセンスは自分の得意分野のサイトを運営することができるうえに、ユーザーが興味のありそうな広告を自動で表示してくれるので、メリットだらけだと思ってしまいますが、Googleアドセンスにもデメリットはあります。それはクリックさせるだけで報酬が生まれるので1クリックあたりの報酬額が少ないということです。

● 普通のアフィリエイトとGoogleアドセンスのメリットとデメリット

	メリット	デメリット
普通のアフィリエイト	報酬単価が高い	ライバルが多い。コンテンツに制限がある
Googleアドセンス	得意分野のサイトをつくれる。ライバルが少ない分野でアフィリエイトすることができる	報酬単価が低い

　通常のアフィリエイトの場合、購入してもらえれば1,000円前後の報酬が入ってきます。そして 絶対法則01 で紹介したように、1クリックあたり50円以上の商品を自分の手で選ぶことができるので、必然的に報酬単価は高くなります。しかしGoogleアドセンスの場合、広告を選ぶことができないうえに、クリックされた広告の価格もバラバラです。中には10円、20円という低いクリック単価の広告も存在します。この**報酬単価が低いということが、Googleアドセンスのデメリット**になります。

ライバルが多いコンテンツは避けるべき

　通常のアフィリエイトができる商品の分野は、アフィリエイターが運営しているサイトが多いのでライバルが増えます。ということは、リスティング広告で集客するにしても、ブログランキングで集客するにしても、SEO対策で集客するにしても、多くのライバルに勝たなければ効率よく集客することができません。

　ですから**Googleアドセンスでアフィリエイトをする場合に、通常のアフィリエイトできる商品の分野で勝負することは、Googleアドセンスの強みである「コンテンツに制限されず、ライバルが少ない分野でアフィリエイトできる」というメリットを活かすことができなくなる**のです。そういった分野で勝負するのは、ライバルも多いし報酬単価も低いという、2重苦になってしまいます。

　つまりGoogleアドセンスをするなら、コンテンツに制限されることがないわけですから、通常のアフィリエイトで扱えるような商品分野を避けるようにしたほうが、メリットを享受できます。

通常のアフィリエイト分野以外なら集客が簡単

　通常のアフィリエイトできる分野以外のSEO対策は、実はそれほど難易度が高くありません。さらにリスティング広告で集客するときも、1クリックあたりの広告料金が高くならずにすみます。もちろんアフィリエイターが多い難しい分野でも、SEO対策とリスティング広告で集客をしようと思えばできますが、より簡単に集客したいという人には、ニッチな分野をねらってGoogleアドセンスでアフィリエイトをするほうが向いています。

> ⚠ **ライバルが少ない ＝ 必要とする人が少ない ≠ アフィリエイトでは成り立たない**

　覚えておいてほしいのは、**アフィリエイト業界では「ライバルが少ない ＝ 必要とする人が少ない」という公式はあてはまりません**。一般的なビジネスにおいては、参入する業者が少ないということは需要が少ないからという、「ライバルが少ない ＝ 必要とする人が少ない」という公式が成り立ちますが、アフィリエイトでは、それはまったく成り立ちません。

　通常のアフィリエイト分野では、あくまでもアフィリエイトできる商品があるからこそ、その分野に関するサイトが多いのであって、その分野以外の商品がネット上で売れない、情報が必要とされないというわけではありません。

引越し屋、葬儀屋、結婚式場だって儲かっている

　これに加えて、ニッチな情報を提供するサイトをつくるときの心構えとして知っておいてほしいことがあります。ニッチな情報を提供するサイトを構築する際、「本当にこのようなサイトをつくっても見る人がいるのだろうか」という不安にかられることがあります。
　もちろんサイトを構築したてのときは検索エンジンで上位表示されていないばかりか、まだまだ情報量が少ないので盛り上がることもないと思います。しかし**どんなニッチな世界でも必要としている人は必ずいます。**情報量が増えて、検索エンジンでも上位表示されるようになるにつれて、集客数も伸びてリピーターも増えてくるものなのです。

　人生で引越しをするのは、転勤族は別にしても、一般的にはそんなにあることではないと思います。毎年毎年引越しする人は少ないです。また結婚式を挙げることやお葬式をすることも人生において基本的には1回とか2回です。結婚式なんて最近では挙げない人も多くいるのに、日本にはたくさんの結婚式場があります。しかも結婚式を挙げるには半年前から予約をしておかないといけないほどの状況です。
　こういった一生のうちに何回かしか利用しないようなサービスでも、ちゃんとビジネスが成り立っています。
　結婚式やお葬式に比べれば、ニッチな情報を提供しているサイトに訪問することなんて、人生において何度でもあります。筋トレの情報サイト、BBQ専門のサイト、駐車場の口コミサイト、SEO対策のサイトなど、ニッチな情報でも訪問者は意外と多いものです。アフィリエイターならSEO対策という言葉は聞き慣れているでしょうが、周囲の人に聞いてみればわかるように、一般の人からすればあまり知られていない分野なのです。

　Googleアドセンスは稼げるアフィリエイト方法ではありますが、このようなことを理解しておかないと「こんなサイトをつくっても、訪問者が来ない！」と早々にあきらめてしまうことになりかねないので、精神論になりますが、技術論を習得する前に覚えておかないといけないことです。

ニッチな情報でなくても満足度が高い情報になる

　ニッチな情報が掲載されているサイトは満足度が高く、ライバルも少ないと先ほどからお話ししていますが、ライバルが少ない分野で勝負をすることは、そもそもその分野のサイトが少ないので、基本的な情報を提供しただけでも訪問者は満足する可能性があります。

　たとえば、美白関連などの人気分野のアフィリエイトサイトの中で、日焼け止めクリームについての知識を紹介したとします。日焼け止めクリームには「SPF10」「SPF20」「SPF30」「SPF40」「SPF50」といった段階があります。テレビCMなどを見ていると「SPF50だから日焼けしない！」というようなCMが流れています。私もアフィリエイトをはじめるまでは「SPF10は効果が低くて、SPF50は効果が高いんだ。SPF50のほうが日焼けしにくいんだ」と思っていました。

　しかしアフィリエイトをはじめてから「SPF」という値は「日焼け止めの効果の値」ではなく「クリームの持続性の値」だということがわかりました。つまりSPF10の日焼け止めクリームは3時間効果が持続し、SPF50は15時間効果が持続するというものです。よって「日焼けしにくい」という効果については同じなのです。

　男性ですから、このような情報は「ニッチな情報だ！」「すごい情報だ！」と思ってブログに書き込んだりするのですが、女性からしてみるとそんなにすごい情報ではないことが多く、特に魅力的な記事にはなりません。また多くのアフィリエイターもこういった情報はブログで紹介しているので、これくらいの内容の記事ではコンテンツの差別化も難しい状況です。

　逆に**ニッチな情報やあなたの得意分野の記事であれば、あなたが知っている普通のことでも訪問者にとっては貴重な情報になる可能性が高い**のです。SEO対策を常に勉強している中級者以上の人なら「ディスクリプションのSEO効果は今現在ほとんどない」といわれても普通のことですが、一般の人からすればまず「ディスクリプション」って何？　となります。それがSEO初心者の人にしてみれば、「ディスクリプションの効果は高い」と思っている人が多いので、非常に魅力的な記事になるわけです。

ほかのサイトとコンテンツが重複する可能性が低い

　人気アフィリエイト分野を避けることによって、コンテンツが重複する可能性

が低くなります。人気のアフィリエイト分野では、サイトの構成やコンテンツをほかのサイトと差別化するのに苦労しますが、アフィリエイトできる分野以外のサイトは、サイト数も少ないのでコンテンツが重複しづらいのです。

この結果、 絶対法則27 で紹介したようなGoogleからの警告も気にせずサイトを作成することができます。

このようにGoogleアドセンスというアフィリエイトは、デメリットである「1クリックあたりの報酬額が低い」という点で、多くのアフィリエイターからあまり好印象を得られないアフィリエイト方法ではありますが、メリットを活かすことによって十分稼げるアフィリエイト方法なのです。

下図に、「Googleアドセンスアフィリエイトのメリットを活かすことによって生まれるメリット」と「メリットを活かさないときのデメリット」についてまとめておきます。

● Google アドセンスのメリットを活かすか活かさないか

　● Google アドセンスのメリットを活かせば……

| 得意分野・ライバルが少ない分野でアフィリエイトすることができる | → | ・集客がしやすい
・訪問者の満足度が高い
・コンテンツが重複しない |

　● Google アドセンスのメリットを活かさなければ……

| ライバルが多い分野でアフィリエイト | → | ・集客しづらい
・コンテンツが重複する
・報酬単価も低い |

Check!
1. 人気分野のコンテンツで勝負をするな
2. Google アドセンスは稼げないという思い込みを捨てろ
3. アドセンスのメリットを活かせ

絶対法則 45 Googleアドセンス広告のクリック率とクリック単価

Googleアドセンスアフィリエイトの報酬は、クリック率とクリック単価に大きく影響されます。クリック率とクリック単価を利用して報酬額の計算ができれば、問題解決にも役立ちます。

重要度 ★★★★☆　難易度 ★☆☆☆☆　対応 HTML 無料ブログ WordPress

Googleアドセンス広告の平均クリック率

Googleアドセンスは、張りつけている広告がクリックされて報酬が確定するので、広告をクリックされなければ報酬を得ることができません。では**訪問者のどれくらいがクリックするのかというと、平均で1～3%程度**です。ただし、このクリック率というのはサイトによって異なります。弊社が運営するサイトでは平均して3%程度でした。

Googleアドセンスの広告には、テキスト広告とイメージ広告の2種類がある

下図のように、テキスト広告はYahoo!のリスティング広告のような形で表示されます。イメージ広告はアフィリエイト広告のような画像で表示されます。

● テキスト広告

● イメージ広告

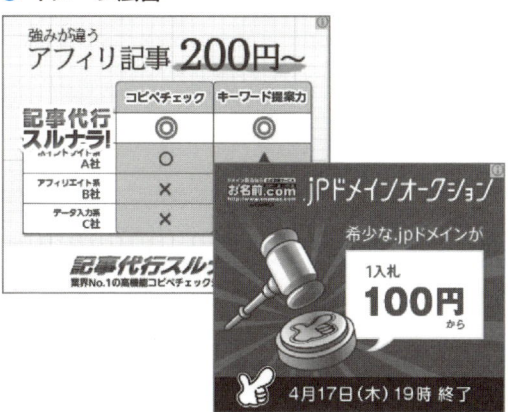

ちなみに、私はよくアフィリエイトのことやSEO関連でドメインのことを調べるので、Google側が「このパソコンはアフィリエイトやドメインのことをよく調べているな」ということで、検索内容に関連する前頁のようなイメージ広告が私のパソコンに表示されます。
　そして、ちょうど出張があってホテルの情報を調べていたので、テキスト広告では旅行関連の広告が表示されていました。

　テキスト広告とイメージ広告は、1ページ中にそれぞれ3個ずつ張りつけることができます。合計で6個の広告を張りつけることが可能です。
　6個張れるからといって、デザインが崩れるような張り方をするのはあまりよくありませんが、広告数が少ないとクリック率も低下してしまいます。6個の広告があれば6種類の広告が表示されるので、そのうち1つでも興味のある広告が表示されればクリックされるわけです。逆に1つしか広告を張りつけていない場合、その広告に興味を示さなければ訪問者はクリックしてくれません。

■Googleアドセンス広告の平均クリック単価

　Googleアドセンスの1クリックあたりの報酬単価は、大体30円で見積もっておきます。すべての広告が1クリック30円というわけではなく、1クリックで何百円も稼げる広告も存在しますが、平均すれば30円前後になります。
　これもサイト内容によって正確には異なるのですが、私が運営していたアドセンスサイトでは平均して30～40円前後の報酬単価でした。

■Googleアドセンスの収益の計算方法

　これらのGoogleアドセンスのクリック率とクリック単価を利用してアドセンスアフィリエイトの収益計算をすることができます。残る要因は訪問者の数になります。

1 「訪問者数」と「PV数」のしくみを知る

　サイトへの訪問者の数値には「訪問者数」と「PV数」の2種類あります。**「訪問者数」とはサイトに来てくれた人の数、「PV数」とはページビューの略で「訪問者した人が何ページ見たか」という数**です。
　たとえばAさんが、ある「SEO対策サイト」を訪問したとします。そこで、Aさんがトップページと料金ページと実績ページの3ページを見たとします。この

ときの訪問者数は1人で、PV数は3PVとなります。
　この**PV数が多ければ多いほど「魅力的なサイト」**ということができます。
　たとえば訪問者数が100人で、PV数が400PVのサイトは平均して1人の人が4ページ見てくれるサイトとなります。逆に訪問者数が100人で、PV数が100PVのサイトは平均して1人の人は1ページしか見ていないということになります。これは何を意味しているのかというと、1ページだけ見て「つまらなさそうなサイト」「自分のイメージとは違うサイト」と思われたからトップページだけを見て離脱してしまったということです。

　話を戻しますが、Googleアドセンスアフィリエイトの収益計算方法では、次の公式を使って計算します。

> PV数 × クリック率 × クリック単価 ＝ アフィリエイト報酬

　上記の例に具体的な数値を入れて計算をしてみると、次のようになります。

> **例**
> PV数：1万PV、クリック率：2％、クリック単価：30円
> ➡ 1万PV × 2％ × 30円 ＝ 6,000円

　この計算式から、**Googleアドセンスで稼ごうと思ったらPV数を上げる、クリック率を上げる、クリック単価を上げるの3種類の対策しかないことがわかります。**

2　PV数を上げる方法は？

　集客方法はもちろんのこと魅力的な情報を提供して、1人の人にたくさんのページを見てもらう努力が必要です。これについてはすでに述べたように、**ニッチな情報や魅力的な情報を提供し続けるしかありません。**

3　クリック率とクリック単価を上げる方法は？

　クリックされやすい場所に広告を張るなどの対策が必要です。これについては 絶対法則50 でお話しします。**クリック単価を上げるにはクリック単価の高い広告が表示されるような対策をする**ことが必要になります。これについては次の 絶対法則46 でお話しします。

前頁の計算式を頭に入れておけば、自分のサイトのPV数、クリック率、クリック単価を分析したときに、どこが問題なのかがわかるので、対策する内容が明確になります。

> **Check!**
> 1 クリック率は 1 ～ 3%で計算しろ
> 2 クリック単価は 30 ～ 40 円で計算しろ
> 3 報酬計算でどこに力を入れて対策をすればいいのか理解しろ

絶対法則 46 クリック単価の高い広告を表示する方法

1クリックあたりの報酬額を上げることができれば、自然とアフィリエイト報酬も上がります。ここではGoogleアドセンスの中で、クリック単価の高い広告を表示させる方法をお話しします。

重要度 ★★★★☆　難易度 ★★★★★　対応 HTML 無料ブログ WordPress

もう一度、Googleアドセンス広告のおさらい

絶対法則45 でクリック単価は30円前後で見積もっておくといいとお話ししましたが、すべての広告クリック単価が30円前後というわけではなく、1円の広告もあれば1,000円の広告もあります。それらの広告がランダムに表示されて、平均的には30円前後になるというものでした。

つまり、**特にどのような広告が表示されるのかを意識せずにサイトを構築すれば、クリック単価が30円前後になる**というものです。

絶対法則43 と 絶対法則44 でも紹介したように、自分が得意とする分野のニッチな情報でサイトを構築して、アフィリエイトの人気分野には手を出すなというようなことを書きました。ここではまた別の視点からアドセンスの魅力をお伝えします。

クリック単価の高い広告を表示させる方法

Googleアドセンスの中でもクリック単価の高い広告は、絶対法則04 で紹介した「そのほかの人気のあるアフィリエイト商品一覧」と比較的似ています。

下の表は、一般的にクリック単価が高いといわれているアドセンス広告です。

● Googleアドセンスの中でクリック単価の高い広告

- 金融（FXや株）
- ローン（消費者金融）
- クレジットカード（入会）
- 住宅リフォーム（見積もりサイト）

- 自動車（中古自動車関連）
- 保険
- エステ
- ダイエット
- 離婚浮気（探偵絡みのもの）
- 転職関連（特に看護師関連）

　この一覧にある広告を出したければ、絶対法則43 で説明したアドセンスのしくみを利用して、意図的に広告単価の高い広告が表示されるようなサイトの内容にすればいいのです。たとえば**クレジットカードの広告を出したければ、クレジットカードについて書かれたサイトを構築すれば表示されやすくなります。**

　もちろんGoogleアドセンスは、「どのようなサイトを運営しているのか」という決め方だけで広告が決まるのではなく、「訪れたユーザーがどんなことに興味があるのか」という要素も表示される広告に影響があるので、必ずしも意図した広告が表示されるわけではありません。しかしコンテンツをあわせておくと、コンテンツにあった広告が表示される可能性がグンと上がります。

　また、紹介した広告のほかにもクリック単価の高い広告は存在します。もちろん私の知らない分野の広告も多々あるでしょう。もし**もっと広告単価の高い広告を知りたいと思ったら、「Googleキーワードプランナー」というツールを利用すれば探すことができます。**Googleキーワードプランナーは、Google AdWordsの中の1つのツールです。

　このツールを使って「こういうキーワードの広告単価はいくらくらいなのだろう」と思いついたキーワードを入力して調べてみてください。私の経験則では、上述している分野しか広告単価の高い分野は知りませんが、みなさんが思いついた分野の広告単価が高いということもあるかもしれませんし、またこれからも新しい商品が出たり、新しいビジネスモデルが出てきたときに、その分野の広告単価が高いことだってあり得ます。

● **Google AdWords**
http://adwords.google.co.jp/

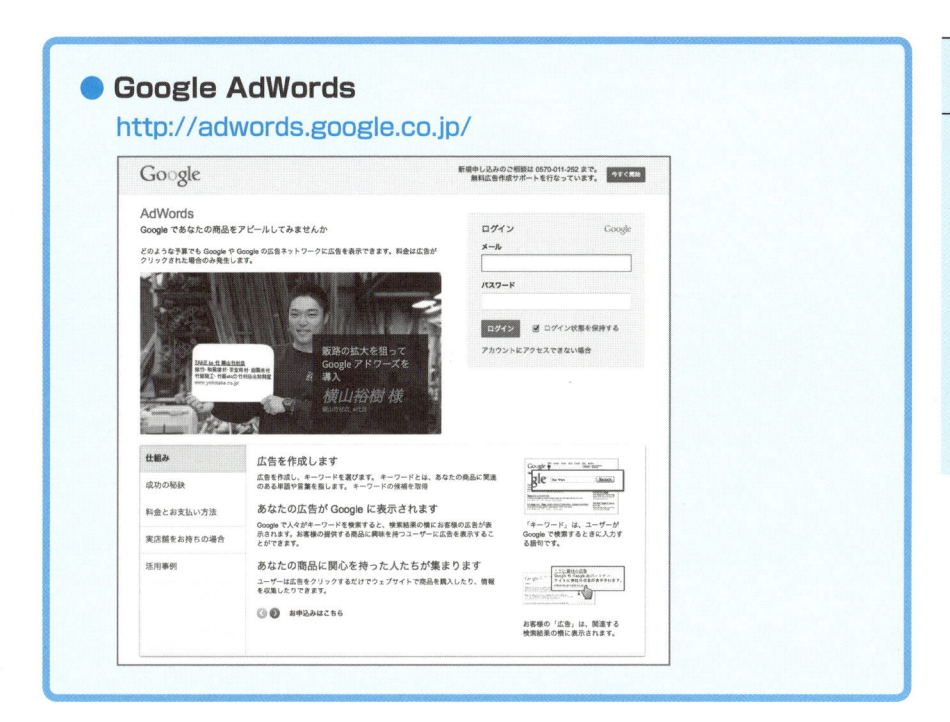

Googleキーワードプランナーの使い方

手順1 ログイン後、運用ツールの「キーワードプランナー」をクリックする。

→ ここをクリック

手順2 「新しいキーワードと広告グループの候補を検索」をクリックする。

→ ここをクリック

手順3 「宣伝する商品やサービス」の個所にキーワードを入れ、「候補を取得」をクリックする。

　ここでは「クレジットカード」関連の広告がどれくらいの広告単価なのかを検索してみることにします。

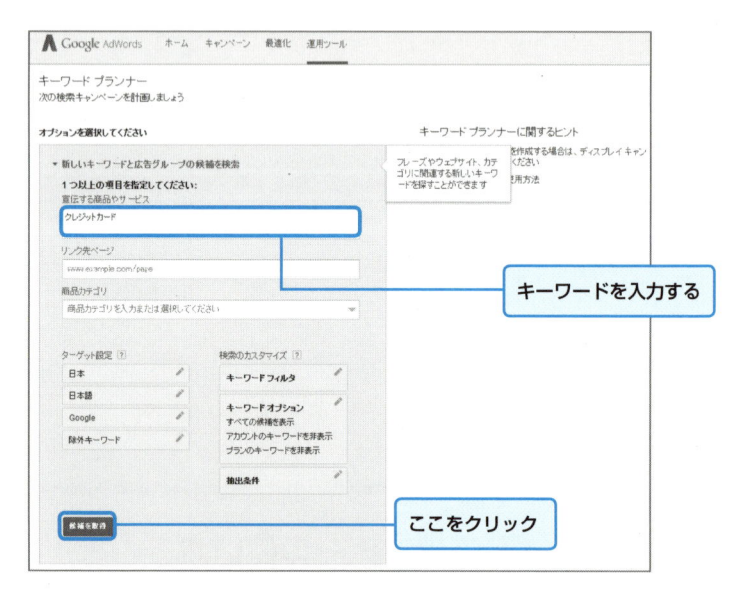

手順4 「キーワード候補」をクリックすると各キーワードの広告単価が表示される。

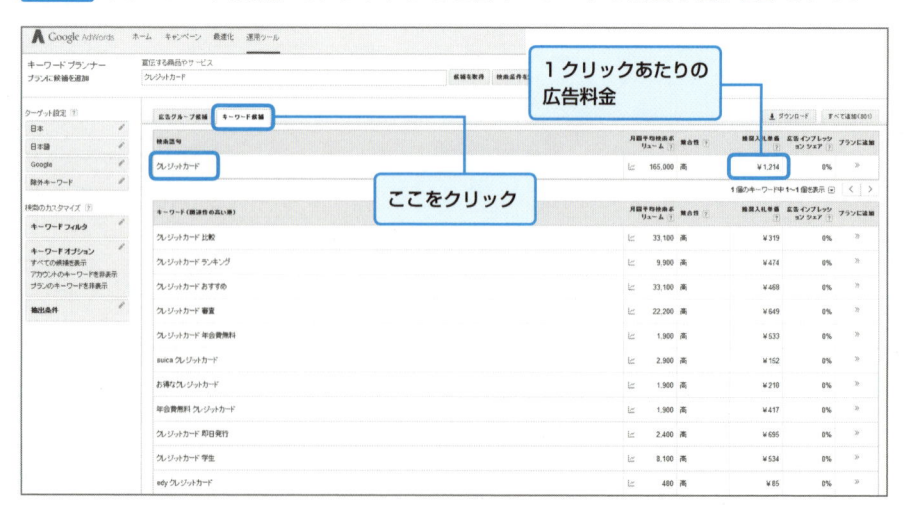

ここでは「クレジットカード」というキーワードの広告が1,214円と表示されました。1,214円は1クリックあたりの広告料金となります。これは広告主がGoogleに支払う広告費です。

Googleアドセンスのアフィリエイト報酬の計算方法

実際にGoogleアドセンスで得られる報酬は、ここで表示されている広告料金に0.2～0.3の数字を掛けたものが報酬となることが多いです。

● Google アドセンスで得られる報酬の計算方法

> 1,214円 × 0.2 = 242円

このようにクレジットカード分野は、1クリックあたりの報酬が242円と、かなり高額なことがわかります。

またこの1クリック単価の報酬は時期によっても異なることを覚えておかなければなりません。たとえば転職シーズンであれば、転職関連の広告はクリック単価が上がります。金融関連なら、FX口座の開設などの広告は給料日後の25日以降のクリック単価が上がります。

このようなことも参考にしながら、高単価の広告をねらいにいくことも面白いかもしれません。

クリック単価の高い広告のメリット・デメリット

この法則と、絶対法則44 で話している内容とでは矛盾するところもありますが、これはただ単に戦略の違いであり、どちらの戦略でアフィリエイトを行うのかというのはみなさんそれぞれのやりやすさや目的で決めてください。Googleアドセンスを語るうえでクリック単価について割愛することはできないのでお話ししました。

難易度という点で分けるのであれば、絶対法則44 の稼ぎ方は初心者向けの稼ぎ方で、誰でもスムーズに稼ぐことができます。**ニッチな情報や自分の得意とする分野、人気アフィリエイト分野でない分野は集客するのが非常に簡単なので、より早く稼ぐことが可能**です。

この方法は 絶対法則06 で紹介したように1サイト5万円程度の報酬が出るサイトをつくれという方法に合致している戦略です。

逆にこの 絶対法則46 で紹介した方法は難易度が高いけれど、1サイトでガッツリ稼ぎたいという上級者向けの方法になります。クリック単価の高い広告は競合アフィリエイターもねらっている分野ですし、クレジットカード、金融、転職などは普通のアフィリエイトでも人気の高い分野なので、競合がひしめく分野です。この分野でGoogleアドセンスを行うのはアフィリエイトに馴れてからでもいいかもしれません。はじめからGoogleアドセンスでこの分野にチャレンジすると、「アフィリエイトって稼げないんだ」で終わってしまいます。

> **Check!**
> 1 クリック単価の高い広告を参考にサイト作成をするのもあり
> 2 キーワードプランナーを使ってクリック単価の高い広告を見つけろ
> 3 初心者はクリック単価の高い広告分野はねらうな

絶対法則 47 はてなブックマーク戦略 ～まとめ記事の威力～

Googleアドセンスは、サイトアフィリエイトまたはブログアフィリエイトのような方法で集客するのですが、実はGoogleアドセンスのコンテンツにふさわしい集客方法があります。

重要度 ★★★★★　難易度 ★★★★★　対応 HTML　無料ブログ　WordPress

はてなブックマークの活用方法

　はてなブックマークとは、ネット上でブックマークできるしくみです。今まではパソコン上の「お気に入り」を活用していましたが、この機能だと特定のパソコンでしか「お気に入り」登録したサイトを見ることができません。しかしはてなブックマークでブックマークしておくと、自分のアカウントにログインすれば、スマホでも家のパソコンでも会社のパソコンでも知人のパソコンでも、ブックマークしたサイトを見ることができます。

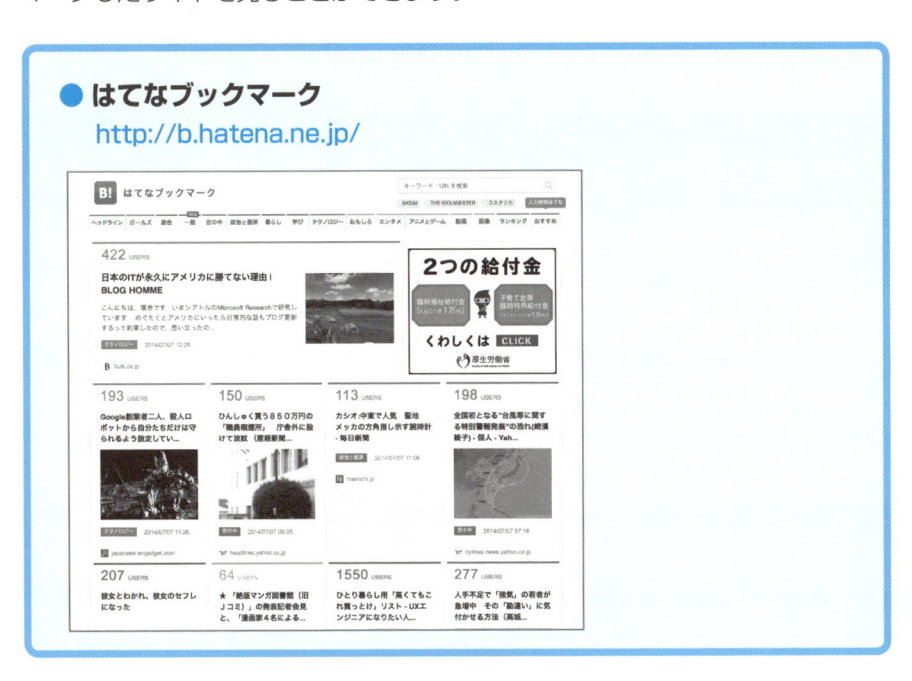

●はてなブックマーク
http://b.hatena.ne.jp/

こういった理由から多くの人がはてなブックマークを利用しています。また**ブックマーク数が多いサイトは話題になっているサイトが多く、流行っているサイトや情報をいち早くゲットできる場所としても活用されています。**

ブックマーク数の多いサイトをチェックして、自分のアカウントでもブックマークしていつでも見られるようにしておくユーザーは非常に多いです。さらに、はてなブックマークとTwitterやFacebookを連携させる機能もあります。はてなブックマークでブックマークしたときにTwitterやFacebookに自動投稿できる機能です。この連携をしているユーザーは非常に多く、ブックマークされることはほかのSNSでも露出されることになります。

ここで注目したいのは「ブックマーク数の多いサイトをチェックして、自分のアカウントでもブックマークする」というユーザーの行動です。

はてなブックマークではブックマーク数が増え、人気のサイトになることを「ホッテントリに入る」と言います。ホッテントリとは「ホットエントリー」の略です。日本語に翻訳すれば「話題の記事」というところでしょうか。**このホッテントリに入ると、一気にブックマーク数が増えます。**TwitterやFacebookでも話題になるため、非常に大きなアクセスを得ることができます。

ホッテントリに入るには、次の4つの順序で素早くブックマーク数が増えることが条件です。

1 3ブックマークで「新着エントリー」

はてなブックマークではカテゴリに分かれてブックマークされますが、とりあえず3ブックマークをゲットすることができればカテゴリの「新着エントリー」に入ることができます。新着エントリーに入れば露出が増えるので、さらにブックマークが増えることが期待できます。しかし長期間かけてブックマークが3つになっても「新着エントリー」に入ることはまず期待できません。

2 10～15ブックマークで「人気エントリー」

3ブックマークでカテゴリの「新着エントリー」に入り、露出が多くなって10～15ブックマークを獲得できればカテゴリの「人気エントリー」に入る可能性が見えてきます。こちらも長時間かけて10～15ブックマークを集めても

入ることはありません。ここまでは一気に増えることが必要条件です。

3 20〜40ブックマークで「総合人気エントリー」

20〜40ブックマークでカテゴリ別のランキングではなく総合部門でのランクインが期待できます。この時点でとりあえず「ホッテントリ」に入ったということができるでしょう。総合部門にノミネートするには1番はじめのブックマークから20〜40ブックマークを獲得する時間が短いほどノミネートされる確率が高くなります。

4 100ブックマークで「総合人気エントリー」上位

20〜40ブックマークを獲得すると、「総合人気エントリー」に入ることができるので、ブックマークが自然に増えます。そこから100ブックマークまで順調に伸ばすことができれば、ランキングの中でも上位に入ることができます。ランキング上位に入るとアクセス数も増えて、爆発的にブックマーク数が増えていきます。しかし**500ブックマーク以上を獲得するには**「ほかに**魅力的なブックマークが少ない**」「ランクインしたときにちょうどはてなブックマークを利用している人が多い平日の昼間だった」といった条件が必要になります。もちろんそのような条件がなくても本当に魅力的な記事であれば問題ありませんが、このような条件を満たしておけばなお可能性が高くなります。

爆発的な集客力が期待できる

さて、上記のような流れでブックマーク数が増えていくのですが、とにかく最初の「3ブックマーク」「10〜15ブックマーク」を獲得するのに苦労します。これは魅力的なコンテンツかどうか、はてなブックマークユーザーが好きなコンテンツかどうかにかかっています。もし10〜15ブックマークを獲得でき、順調にいけば、そのまま自然にブックマークは増えていきます。そして**ブックマークが増えるということはTwitterやFacebookでの露出が増えるので、アクセスも増えます**。そしてTwitterやFacebookでも話題になれば、一般ブロガーからの紹介も期待できるので、まさに上昇気流に乗ったような状態でアクセスを増やすことができます。

このようなブックマークを増やせる手法は、コンテンツを自由に決めることができるGoogleアドセンスならではの手法です。

SEO的にも効果抜群

　はてなブックマークされるということは、リンクが1つ増えるということです。Twitterでつぶやかれるということは、1つのリンクが増えるということです。Facebookで紹介されるということは、今のところSEO効果はないと考えられていますが、Facebookでの投稿を見たユーザーがTwitterでつぶやいたりブログで紹介したりすることもあるので、一定の効果が期待できます。

　はてなブックマークでホッテントリに入ることは上昇気流に乗ってアクセスが増えるだけでなく、SEO効果も一気に上がる方法なのです。

● はてなブックマークから話題が広がるしくみ

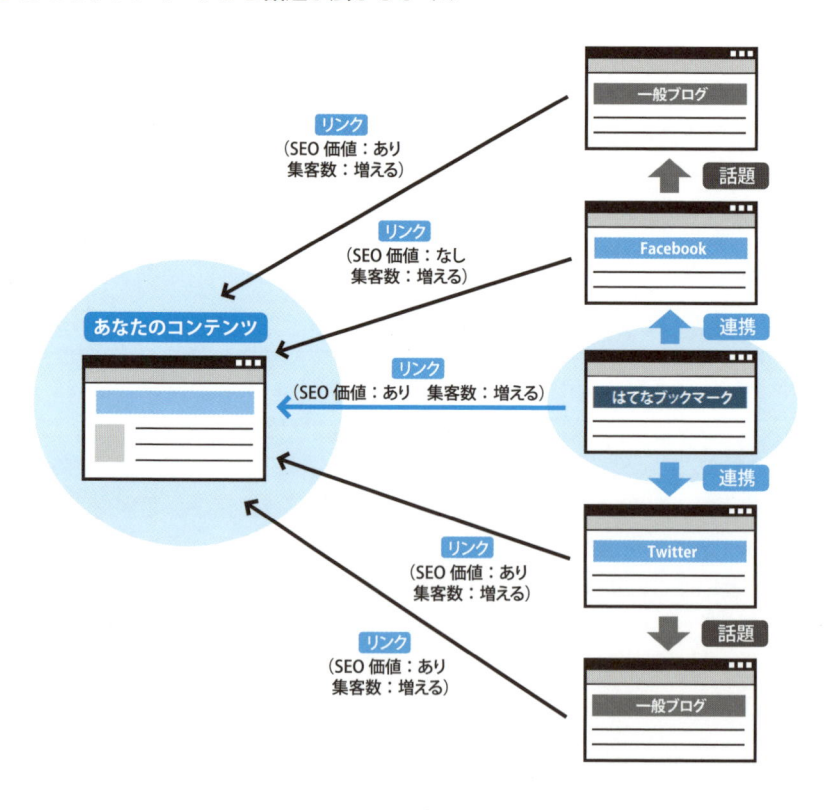

「紹介したいコンテンツ」と「保存したいコンテンツ」

「あっ、いいな」と思ったコンテンツをリンクする動機は、次の2つに分けることができます。

❶ 紹介したいコンテンツ
❷ 保存したいコンテンツ

今までは「紹介したいコンテンツ」だけがリンクされるようなコンテンツでした。「紹介したいコンテンツ」とは、自分のブログやサイトで紹介することで周りの人に教えてあげようという意味あいです。

「保存したいコンテンツ」は、今まではブラウザーの「お気に入り」にとどまっていたため、リンクとは一切関係ありませんでした。しかし**はてなブックマークの登場で「保存したいコンテンツ」もリンクが増えるコンテンツとなりました。**

はてなブックマークされやすいコンテンツ

はてなブックマーク数が増えるコンテンツは、先の理由から「**保存したいコンテンツ」であることは間違いありません。**では「保存したいコンテンツ」とは一体どのようなコンテンツでしょうか。

それは、次の4つになります。

❶ 情報量が多いコンテンツ
❷ ノウハウ系、知識系コンテンツ
❸ まとめコンテンツ
❹ 話題性の高いコンテンツ

1 情報量が多いコンテンツ

情報量が多いサイトに出会ったとき、すべてのコンテンツをその場で読めるような人はあまりいません。「情報量が多いサイト」は、とりあえずブックマークしておいて、時間ができたときに少しずつ読んでいくという人が多いので、ブックマークにつながります。

2 ノウハウ系、知識系コンテンツ

何かの分野に特化したノウハウや知識が掲載されているサイトは、あとで読み

返すこともあるためブックマークされやすいです。知識やノウハウはそのときに理解できても時間が経過すれば忘れてしまうことが多いのが特徴です。ここに情報量の多さも加われば、より一層ブックマーク数が増えます。

3 まとめコンテンツ

最近増えてきたまとめコンテンツです。まとめコンテンツは情報量が多く、何かの分野に特化してまとめられていることが多いため、ブックマーク数が増えます。もちろん**まとめる内容はノウハウ系や知識系だけでなくてもいい**です。たとえば野球好きの人からすれば「珍プレー好プレー Youtube まとめ」といったコンテンツがとても魅力的に見えます。

4 話題性の高いコンテンツ

はてなブックマークを利用するときは、いいコンテンツに出会ったときに「保存しておきたい」と思ってブックマークするときと、はてなブックマークのサイト内で「話題になっているもの」「人気のあるもの」をとりあえず興味本位でブックマークしておこうというときがあります。このように**話題性が高いコンテンツもブックマークが増えます。**

これらのブックマークされやすいコンテンツをどんどん追加することで、各記事がたくさんブックマークされるようになれば、非常に安定したアクセスを得ることができます。

Check!
1 ホッテントリを目指せるコンテンツをつくれ
2 ブックマーク増加はアクセス増加と SEO 価値を高める
3 保存したいコンテンツは何かを考えろ

絶対法則 48 SNSを活用しやすいGoogleアドセンス

SNSで広まりやすいコンテンツというのは、実はかぎられています。かぎられているからこそ、コンテンツの自由度が高いGoogleアドセンスに向いているのです。

重要度 ★★★★★　難易度 ★★★★☆　対応 HTML 無料ブログ WordPress

SNSで広まりにくいコンテンツ

　TwitterやFacebookなどのSNSで話題になるには、はてなブックマークと同様に魅力的なコンテンツである必要があります。SNSはそういった意味で、自由度の高いコンテンツを提供できるGoogleアドセンスに向いた集客方法なのですが、実はSNSで広まりにくいコンテンツというのがあります。

　それは、意外かもしれませんが「悩み系コンテンツ」です。絶対法則11で、悩み系商品はネットで売れやすいというお話しをしました。確かに悩み系コンテンツはネットで売りやすい商品なのですが、それだけに「誰にも知られたくないもの」なので、SNSというほかのユーザーと情報を共有しあうようなサイトではあまり触れたくないのです。

　こっそりと薄毛ケアをしたい人がこっそりとネットで育毛剤を購入するのに、「育毛に聞く育毛剤ベスト5」というような記事をわざわざFacebookで知人に対してシェアすることはありません。できれば自分が薄毛であることを隠したいですし、自分が薄毛で悩んでいるということを誰にも知られたくないのです。薄毛ならまだしも、性病や女性の体重（ダイエット）などは、なおのこと誰にも触れられたくないでしょう。

　こういう理由から、**悩み系コンテンツはSNSで広がりを見せて集客することは難しい**のです。

　意外とこの事実を知らない人が多いのが現状です。もし女性向けのダイエットサイトをつくってSNSで集客したいのであれば、「ダイエットサイト」という位置づけではなく「女子力アップサイト」というような位置づけにすれば、まだ広がりやすくなるので試してみてください。

SNSで広まりやすいコンテンツ

逆にSNSで広まりやすいのが、次の2つです。

❶ 共感コンテンツ
❷ 自己主張コンテンツ

1 共感コンテンツ

共感コンテンツとは次のようなものです。

- 笑える動画、写真、記事
- 泣ける（感動系）動画、写真、記事
- 怒れる動画、写真、記事
- 動物系の可愛い動画、写真、記事
- 恋愛系の記事

　上記のようなコンテンツを周りにいる人に広めて、一緒に感情を共感しようというものです。最近では「バカッター」といわれる問題行為や犯罪行為を自慢するような人が炎上しているように「怒れる動画、写真、記事」が広まりやすいコンテンツであることは間違いありません。しかし実は同じくらい「笑える系」「感動系」「動物系」「恋愛系」も広がりやすいコンテンツなのです。

2 自己主張コンテンツ

自己主張コンテンツとは次のようなものです。

- 自分の性格を伝えることができるコンテンツ
- 自分の個性を伝えるコンテンツ
- 流行りのコンテンツ
- 自分の知識をアピールできるものや自分の主張に近いコンテンツ

　自分の性格を伝えることができるコンテンツとは、Facebookアプリなどの性格診断が挙げられます。あとは流行りのコンテンツを投稿して、自分は最先端であることをアピールする投稿なども目立ちます。ということは、普通のアフィリ

エイト商品を紹介しているサイトではSNSでの広がりを期待することができません。

美容系（悩み系が多い）、転職系、金融系（キャッシング、クレジットカード）、サーバー、ウォーターサーバーなど、アフィリエイトの有名どころを考えても、SNSでの広がりはなかなか期待できません。

もちろん、サイトアフィリエイト、ブログアフィリエイトでもSNSからの集客を見込むことはできますが、SNSで集客するには「何かを紹介しているようなコンテンツ」ではなく「コンテンツ自体が商品」になり得るGoogleアドセンスを利用したサイトに向いているのです。

TwitterとFacebookは広まりやすいコンテンツが違う

ざっくりと「SNS」という分野に分けて広まりやすいコンテンツを紹介しましたが、特に日本で利用者が多いTwitterとFacebookに関しては、少し広まりやすいコンテンツが異なってきます。

理由としては、TwitterとFacebookのユーザーの意識や年齢層が違うからです。Twitterは匿名性が高く投稿に自由度が高いこと、また利用者も若い人が多いのが特徴です。Facebookは実名で登録しているため、匿名性は皆無で利用者も若者よりも年齢層が高いユーザーが多いです。またビジネスシーンでも利用されていることが多いのが特徴です。

これらのことを考えても、広まりやすいコンテンツに違いが出てくるのは明らかです。

1 Twitter特有の傾向

Twitterは「匿名性」という観点から、ネガティブなことが広がりやすいです。ネガティブなこととは、上述の例でいうと、「怒れる動画、写真、記事」や「批判的な投稿」です。匿名性が高い分、容赦なく他人を批判するような投稿ができ、またほかの人の失敗や問題行為に対して厳しい意見を言うことができます。

また「若者」という観点から、恋愛系、感動系、面白い系、動物系などのコンテンツが広まりやすいです。単純に「若者」のアンテナに引っかかるのがこれらのコンテンツであり、ツイートやリツイートされやすい内容になります。

2 Facebook 特有の傾向

Facebookでは匿名性が皆無のため、他人を批判する投稿などはほとんどありません。これらの意見が逆に批判の的にならないために、自分が少しでも悪者になるような投稿をすることはありません。

逆に**実名を開示しているため、自分をよく見せようという投稿や「いいね！」が目立ちます。**たとえば「共感コンテンツ」では、「笑える動画、写真、記事」「泣ける（感動系）動画、写真、記事」などのポジティブな共感を生むものです。そして「自己主張コンテンツ」である「自分の性格を伝えることができるコンテンツ」「自分の個性を伝えるコンテンツ」「流行りのコンテンツ」「自分の知識をアピールできるものや自分の主張に近いコンテンツ」は、Facebookでは非常に広まりやすいコンテンツです。

これらのことを図でまとめると次のようになります。

● TwitterとFacebookで広まりやすいコンテンツ・広まりにくいコンテンツ

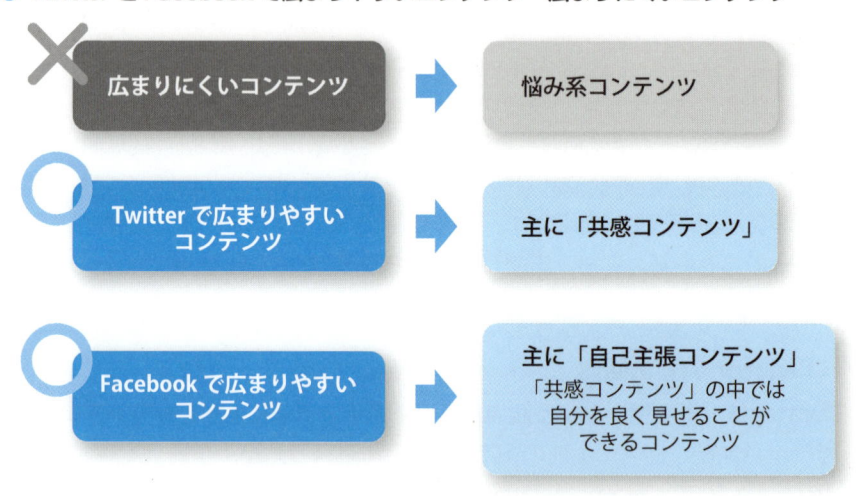

✗ 広まりにくいコンテンツ	➡ 悩み系コンテンツ
◯ Twitterで広まりやすいコンテンツ	➡ 主に「共感コンテンツ」
◯ Facebookで広まりやすいコンテンツ	➡ 主に「自己主張コンテンツ」「共感コンテンツ」の中では自分を良く見せることができるコンテンツ

Check!
1. 悩み系コンテンツは売れやすいが広まりにくい
2. アドセンスアフィリエイトはSNSで集客しやすい
3. 「共感コンテンツ」と「自己主張コンテンツ」を使い分けろ

絶対法則 49 Googleアドセンスは「テキスト広告」と「ディスプレイ広告」

Googleアドセンスで表示される広告は「テキスト広告」と「ディスプレイ広告」の2種類です。Googleアドセンスでしっかり報酬を得たければ、両者の特性や傾向を理解しておくことが必要です。

重要度 ★★★☆☆ 　難易度 ★☆☆☆☆ 　対応 HTML 無料ブログ WordPress

テキスト広告の特徴

　テキスト広告の特徴は、「クリックされやすい」「デザインが崩れない」という特徴があります。多くのアドセンスアフィリエイターは、ディスプレイ広告のほうが目立つのでクリックされやすいと思っている人がほとんどですが、実はそうではありません。

　ディスプレイ広告は確かに目立ちますが、「広告である」ということがわかりやすいので、逆にクリックされにくいという特徴があります。

　またコンテンツに即したテキスト広告が表示されたときに、「**広告なのか、ほかの記事なのかわからずクリックされる**」ということもあります。

　たとえば、右の広告が「ホテルの紹介記事」「旅館の紹介記事」などの記事の下に表示されていれば、ほかの記事かと思ってクリックしてもらえることがあります。ユーザーはクリックして、ほかのサイトに移動してから「広告だったんだ」と気づくことがあります。

　ただし、コンテンツと思わせるような記述を意図的に行うことは禁止です。詳しくは 絶対法則50 でお話しします。

● テキスト広告の表示例

　加えて、**テキスト広告はデザインを崩さないというメリット**もあります。テキスト広告は文字どおり、テキストだけが表示されて画像や写真などが表示されな

いので、デザインが崩れないのです。またテキスト広告のテキストの色を変更することができるので、サイトのデザインにあわせて、よりナチュラルな広告に見せることもできます。

ディスプレイ広告の特徴

ディスプレイ広告の特徴としては、「クリック単価が高い広告が多い」「サイトイメージがよくなる」というものがあります。ディスプレイ広告は広告主が画像を用意できるので、自社の商品・サービスの特徴を明確に伝えられる広告として人気があります。よって、多くの広告主が広告出稿したいと思っているので、自然とクリック単価が高くなります。

先ほど、テキスト広告はサイトのデザインを崩さないというメリットをお話ししましたが、**逆にディスプレイ広告はサイトを彩ることができます**。もし自分で画像や写真などを用意できず、テキストばかりのサイトになってしまった場合、どこか寂しいサイトになってしまいます。しかしGoogleアドセンスのディスプレイ広告を張りつけることによって、色とりどりの広告が表示されて、「しっかりしたサイトっぽい」サイトに仕上げることができます。

特にディスプレイ広告に出稿する画像は、企業内のデザイナーや企業と契約しているデザイナーが制作しているため、見た目はいいものが多いです。確かにGoogleアドセンスは収益を得るためのものではありますが、単純に自分のサイトを立派に見せるのに表示しているサイト運営者もいるくらいです。

お勧めの設定方法

ここまでテキスト広告とディスプレイ広告の特徴をお話ししましたが、どちらかに絞り込む必要は一切ありません。逆にいえばサイト内をテキスト広告、ディスプレイ広告いずれかに統一することはあまりいいことではありません。

張りつけている広告数が多いと「表示される広告がない」ということが起こります。たとえば、サイトのコンテンツが「クレジットカード」について書かれていて、ディスプレイ広告を3つだけ張りつけていたとします。そして、サイトを訪問するユーザーも検索エンジンを使って「クレジットカード」関連のキーワードでいろいろ調べ物をしているとします。こうなると表示されるべき広告は、クレジットカード関連の広告ということになります。

しかしクレジットカード関連のディスプレイ広告を出稿している企業が2つしかない場合は1つの枠が余ります。
　このような状況だと、1つの広告枠には広告が表示されることはありません。**Google側もさまざまな対策をして表示されない広告枠がないように工夫をしますが、それでもたまに広告が表示されないときがあります。合致する広告がない場合は、広告を張りつけている個所が空白になります。**
　このとき、1つでもテキスト広告を張りつけていれば、テキスト広告の枠で広告主がクレジットカード関連の広告が表示されて、このような問題は起きません。

　よって広告を張りつけるときは、テキスト広告、ディスプレイ広告、両方を張りつけるようにしましょう。また張りつけるときに「広告タイプ」を選ぶことができますが、この際に**「テキスト広告とディスプレイ広告」を選んでおくと、自動で最適な広告を表示してくれる**のでお勧めです。

● 広告タイプの選択

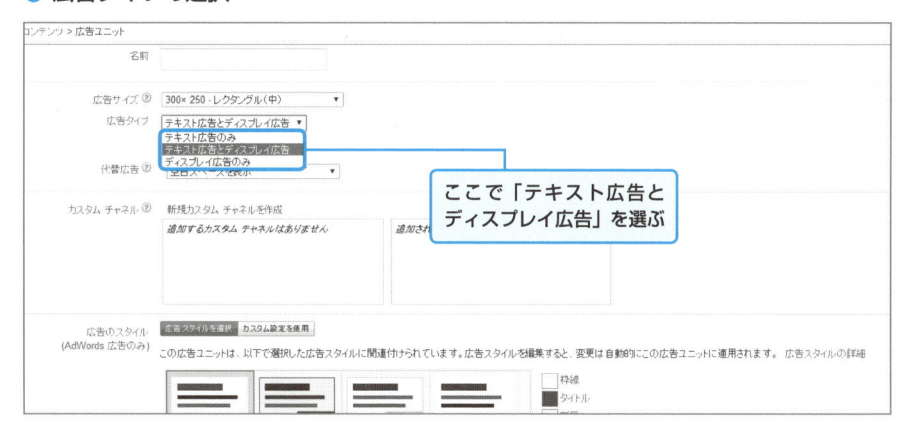

お勧めの広告サイズ

　Googleアドセンスの広告サイズは多数あります。大きく分類しても「推奨」「その他 - 横長」「その他 - 縦長」「その他 - スクエア」「その他 - レスポンシブ」「その他 - カスタム」「その他 - 関連トピックのリスト」と7種類もありますが、もし**サイト構成上制約がない場合や、こだわりがない場合は「推奨」の広告サイズを使用する**ようにしましょう。

● 広告サイズの選択

理由は、非常に多くの企業がこのサイズで広告出稿しているからです。多くの種類の広告があるということは、訪問者のニーズに合致した広告、サイトコンテンツにマッチした広告、クリック単価の高い広告が表示されやすく、また先ほどお話ししたように、「広告が表示されない」ということがなくなるからです。

もちろんサイドバーに広告を張りつけたいので、「その他-縦長」のサイズを選ぶなどの場合はしかたありませんが、特に制約がない場合は、「推奨」の大きさから広告を選ぶようにしましょう。

訪問者が少ない間は、このような「小さなこだわり」があまり効力を発揮することはありませんが、訪問者が多くなるにつれて、このような小さな判断ミスが大きな利益の差になるので、しっかりと対応するようにしましょう。

Check!
1. テキスト広告、ディスプレイ広告の特徴を理解しろ
2. 広告が表示されない！という事態は避けろ
3. 広告の大きさは「推奨」を選べ

| 絶対法則 50 | アドセンス広告が最もクリックされる方法 〜PCサイト編〜 |

Googleアドセンスは、クリックされるだけで報酬を得ることができます。ということは、クリックされやすい場所に広告を張りつけることが重要なのです。

| 重要度 | ★★★★☆ | 難易度 | ★★☆☆☆ | 対応 | HTML | 無料ブログ | WordPress |

Googleが提供しているヒートマップとは

Googleアドセンスには「ヒートマップ」が存在します。**Googleアドセンスのヒートマップとは、「どこに配置された広告がクリックされやすいか（よく見られているか）」というデータを色分けした図**のことです。実際の図は次のようなものになります。

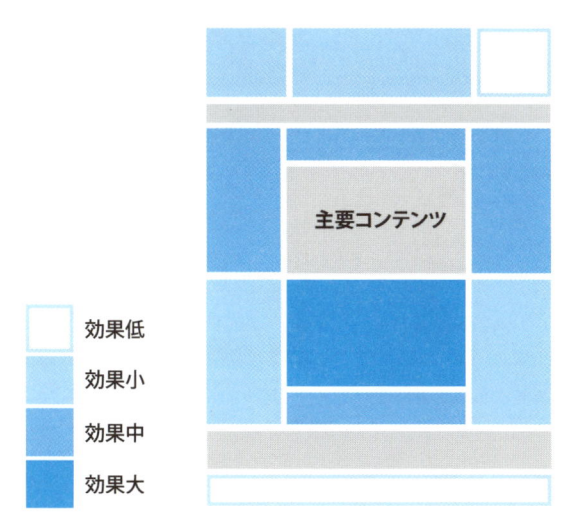

青色に近づくほどクリックされやすく、白色に近づくほどクリックされにくい場所です。

● Googleアドセンスのヒートマップ

効果低
効果小
効果中
効果大

主要コンテンツ

前頁の図のデータを見ると、**コンテンツ（記事）の下に配置された広告が最もクリックされやすく、ヘッダーの右上が一番クリックされにくい場所**ということになります。
　このようなヒートマップは、さまざまなGoogleアドセンスを行っているアフィリエイターが公開していますが、前頁の図はGoogleが公式に公開しているヒートマップなので、信ぴょう性があります。

ヒートマップと推奨広告で最もクリックされやすくする

　絶対法則49で推奨広告についてお話ししましたが、このヒートマップと掛けあわせることによって、さらにクリックされやすい配置で広告を張りつけることが可能になります。

1 コンテンツの下に配置する広告

　コンテンツの下は最もクリックされやすい場所ですから、推奨広告の中でも特に目立ちやすい「レクタングル大」もしくは「レクタングル中」を配置するようにしましょう。この広告は推奨広告の中でも、広告主からも人気のある大きさなので、広告出稿数が多くいろいろと魅力的な広告が表示されるのでお勧めです。

●「レクタングル大」と「レクタングル中」例

● レクタングル大 (336 × 280)　　● レクタングル中 (300 × 250)

2 サイドバーに配置する広告

　サイドバーは基本的に縦長のサイトが多いので、**推奨広告の中でも「ワイドスカイスクレイバー」の配置がお勧め**です。こちらも広告出稿数が多いのが特徴で

す。

　またサイドバーはコンテンツの下ほどクリックされにくい場所になりますが、この大きさだとアピール力が高いので、訪問者にとって興味のある広告が表示されれば、目に留まりやすくなります。

3 フッターに配置する広告

フッター部分はクリックされにくい場所ではありますが、それだけに目立つような大きさの広告を張りつけることが重要です。フッターには「ビッグバナー」という横長の大きな広告がお勧めです。

● 「ワイドスカイスクレイパー」例
　● ワイドスカイスクレイパー（160 × 600）

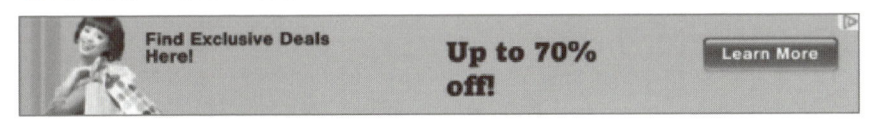

● 「ビッグバナー」例
　● ビッグバナー（728 × 90）

理想のサイト構成はこうなる

　上記の 1 2 3 の広告をあわせると、理想の張りつけ方になります。サイト構成としては次頁の図のようになります。

　このようなサイト構成が、1番クリック率が高くなるアドセンス広告の配置のしかたです。大企業などが運営するニュースサイトでも、このような形式になっていることが多いです。訪問者が少ないうちはそれほど大きな差は出てきませんが、アドセンスはクリックされて報酬が発生するしくみなので、訪問者が多くなればなるほど報酬額に大きな差が出てきます。0.1％でもクリック率が上がるような努力を惜しまずにしましょう。

　こちらはPC用のサイトの例ですが、次の 絶対法則51 でスマートフォンサイトの配置方法をお話しします。

● 理想のGoogleアドセンス広告の張り方（PCサイト）

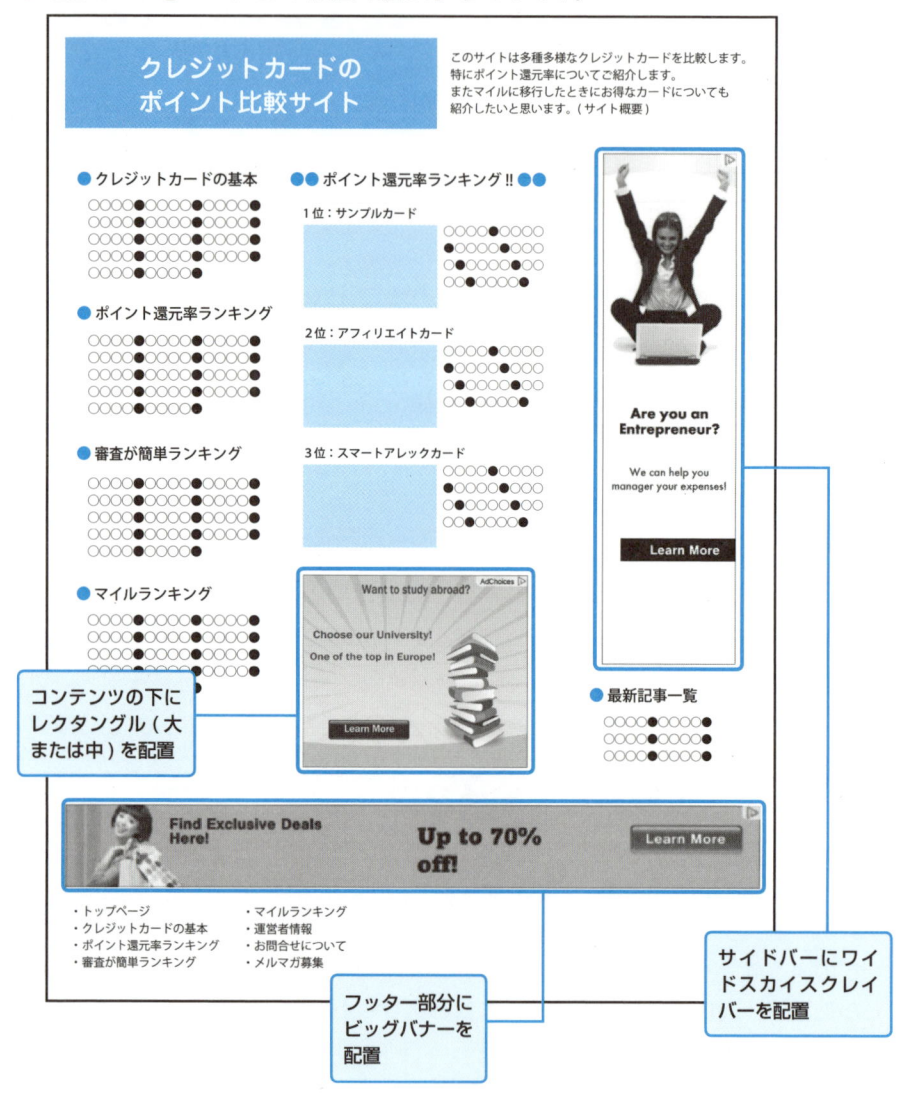

クレジットカードのポイント比較サイト

このサイトは多種多様なクレジットカードを比較します。特にポイント還元率についてご紹介します。またマイルに移行したときにお得なカードについても紹介したいと思います。（サイト概要）

● クレジットカードの基本

● ポイント還元率ランキング!!

1位：サンプルカード

2位：アフィリエイトカード

3位：スマートアレックカード

● ポイント還元率ランキング

● 審査が簡単ランキング

● マイルランキング

コンテンツの下にレクタングル（大または中）を配置

サイドバーにワイドスカイスクレイパーを配置

● 最新記事一覧

フッター部分にビッグバナーを配置

- トップページ
- クレジットカードの基本
- ポイント還元率ランキング
- 審査が簡単ランキング
- マイルランキング
- 運営者情報
- お問合せについて
- メルマガ募集

Check!
1. ヒートマップを参考に広告を配置しろ
2. 各所に推奨広告を配置しろ
3. 0.1%でもクリック率が高くなるように配慮しろ

| 絶対法則 51 | アドセンス広告が最もクリックされる方法 ～スマホサイト編～ |

Google アドセンスの場合、スマホ対応をすることで平均でも収益が 1.5 ～ 3 倍以上に上がります。これは、スマホユーザーが増えていることだけが理由ではありません。

重要度 ★★★★★　難易度 ★★★☆☆　対応 HTML　無料ブログ　WordPress

スマホではアドセンス広告がとにかく目立つ

　Googleアドセンスを行う場合、必ずスマホサイトを用意する必要があります。アクセスはあるが報酬が思ったように上がらないという相談に来る人のほとんどが、スマホ用サイトを用意していません。そこで「スマートフォンからアクセスされたときにスマホ用サイトを表示することによって、報酬が1.5倍以上に上がりますよ」というアドバイスをしています。その後、かなりの確率で報酬額が1.5倍以上に上がっています。

　その理由の1つが、**スマートフォンは画面がかぎられているので、張りつけた広告がとにかく目立つ**ということです。Googleアドセンスの場合はとにかく広告先のサイトで商品やサービスが購入されなくても、興味のある広告をクリックしてくれさえすれば報酬になるので、**スマホサイトに最適**なのです。

　またスマートフォンを操作している人は、「暇つぶし」として情報を探している人が多いので回遊性があります。パソコンを利用して情報を探している人は勤務中に情報を探している人が多いため、要領よく情報を得ようとしていますが、**スマートフォンを操作している人は電車に乗っているときや家でゆっくりしているとき、休み時間などに操作している人が多いので、少しでも興味がある広告が表示されればクリックしてしまう**のです。

スマホサイトの広告配置場所と推奨広告

　スマホサイトの広告の配置は、1つだけ注意が必要です。それはサイト上部に大きな広告を張りつけて、最初の画面のスペースが広告に占領されてしまうことです。この行為は確かにユーザーに対して広告をアピールすることはできるので

すが、肝心のコンテンツが下に押し下げられてしまい、訪問者にとって利便性が悪い（ユーザービリティが低い）サイトになってしまいます。

ちなみに、このような**スマホサイトの上部に大きな広告を張りつけること（下図参照）は、Googleアドセンスの利用規約でも禁止されている**ので、絶対にやらないように注意してください。

● スマホサイトでやってはいけない広告配置例 ❶

ダメな広告の張りつけ方

最初の画面のスペースが広告に占領されている

上図のように、サイトを訪れてすぐに広告が占領しているという張りつけ方は禁止されていますが、サイトの上部に広告を張りつけることは重要です。やはり1番目に留まりやすい場所なので、しっかり広告を張りつけましょう。そこでスマホ用の大きめの広告を張りつけるようにします。スマホ用の大きめの広告とは「**ラージモバイルバナー（モバイルバナー大）**」という大きさの広告です。

- ●「ラージモバイルバナー（モバイルバナー大）」例
  - ● モバイルバナー大（320 × 100）

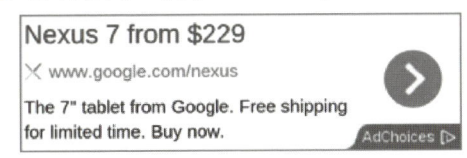

　こちらの広告サイズだとちょうどいい大きさで、最初の画面を占領することもありません。この広告サイズを上部に張りつけて、コンテンツの下部には「**レクタングル（中）**」の広告を張りつけるのがいいでしょう。

画面上に２つの広告が表示されないようにする！

　上部には「ラージモバイルバナー」、コンテンツ下部には「レクタングル（中）」を張りつけるのが、最もクリックされやすいGoogleアドセンスの広告配置ですが、ここでも注意が必要です。それは、**画面上に２つの広告が同時に表示されないということ（下図参照）**です。これは、Googleアドセンスの規約違反になるので注意してください。

- ● スマホサイトでやってはいけない広告配置例 ❷

ダメな広告の張りつけ方

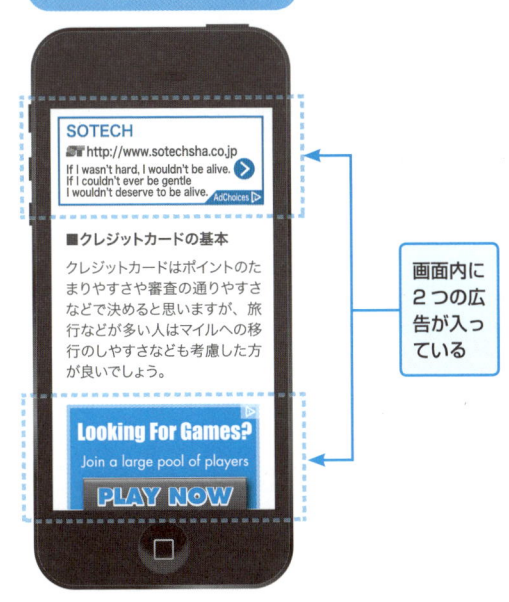

画面内に２つの広告が入っている

● 広告を2個以上張りつける方法

広告を2個以上張りつけるときは、スクロールしても広告が2つ同時に表示されないように工夫しなければいけない

アドセンス広告は全ページに張りつけてもいいのですが、ダメな例で示したように、コンテンツ量が少ないと2つの広告が同時に表示されてしまう可能性があります。コンテンツ上部と下部に張りつける際は、その点に気をつけて広告を張るようにしましょう。

多い押し間違いが、ちゃんと報酬につながる

さて報酬が1.5倍に上がるという理由の1つは、広告が目立つからだとお話し

しました。しかし**報酬額が上がる1番の理由は「広告の押し間違い」**です。スマートフォンでページを見るときには、指でスクロールして画面を下へ上へと移動させてコンテンツを読んでいきます。そのときに間違って押してしまう人が非常に多いのです。

　一般のアフィリエイトは押し間違いをねらって広告主のサイトに誘導させたり、騙しリンクなどで広告主サイトに誘導しても、商品が売れないかぎり報酬にはつながりませんが、Googleアドセンスは広告をクリックされただけで報酬が入るという特殊なシステムなので、「押し間違い」も大切な収入源なのです。

　私もほかの情報サイトを見ていてよく押し間違えて広告をクリックしてしまいます。特に興味がないのですぐに戻るのですが、このクリックによって情報サイトの運営者に報酬が入っているのです。

　ただし意図的に押し間違いが増えるようなサイト構成を考えるのは、ユーザービリティの低下につながるのでしてはいけません。

> Check!
> 1 **絶対にスマホサイトを制作しろ**
> 2 **スマホサイトは広告の配置のしかたに気をつけろ**
> 3 **押し間違いも報酬に入る**

絶対法則 52 Google アドセンスで絶対にしてはいけないこと

Google アドセンスは、急にアフィリエイトができなくなるということが起こる唯一のアフィリエイト方法です。せっかく稼げるようになったサイトは、大事に取り扱うようにしましょう。

重要度 ★★★★★　難易度 ★★☆☆☆　対応　HTML　無料ブログ　WordPress

唯一、突然アフィリエイトできなくなるアフィリエイト

　アフィリエイトは広告主のサイトに誘導し、広告主の商品・サービスの販売を手助けする行為であるため、基本的に広告主はアフィリエイターを歓迎しています。明らかなアダルトサイトや公序良俗に違反するようなサイトへの広告張りつけは嫌われますが、それでも、張りつけているのを知りながら特に禁止しないということもしばしばあります。

　しかしGoogleアドセンスは違います。**少しでもGoogleアドセンスの利用規約に触れることがあれば、広告が表示されなくなったり、今まで稼いでいた報酬が振り込まれなくなったり、アカウントが削除されて2度とGoogleアドセンスを利用できなくなることもあります**。

なぜアフィリエイトできなくなるのか

　一般のアフィリエイトの場合は、アフィリエイターが広告を選んでサイトに張りつけますが、Googleアドセンスの場合は、Googleのアルゴリズムを使用してアフィリエイトサイトに広告を表示します。しかもクリックされるだけで報酬が発生するということは、広告主がクリックされただけで広告料金を支払っているということになるのです。

　このようなしくみをしっかり運営するために、**Googleは責任を持って「変なサイトに広告が表示されていないか」「不正なクリックは行われていないか」ということを監視している**のです。このような監視を厳しくすることによって、広告主も安心してGoogleに対して広告料金を支払えるようになります。逆に自分の会社のサービスがアダルトサイトに表示されたり、無駄なクリックが増えているようであれば、Googleへの広告をストップしてしまいます。

このような経緯から、Googleアドセンスは監視が非常に厳しいのです。次からは「知らず知らず」のうちに行ってしまう禁止事項のお話しをします。禁止事項を行うと、「知らなかった」といっても広告の停止、報酬が支払われない、Googleアドセンスのアカウントが削除されてしまうということが起きるので、必ず頭に入れておいてください。

禁止事項に書かれているコンテンツが書かれていないか

Googleでは、以下の内容が書かれたサイトへの広告張りつけを禁止しています。

● Google アドセンスの禁止事項一覧

禁止コンテンツ	書かれている内容
アダルト コンテンツ	基準としては「家族や職場の同僚の目に触れると困るような内容」
個人、集団、組織を誹謗中傷するコンテンツ	個人への嫌がらせ、人種、民族、宗教、性別、年齢などへの差別的なコンテンツ
著作権で保護されているコンテンツ	他社（者）に著作権があるものを掲載しているコンテンツ。特に文章だけでなく、漫画、動画、書籍、テレビ番組の動画などを公開しているコンテンツもダメ
薬物、アルコール、タバコに関連したコンテンツ	違法でない薬物ももちろん、一般的なアルコールやタバコについてのサイトもNG
ハッキング、クラッキングに関連したコンテンツ	ハッキングなどのしかたを提供しているサイト。たとえば有料ソフトウェア（PhotoshopやIllustratorなど）の無料インストールのしかたなどを提供しているサイト
報酬プログラムを提供するサイト（「報酬提供」サイト）	メールを読んで報酬が発生する、広告をクリックして報酬が発生するなどのビジネスモデルのサイト。いわゆるお小遣い稼ぎサイト。「お小遣い稼ぎサイト」という言葉がピンとこなかった人にとっては無縁のサイトだと思うので、知らず知らずのうちにこのようなサイトをつくってしまうということはありません
Google ブランドを使用しているサイト	Googleの商標を勝手に使っているコンテンツ。Googleのロゴをネットから引用して画像を張りつけている場合などもアウト
暴力的なコンテンツ	虐殺、戦闘、悲惨な事故などの映像や画像を公開しているサイト
武器および兵器に関連したコンテンツ	武器や兵器を販売することはないでしょうが、エアガンや花火などを販売しているサイトは広告を張りつけることができません
そのほかの違法なコンテンツ	パスポートの偽造のしかた、模倣品販売の助長、児童性的虐待（アニメも不可）などの道徳に反するようなコンテンツ

「Googleアドセンスの禁止事項一覧」で紹介したようなサイトは、Googleアドセンスを張りつけることができないというだけで、多くが法律には違反していません。法律に違反したサイトではないだけに、Googleアドセンスを張りつけることができると思う人も多いのですが、Googleアドセンスを利用するからには、Googleアドセンスの規約にしたがったサイト構築をしなくてはいけません。

知らず知らずのうちに書いてしまう禁止コンテンツ

「Googleアドセンスの禁止事項一覧」で紹介した内容を、気づかないうちに自分のサイトの中で公開してしまうことがあります。それは「アダルト関連」と「アルコール、タバコ関連」の内容です。

　アダルト関連とアルコール、タバコ関連は、「美容」「健康」サイトを構築する際に記事として取り上げる内容もあるので、引っかかってしまうことがあります。

　たとえば、弊社でも美容のポータルサイトを運営していたころ、「女性の陰部の悩み」として「陰部の黒ずみ」や「陰部のニオイ」などの原因や解決方法といた内容の記事を、まっとうな情報として掲載していました。その結果、Googleアドセンスの広告が表示されないということになりました。

　本来ならこのようなサイトはOKなはずですが、Googleアドセンスのプログラムは人の目で見て判断していないので、関連するアダルト用語が出てくれば自動的にアウトになってしまうことが多々あります。この点に関しては、**できるだけこういった用語を用いない表現やコンテンツ内容にするしか方法がありません。**

　また「健康」について書いているサイトでも、アルコールやタバコについて言及することがあると思います。たとえば、**紹介記事の中で「赤ワインはポリフェノールが含まれていていいです」という流れから、赤ワインを販売しているサイトへのリンクをしていれば規約違反になります。**アルコールを販売しているサイトへの「広告」とみなされるのでNGなのです。

ファーストビューが広告ばかりのサイト構成はNG

　絶対法則51　で、スマホサイトの上部に大きな広告を張りつけて、画面の大半が広告になりすぎるのは禁止されているとお話ししました。それはPCサイトでも同じです。そのサイトに訪問したときに、画面の上部に広告ばかりが表示されるサイトは利用規約に違反します。たとえば次頁の図のようなサイト構成です。

● 画面の上部に広告ばかりが表示される例（PC サイト）

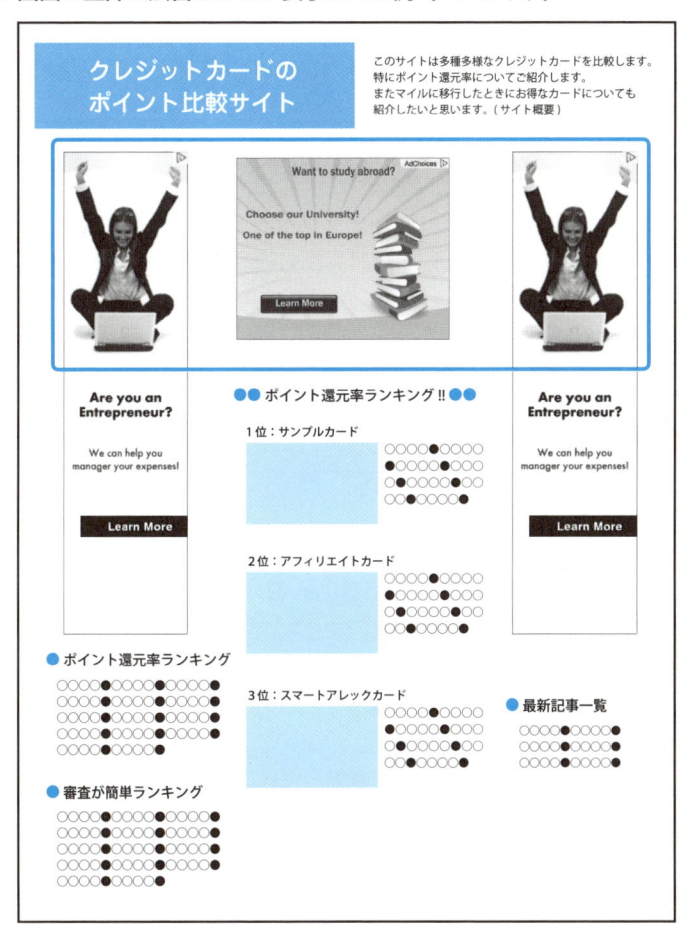

　上図は青枠の中に3つの広告が表示されています。**パソコン上で自分のサイトを開いたときに3つの広告すべてが表示されるので、コンテンツ自体があまり目に入らなくなっています。このような広告の張りつけ方は禁止されている**ので、注意が必要です。

自分でクリックする行為

　Googleアドセンスはクリックされるだけで報酬が入るので、**自分で何度も広告をクリックする人がいます。これは報酬が発生しないばかりか、アカウントが**

削除されてしまうので絶対にしてはいけません。ただし数回の間違いクリック程度であれば、自動的に報酬にカウントされないという対処だけですみます。頻繁に自分で広告をクリックしている傾向が見受けられれば、確実にアカウント停止になります。

　また、 絶対法則37 で紹介したブログランキングを操作するのと同じような方法でGoogleアドセンス広告をクリックする業者も存在しますが、こちらを利用するのもNGです。クリック代行業者も「バレない」ということをアピールしていますが、Googleアドセンスの場合はほぼ100%バレます。

広告なのかどうかわからない表示方法もNG

　広告なのか、サイトのコンテンツなのかわからないような広告の張りつけ方も**規約で禁止されている**ので、注意が必要です。下図は、よくある張りつけ方の間違いなのでしっかりと確認しておきましょう。

● 広告なのか、サイトのコンテンツなのかわからない例 ❶

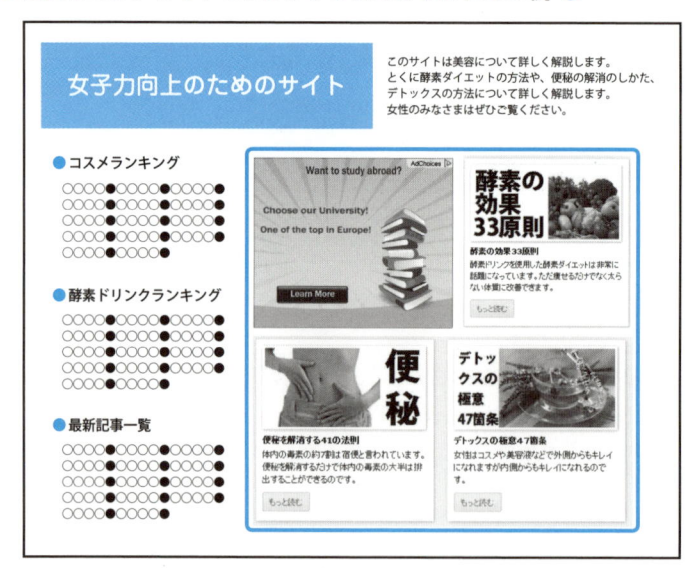

　上図のような方法で広告を掲載すると、広告とコンテンツの見分けがつきづらくなってしまうので規約違反になります。上記の場合は、コンテンツページへの

誘導バナーと広告が同じようなサイズで表示されており、さらに並列に並べられていることが利用規約違反になります。

● 広告なのか、サイトのコンテンツなのかわからない例 ❷

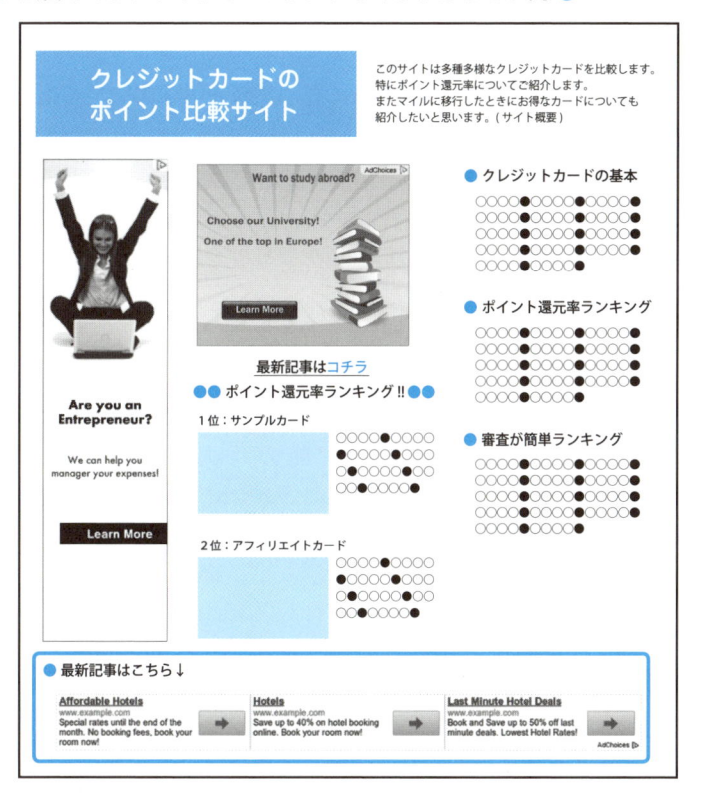

上図のように、張りつけた広告に対して「最新記事はコチラ」というような記載がされているのも規約違反です。これは、広告をサイトのコンテンツのように見せかけてクリックさせる行為だからです。

この2つの例にかぎらず、広告とコンテンツの見分けがつきにくい張りつけ方法は、Googleアドセンスの運営チームから注意を受けて、広告が表示されなくなる可能性があるので、注意して広告を張るようにしましょう。

クリックしてくださいという表示もNG

　ブログランキングに参加しているブログを見ていると「応援クリックお願いします」「記事がいいと思ったらクリックしてください」というようなブログランキングバナーのクリックを促すコメントを見かけます。これは特に問題のある行為ではありません。

　これと同じ感覚で、Googleアドセンスを行っているサイトの中で「広告がクリックされることによって運営されています。クリックお願いします」「下記はスポンサーサイト様です。よければサイトを見て行ってください」「広告をクリックしていただければ幸いです」というような記載をしているサイトを見かけます。しかしGoogleアドセンスでは、このように広告をクリックに導くような記載を**禁止しています**。

　さてこの法則では、初心者や中級者が知らず知らずにやってしまうルール違反をお話ししました。もちろんまだまだやってはいけないルールはたくさんあります。しかしほかの行為については、意図的にやらないかぎり、やってしまうことがないような類いのものなので、これからちゃんとGoogleアドセンスをしようとしている人には、特に必要ないものとして割愛しました。

　わざとルール違反をする人はいないと思いますが、知らないうちにルール違反にならないように、この法則をしっかりと頭に入れてGoogleアドセンスに臨んでください。

Check!
1. アドセンスの利用規約は思ったよりも厳しい
2. コンテンツ内容に気をつけてサイト構築をしろ
3. コンテンツと広告は見分けられるようにしろ

コラム

稼げたアフィリエイターのその後

　「アフィリエイト業界」といえば、どうしても「うさん臭い業界」というイメージがあります。実際、過去のアフィリエイト業界は、稼ぐためのアフィリエイト方法もアフィリエイターが購入するマニュアルなどもうさん臭いものでした。

　今でこそ、アフィリエイト方法も健全なものが多くなってきていますが、ひと昔前までは道徳的に完全にアウト、法律的にグレーなサイトまでありました。

　たとえば、アフィリエイトできない商品を徹底的に否定したサイトをたくさんつくって、アフィリエイトできる商品に誘導するというようなアフィリエイト方法です。酵素ドリンクAがアフィリエイトできない商品だとすれば、「酵素ドリンクA」や「酵素ドリンクA　口コミ」「酵素ドリンクA　評判」と検索したときに、酵素ドリンクAの事実とは異なる悪い評判がたくさん書かれたサイトが出てくるようにSEO対策をするのです。サイトの中身は「体調を崩した」とか「体によくない保存料が入っている」とか「栄養素がまったく入っていない」など事実が異なるものばかりです。

　そして、酵素ドリンクBがアフィリエイトできるなら、そのサイトの中では「酵素ドリンクAはよくないから酵素ドリンクBがおススメです」というような形でアフィリエイトするのです。

　また当初のアフィリエイトといえば、「パチンコで稼ぐ」「競馬で稼ぐ」というような情報商材をアフィリエイトするというイメージもあり、今でもその名残を受けて「アフィリエイト」はうさん臭い業種と思われがちです。

　しかし、アフィリエイトという「成果報酬型」のビジネスで昔から本当に稼いでいるアフィリエイターは、大きな会社として成長しています。

　たとえば、日本最大の価格比較サイトとして有名な「価格.com」は、さまざまな商品を安い順番に掲載して紹介しているサイトですが、ユーザーが商品を購入しようと思ったら、価格.comのリンクから販売者のサイトに飛んで購入することになります。これは商品が購入されれば価格.comに手数料が入る、立派な成果報酬型のアフィリエイトビジネスなのです。女性にはなじみ深い日本最大のコスメ・美容の総合サイトとして有名な「アットコスメ」の口コミサイトも、価格.comと同じしくみを使っています。

　このようにアフィリエイトから身を起こした企業はたくさんあります。アフィリエイトというのは、そもそも「集客をして、商品ページに誘導して成果報酬を得る」というビジネスです。そのノウハウを持っているということは、**[アフィリエイトで稼げる＝自分で商品を販売するときや自分のお店を開業するときに、「ネットで集客するノウハウ」を持っている]** ということです。ですから、アフィリエイト業界から起業・独立するという人がたくさんいるのです。

　これから本書を活用してアフィリエイトで稼げるようになってもらい、アフィリエイト分野で稼ぎ続けるのもいいですが、資金を貯めて独立・起業する人が多く現れることを期待しています。

コラム

ブラックアフィリエイトとホワイトアフィリエイト

　SEO対策には、「ホワイトハットSEO」と「ブラックハットSEO」の2つが存在します。ホワイトハットSEOはGoogleに認められているSEO対策で、サイトコンテンツの拡充などがあてはまります。ブラックハットSEOは被リンクツールを利用して無理やりSEO対策をする方法で、Googleにばれるとペナルティを受けてしまい、検索エンジンで表示されなくなってしまいます。

　これと同じようにアフィリエイト方法の中にも「ブラックアフィリエイト」と「ホワイトアフィリエイト」というものが存在します。これらの用語は私が考えたものなので、ネットで調べても出てきませんが、要は、アフィリエイトには2種類の方法があるということです。**ブラックアフィリエイトとホワイトアフィリエイトの違いは、「社会に貢献しているかどうか」**の違いです。

　たとえばブラックアフィリエイトとは、「他人のブログコンテンツをすべて盗用してサイト運営をし、アフィリエイトをする」「メールアドレスを不正に取得または偽って取得し、そのメールアドレスにメルマガを送りアフィリエイトリンクを貼りつける」「アフィリエイトできない商品に対しては容赦ない悪い口コミを書いて、アフィリエイトできる商品についてはいい口コミを書いてアフィリエイトする」などの社会に貢献することなくアフィリエイト報酬を得るものです。

　逆にホワイトハットアフィリエイトとは、「実際に商品を使用して、その使用感を伝えてアフィリエイトする」「悩みを解決するためのサイトを運営し、その中で悩みを解決する商品をアフィリエイトする」「インターネット上に拡散されている情報を見やすいようにまとめたサイトをつくってアフィリエイトする」といったものです。

　悲しいことに、ブラックアフィリエイトは長期的に稼ぐことはできませんが、一時的に稼ぐことができ、さらに報酬が発生するまでの時間が早いため、ついついブラックアフィリエイトを行ってしまう人が出てきてしまいます。

　逆にホワイトハットアフィリエイトは長期的に稼ぐことができるのですが、報酬が発生するまでに時間がかかったり、ユーザーにとって有益なサイトを構築するまでの時間がブラックアフィリエイトよりも時間がかかるため、「ホワイトアフィリエイトはしない」というアフィリエイターも出てきてしまっています。

　さらに、アフィリエイトのノウハウを教えている塾やスクールも同じです。ブラックアフィリエイトは「一時的に」稼ぐと思わせることができ、また報酬が発生するまでの時間が短いため、「寝ながら稼ぐ」「楽して稼ぐ」「たった10分で稼ぐ」という過激なキャッチコピーが必ずしも「ウソ」にはならないのです。

　ここまで聞けば「本書のようなまともな本を買ったのは損だ」と思ってしまうかもしれません。しかし、「稼げているアフィリエイターの比率」というコラムでも紹介した稼げているアフィリエイターのほとんどが、ホワイトアフィリエイトの実践者だということを覚えておいてください。ブラックアフィリエイトで稼げる期間は数週間や1カ月程度であり、実は稼げる金額も数千円から数万円と低いものなのです。

Chapter - 5

PPC アフィリエイトの法則

PPC アフィリエイトは初心者でも成果が発生しやすいアフィリエイト方法です。しかし「広告費が必ず必要となるアフィリエイト方法」でもあります。よってしっかりとした知識を身につけて、PPC アフィリエイトに臨むようにしてください。

| 絶対法則 53 | PPCアフィリエイトの サイトはペラページ |

PPCアフィリエイトはほかのアフィリエイト方法と違って、サイトコンテンツを読み込ませるのではなく、商品ページにスムーズに誘導することによって報酬を得るアフィリエイト方法になります。

| 重要度 | ★★★★★ | 難易度 | ★☆☆☆☆ | 対応 | HTML | 無料ブログ | WordPress |

PPCアフィリエイトとは

　PPCアフィリエイトは、PPC広告といわれるYahoo!のプロモーション広告で集客を行ってアフィリエイトする方法です。ほかのアフィリエイトよりも報酬が発生する期間が非常に短く、初心者でも初日に売上報酬が発生する可能性があるため、非常に人気のアフィリエイト方法です。しかし、**ほかのアフィリエイトはお金を使わなくても集客できる可能性があるのに対し、PPCアフィリエイトは必ず広告費用がかかります。**よって「無料でアフィリエイトしたい」「一切リスクを背負いたくない」というアフィリエイターには向きません。

ペラページの見本と集客方法

　下図の枠の部分がプロモーション広告になります。Yahoo!の検索画面の上部と右端に自分のサイトの広告を表示させます。

● プロモーション広告に自分のサイトの広告を出す

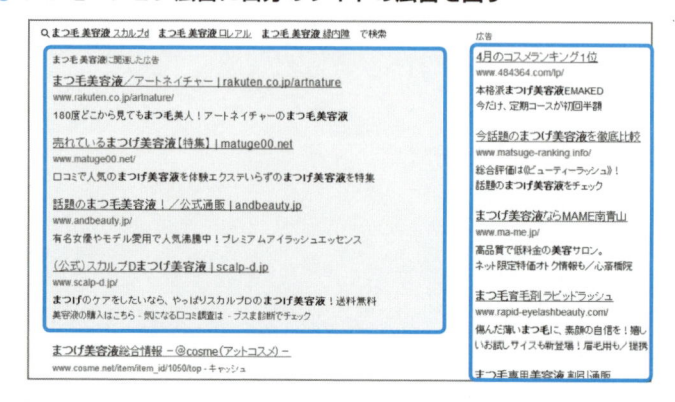

PPCアフィリエイトで構築するサイトは、下図のように非常にシンプルなサイトページでOKです。最低限の基本情報である「商品名」「価格」「送料」「商品の簡単な説明」だけを記載して、「ページへのアフィリエイトリンク」を張りつけておきます。

● PPCアフィリエイトで構築するサイト例

愛されまつげのご紹介

まゆ毛とまつ毛の美容液

傷んだまつ毛
薄いまゆ毛に

\>>> 愛されまつげの詳細はコチラをクリック <<<

消費者が選ぶベストブランドまつげ部門 金賞
選び抜かれた植物エキスがコシとツヤを与えます。
約1カ月分 1,575円(税込)

詳細はココをクリック

Copyright © 2014 japan.xxx.com All Right Reserved.
特定商取引法に基づく表示

自分のサイトは誘導係をするだけでいい

　今までのサイトアフィリエイト、ブログアフィリエイト、アドセンスアフィリエイトは、どれをとっても有益な情報を提供し、そこからサイトの信頼性を高めたり、リピーターをつくったり、SEOで上位表示されたり、口コミで広がりをみせたりして集客し、アフィリエイト商品を紹介して報酬を受け取るというようなアフィリエイト方法でした。
　これらのアフィリエイト方法は、ユーザーを納得させて商品を買わせなくてはならないので、それなりに商品の知識も必要ですし、文章力も必要でした。

　しかし、PPCアフィリエイトの場合は、文章力や商品の知識は一切必要ありません。PPCアフィリエイトのサイトは、あくまでも「誘導係」です。とにかくサイトに訪問したユーザーをスムーズに商品販売ページに誘導して、商品を購入してもらうだけでいいのです。

訪問者1人ひとりに必ずお金がかかっているのが PPCアフィリエイト

　PPCアフィリエイトの場合、「リピーターが訪問してくれる」「ブックマークから訪問してくれる」ということが一切ありません。**訪問者が1人来るということは、プロモーション広告の費用が必ずかかっているということになります。**だからこそ「誘導係」という認識が必要なのです。

　ほかのアフィリエイトのように、情報を提供するだけで商品が買われないということは、それだけ1クリックあたりの広告費用が無駄になっているという認識をしてください。

　とにかく「誘導係」という認識を持たなくてはいけません。アフィリエイトリンクを経由して商品ページに誘導しておけば、その日に購入されなかったとしても、後日商品が購入されることによって、アフィリエイト報酬が発生することがあるのです。

　難しい話は避けますが、これはCookie（クッキー）という、そのパソコンの閲覧履歴を一時的にパソコン内に保存しておくしくみによって管理されています。このしくみによって「どのアフィリエイトリンクをたどって商品を購入したのか」ということがわかるので、アフィリエイト報酬が発生することになります。ユーザーがアフィリエイトリンクをクリックして商品ページに行ってから、平均して30～60日以内に商品が購入されれば、アフィリエイト報酬が発生することになります。

　つまり、とりあえずアフィリエイトリンクをクリックしてもらって、商品ページに誘導さえしておけば、その人が2カ月以内に商品を購入すればアフィリエイト報酬が発生するのです。

　しかし**「最後にクリックしたアフィリエイトリンク」でなければならないため、商品を購入する前にほかの人が運営するアフィリエイトリンクをクリックして商品を購入すれば、ほかの人に報酬が発生してしまうので注意が必要**です。

　確かに購入時にほかの人のアフィリエイトリンクをクリックされると報酬にはなりませんが、商品ページに誘導しておくことは、それなりに報酬が見込める可能性があるのです。

　こういったことから、PPCアフィリエイトの場合は「誘導係」ということを常に認識して、商品ページに誘導することを心がけなければならないのです。

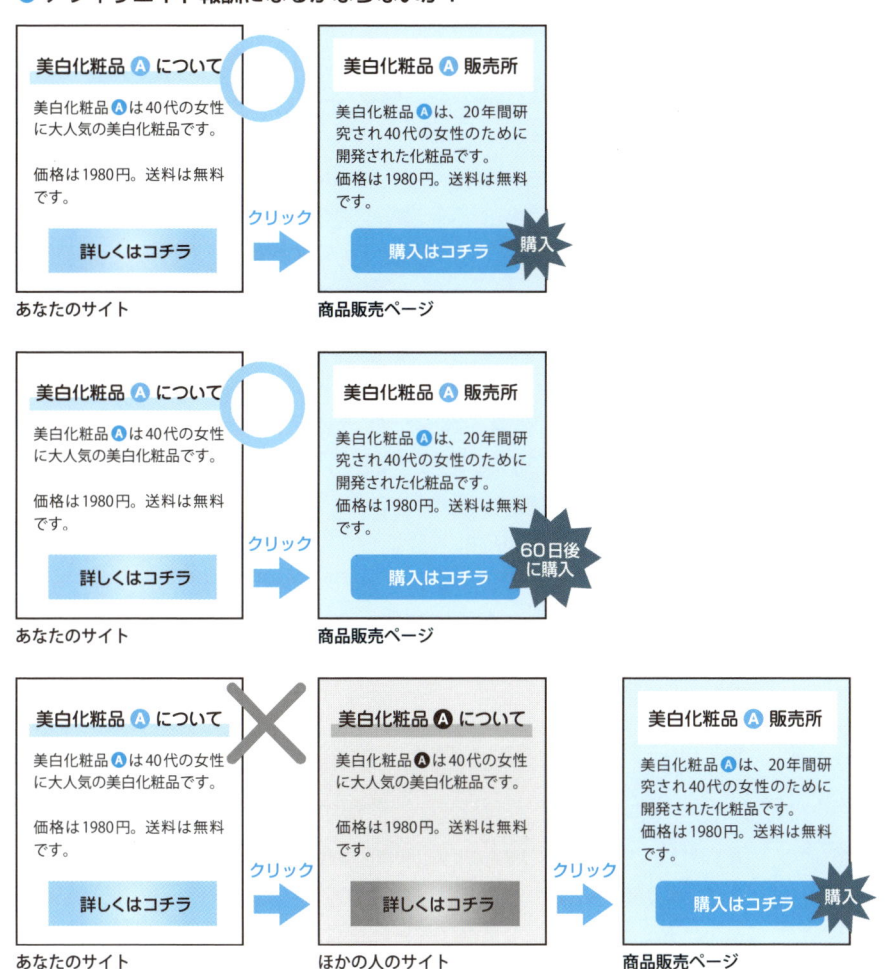

● アフィリエイト報酬になるかならないか？

商品ページをブックマークしてくれる

　商品ページに誘導しておけば、自分のアフィリエイトサイトをブックマークしてくれなくても商品ページをブックマークしてくれる可能性があります。商品ページをブックマークしてくれて、そのブックマークから再度商品ページを訪問して商品を購入してくれた場合、Cookie（クッキー）が残っているのでアフィリエイト報酬になります。

口コミページを見て購入

　自分のペラページから商品ページに誘導しても口コミや評判はどうなのだろう？　と思って調べる人がいます。その際、商品ページのページを開きながら口コミサイトを調べる人も多いです。なぜなら、商品ページを1度閉じて口コミサイトを開いて、また購入するときに商品ページを調べるのが面倒臭いからです。このとき自分のサイトから商品ページへ誘導しておけば、口コミサイトを見て、商品に納得して購入してさえくれれば、アフィリエイト報酬につながるのです。

価格ドットコムや楽天、アマゾンは驚異になるのか？

　アフィリエイトリンク先は商品の公式サイトへの誘導が多いですが、商品を購入する前に価格ドットコムで最安値を調べたり、楽天やアマゾン、そのほかのショッピングモールではどのくらいの価格で販売されているのか、もっと安く売られていないのか確認してから購入する人がいます。

　基本的にアフィリエイトできる商品は、公式サイト以外で販売されていることが少ないので、結局は公式サイトで購入することになります。**ほかのショッピングモールを訪れることになっても、多くはアフィリエイト報酬につながるので大丈夫**です。

Check!
1. PPCアフィリエイトはすぐに報酬が発生する
2. 広告費がかかる唯一のアフィリエイト方法
3. とにかく自分のサイトは誘導係と認識しろ

絶対法則 54 比較サイトでPPCアフィリエイト

商品やサービスを比較するだけのかぎられた情報を提供することによって、スムーズかつ多くの商品を購入してもらうサイトを制作することもお勧めです。

重要度 ★★★★★　難易度 ★☆☆☆☆　対応　HTML　無料ブログ　WordPress

比較サイトでPPCアフィリエイト

　PPCアフィリエイトで比較サイトを構築しているアフィリエイターは、たくさんいます。

　しかしこだわった比較サイトを構築すればするほど商品購入率が悪くなるので、サイトアフィリエイトやGoogleアドセンスサイトを運営していてPPCサイトに参入したアフィリエイターにとっては、苦戦を強いられることになるかもしれません。

商品の情報以外を与えない

　右図はPPCアフィリエイト用の比較サイトの例ですが、**よく見ると商品情報しか掲載されていません。**

　「詳細はコチラ」をクリックすると、公式サイトに誘導されるアフィリエイトリンクになっています。「詳細はコチラ」をクリックすると商品をより詳しく紹介しているページに移動する場合もありますが、基本的には非常にシンプルなサイト構成になっています。

● 比較サイト例

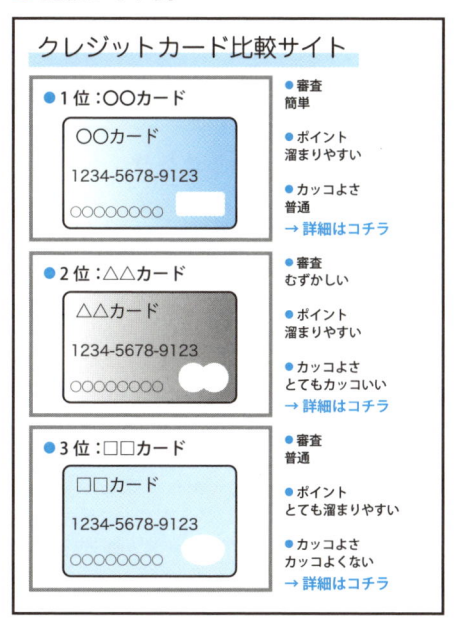

```
クレジットカード比較サイト

● 1位：〇〇カード
    〇〇カード
    1234-5678-9123
    〇〇〇〇〇〇〇〇
      ● 審査 簡単
      ● ポイント 溜まりやすい
      ● カッコよさ 普通
      → 詳細はコチラ

● 2位：△△カード
    △△カード
    1234-5678-9123
    〇〇〇〇〇〇〇〇
      ● 審査 むずかしい
      ● ポイント 溜まりやすい
      ● カッコよさ とてもカッコいい
      → 詳細はコチラ

● 3位：□□カード
    □□カード
    1234-5678-9123
    〇〇〇〇〇〇〇〇
      ● 審査 普通
      ● ポイント とても溜まりやすい
      ● カッコよさ カッコよくない
      → 詳細はコチラ
```

5 PPCアフィリエイトの法則

サイトアフィリエイトやアドセンスアフィリエイトをする場合であれば、商品情報以外にもたくさんの情報を掲載しますが、PPCアフィリエイトの場合はペラページから比較サイトへ形態を変えても、基本的にはシンプルなサイト構成になるように心がけなくてはなりません。

ランキング形式で表示する

また比較サイトでPPCアフィリエイトを行う場合は、必ずランキング形式でアフィリエイトするようにしましょう。**とにかくアフィリエイトリンク先の商品ページに誘導して商品を購入させたいわけですから、ランキング形式でなければ、購入するときの迷いの原因になってしまいます。**

ランキングの決め方はどのような決め方でもかまいません。自分がその商品・サービスの公式サイトを見て気に入った順番でも、各商品やサービスの公式サイトに載っている何かのデータ順（利用者数や会員数、成分配合量など）でもかまいません。とにかく順番を決めることが大事です。

もしこれがサービスの違い、商品の特徴の違い、価格の違い、成分の違い、効果の違いだけを比較して、総合的なランキングが決まっていなければ、結局はどの商品がいいのかわからないということになってしまって、購入されなくなってしまいます。

多くの商品を購入するように仕向ける

ペラページと違って比較サイトのいい点は、似たような商品をまとめて購入してもらえるチャンスが増えるということです。クレジットカードの比較でも、転職サイトの比較でも、美容商品の比較でも、何でもまとめて購入および契約、登録させることは可能です。

1 「クレジットカード」の場合

> クレジットカードはたくさんの種類がありますが、ここではお勧めの3種類のクレジットカードをご紹介します。審査の厳しさや、ポイントの溜まりやすさなどが違うので、基本的には3種類すべてのカードを作成するようにしましょう。なぜなら1つのカードだけつくろうとしても、審査で落ちてしまうときもあるからです。また女性と一緒にいるときは△△カードを使って、普段は□□カードを使うなど、使い分けるとカッコよくそしてお得にクレジットカードライフを送ることができます。

というように書いておけば、訪問者は複数のカードを所持しようかなと思うのです。

2 「転職サイト」の場合

> 転職サイトによって紹介できる転職先の会社が異なってくるので、とにかくたくさんの転職サイトに登録するようにしましょう。そしてその中から1番自分にあった会社に転職することが必要です。1番多い失敗が1つの転職サイトにしか登録せず、なかなか転職できないことや、今と同じような条件の会社に転職してしまうことです。このサイトで紹介している転職サイトは優良なサイトが多いので、できるかぎりたくさんのサイトに登録するようにしましょう。登録にはお金はかかりませんから。

というように書いておけば、複数の転職サイトに登録してくれる可能性が上がります。

このように記事を書けば、**1クリック分の広告費で複数のアフィリエイト報酬が入ってくる**ことになります。

Check!
1 比較サイトは商品情報に特化しろ
2 比較サイトはランキング形式にしろ
3 複数商品を購入してもらえるようにしろ

絶対法則 55　PPCアフィリエイトの理想的な記事と写真

PPCアフィリエイトは、記事制作ノウハウがいらない唯一のアフィリエイト方法です。また写真にもこだわる必要はなく、初心者にもってこいのアフィリエイト方法です。

重要度 ★★☆☆☆　難易度 ★☆☆☆☆　対応 HTML 無料ブログ WordPress

PPCアフィリエイトで使用する記事は商品ページにヒントがある

　PPCアフィリエイトは記事制作ノウハウがなくてもできるといいましたが、さすがに少しは考えないといけません。それが下図の青枠の部分程度のものです。下記のペラページの**上部は商品のキャッチフレーズ、下部のキャッチフレーズは簡単な商品説明**となっていますが、これらはすべて商品が販売されている**公式サイトからヒントを得ている**ものばかりです。

● PPCアフィリエイトはここだけ書く ❶

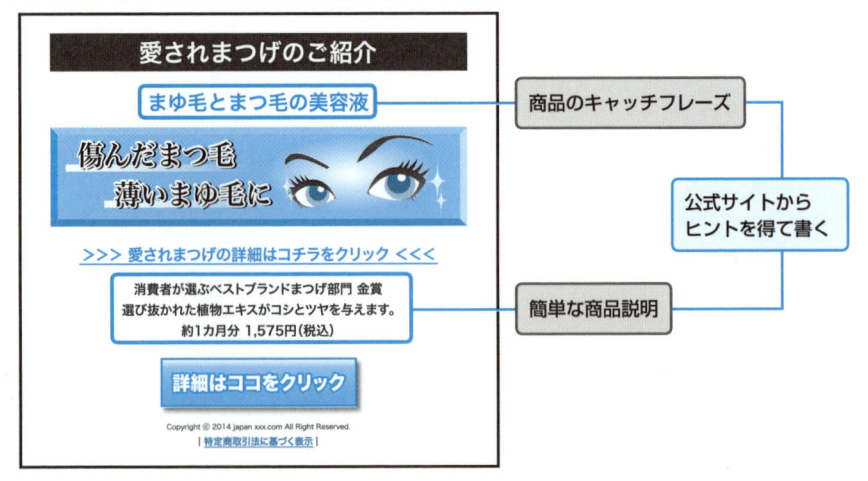

商品ページから引用する理由

　公式サイトからヒントを得る理由は簡単です。公式サイトは「**企業が考え抜いたサイト**」「**データをもとに売れるように計算されたサイト**」「**マーケティングのプロが考えたサイト**」であることが多いからです。

　アフィリエイトサイトでも、サイトを構築していくうちに「こっちのほうがいい」「あっちのほうがいい」というように、サイトの内容を改善していきます。それと同じように、いやそれ以上に、商品を販売しているサイトは試行錯誤を繰り返したり、プロにお願いしたりして、サイトを常に再構築しています。
　このようなサイトを見て、キャッチフレーズや基本情報を構築すればまず「間違い」は起こらないからです。

余計なひと言やデメリットなどは不要

　サイトアフィリエイトやアドセンスアフィリエイトの場合は、デメリットやほかの商品との比較などをする場合も多いですが、PPCアフィリエイトでは、とにかく「余計なひと言」や「デメリット」などの紹介は必要ありません。
　確かにデメリットを紹介して理解してもらう方法もありますが、企業側は顧客に対してさまざまなメリットを提供するためにがんばって開発した商品です。その「がんばり」をプッシュしてあげるような気持ちで、ペラページをつくるようにします。
　そして、**自分は「誘導係」に徹するということを思い出して、自分であれこれ考えないで公式サイトからのいい情報だけを簡潔に紹介する**ようにしましょう。

写真は不要。ASPから配布されているバナーで十分

　写真は特に必要ありませんが、写真を入れたい場合はアフィリエイトASPから配布されているバナーのアフィリエイトリンクを使用するようにしましょう。
　バナーを利用することで、画像とアフィリエイトリンクの2つをまとめることができます。ペラページというのは特に決まりやフォーマットはないので、次頁の図のようにここまでシンプルなサイトにしてしまっていいのです。
　色気を出して、自分で考えたこだわったサイトをつくるのではなく、次頁のような本当にシンプルなペラページにしておくほうがいいです。稼ぎ出すといろいろ工夫してしまう人がいますが、あまりいい結果が出ないものです。

● PPC アフィリエイトはここだけ書く ❷

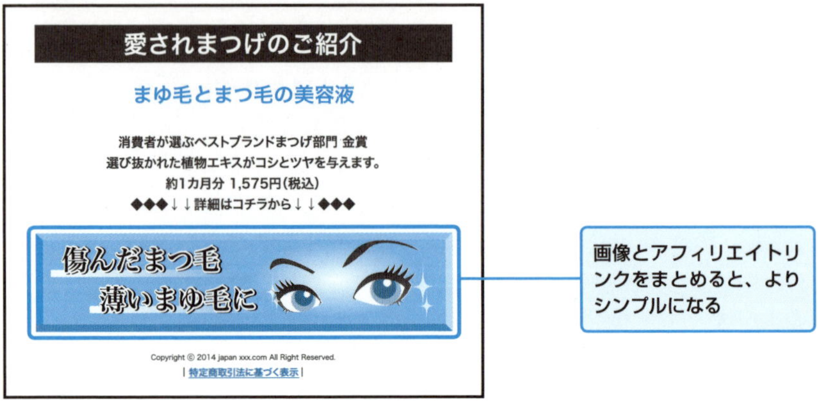

```
┌─────────────────────────────────────┐
│        愛されまつげのご紹介              │
│       まゆ毛とまつ毛の美容液             │
│                                     │
│   消費者が選ぶベストブランドまつげ部門 金賞  │
│   選び抜かれた植物エキスがコシとツヤを与えます。│
│        約1カ月分 1,575円（税込）         │
│       ◆◆◆↓↓詳細はコチラから↓↓◆◆◆     │
│                                     │
│   ┌─────────────────────┐           │
│   │  傷んだまつ毛              │           │
│   │  薄いまゆ毛に              │           │
│   └─────────────────────┘           │
│                                     │
│   Copyright © 2014 japan.xxx.com All Right Reserved. │
│           |特定商取引法に基づく表示|         │
└─────────────────────────────────────┘
```

　　　　　　　　　　　　　画像とアフィリエイトリ
　　　　　　　　　　　　　ンクをまとめると、より
　　　　　　　　　　　　　シンプルになる

Check!
1 サイト内記事は公式サイトを参考に
2 デメリットや自分の意見は入れるな
3 画像はアフィリエイトリンクバナーで十分

絶対法則 56 １クリック50円以上の報酬とクリック単価50円以下の広告

PPCアフィリエイトは、単純にプロモーション広告に出稿してアクセスを増やせばいいというものではありません。広告費が報酬額を上回らないようにしなければ、元も子もありません。

重要度 ★★★★★　難易度 ★★★☆☆　対応 HTML　無料ブログ　WordPress

１クリック50円以上の報酬のおさらい

絶対法則01でも紹介したように、アフィリエイト商品には１クリックあたりの平均報酬額が書かれています。この１クリックあたりの平均報酬額が、「50以上」となっているものを選んでアフィリエイトする必要がありました。

PPCアフィリエイトでは、この法則がほかのアフィリエイトよりも一層大事な法則になってきます。

● PPCアフィリエイトは１クリック「50以上」の商品を選ぶ

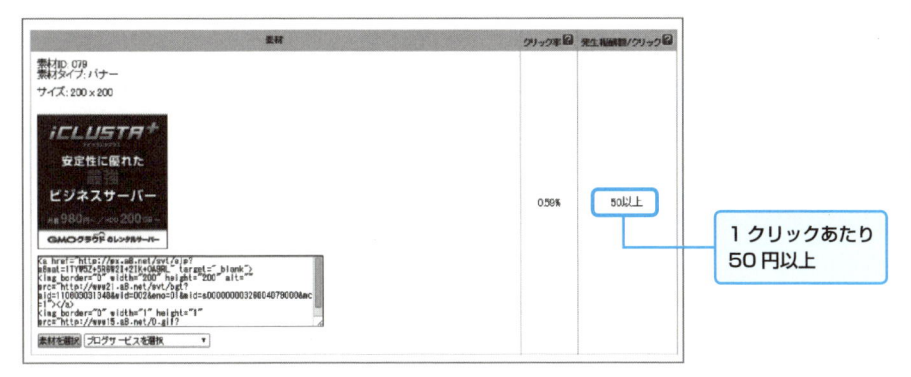

１クリックあたり50円以上

PPCアフィリエイトのからくり

PPCアフィリエイトが儲かるからくりは、この１クリックあたりの報酬額と１クリックあたりの広告費の差にあります。そしてこのからくりがあるからこそ、PPCアフィリエイトで儲けることができるのです。

まずPPCアフィリエイトでは、**必ず1クリックあたりの報酬額が50円以上のアフィリエイト商品を選択するようにします。そしてプロモーション広告の1クリックあたりの広告費を50円以下に設定します。**

こうすることにより利益が出やすくなります。

実際には、Yahoo!プロモーション広告経由から自分のサイトに誘導したからといって、アフィリエイトリンクを必ずクリックしてもらえるとはかぎりません。たとえば1クリック50円の広告で、10人の人をサイトに誘導しても5人しかアフィリエイトリンクをクリックしてくれなければ、1クリックあたりの広告費用は100円ということになります。

● 1クリックしてもらうのに使った費用の計算例

- 広告単価（50円）× 訪問者数（10人）= 500円
- 総広告費（500円）÷ アフィリエイトリンククリック数（5人）= 100円
- アフィリエイトリンクを1クリックしてもらうのに使った費用 = 100円

このとき、1クリックあたりの平均報酬額が50円以上と書かれていて、実際の報酬額が90円だとすると、プロモーション広告で1クリック100円かけていたら、1クリックあたり10円の赤字が出てしまう計算になります。

しかしこれはあくまでも悪いときの例です。基本的に1クリックあたりの平均報酬額が「50以上」と書かれているものであれば問題はありません。なぜ1クリックあたりの平均報酬額が「50以上」の商品ならOKと言っておきながら、このような「1クリックあたりの平均単価が50以上でも赤字になる可能性がある」という例を出すのかといえば、それは「考えられるリスク」を伝えておくためです。

それに加えて、Chapter-5の 絶対法則58 を参考にして「1クリックあたりの実際の報酬額を計算」し、「広告をクリックしてくれた人」と「アフィリエイトリンクをクリックしてくれた人」の人数をできるだけ近づけることで、もっと多くの利益を残すことが可能になるからです。何度も言います。PPCアフィリエイトはすぐに稼げるアフィリエイトですが、唯一赤字になる可能性のあるアフィリエイトです。欲ばらずに基本を守ってアフィリエイトするようにしましょう。

次に挙げる「絶対に儲からないパターン」の広告の出稿のしくみを、ちゃんと

理解しておいてください。

⚠ 絶対に儲からないパターン

> 1クリック50円以上の広告単価
> → 1クリックあたり50円以下のアフィリエイト報酬商品

　この式では、1クリック50円以上でサイトに集客して、1クリックあたり50円以下のアフィリエイト商品をアフィリエイトするわけですから、どんなにがんばっても売上が広告費を上回ることはありません。

絶対に欲ばらないこと、強気になりすぎないこと

　儲かりだすと、強気になって「1クリックあたり50円以上の広告を出す」「1クリックあたりの報酬額が50円以下の商品もアフィリエイトする」というようなことをする人が現れてきますが、こういったことはしないほうが無難です。たとえば、 絶対法則58 で紹介しているように「絶対に1クリックあたりの報酬額が300円以上あるから、1クリックあたりの広告費を150円にしよう」という場合ならいいです。しかし確実なデータがないにも関わらず、「儲かりそうだから」「すごく売れている商品だろうから」という理由だけで、このような強気の広告を出すことは絶対にしないようにしましょう。ちょっと欲ばって、ちょっと強気になったことで、多くのアフィリエイターが赤字を出しているのが現実です。

Check!
1. 1クリックあたり50円以上の報酬がある商品を選べ
2. 1クリックあたり50円以下の広告を出せ
3. 儲かりだしても欲ばってルールを破るな

絶対法則 57 報酬額が1,000円以上のアフィリエイト商品をねらう

報酬額が1,000円以上のアフィリエイト商品は、PPC広告を使っても比較的赤字になることがありません。また、お試しやサンプル品を積極的にアフィリエイトするようにしましょう。

| 重要度 | ★★★★☆ | 難易度 | ★★☆☆☆ | 対応 | HTML | 無料ブログ | WordPress |

報酬額が大きいほどチャンスが増える

1つの商品を販売して得られる報酬額が大きいほど、チャンスは増えます。あたりまえのような話ですが、ちゃんと理解していない人が多いので、お話ししておきます。

たとえば、次のように1クリック50円の広告費でPPC広告を出しているとします。

● アフィリエイト報酬額とクリック率の関係

アフィリエイト報酬額	どのくらいのクリック率が必要か
100円の商品	2クリック以内で商品を購入してもらわないといけません。つまり2人に1人の人（50%）が商品を購入しないと赤字になってしまいます
1,000円の商品	20クリック以内で商品を購入してもらわないといけません。つまりクリックした人の5%の人が商品を買ってくれれば赤字にはなりません
1万円の商品	200クリック以内で商品を購入してもらわないといけません。つまりクリックした人の0.5%だけが商品を買ってくれれば赤字にはなりません

上記の表のように、アフィリエイト報酬額が大きいほどチャンスが増えてリスクが減る計算になるので、PPCアフィリエイトでアフィリエイトする場合は、**1クリックあたりの報酬額が50円以上のものに加えて、アフィリエイト報酬額が高い商品を選ぶ**ようにしましょう。

また実際、アフィリエイト報酬額が高い商品は、1クリックあたりの報酬額も高くなる傾向にあります。

報酬額が1,000円以上の商品がねらい目

　実際の目安としては、アフィリエイト報酬額1,000円以上のものがお勧めです。私自身、アフィリエイト報酬額が1,000円以上の商品で、1クリックあたりの報酬額が50円以上のものであれば、1クリックあたりの広告費を50円出しても赤字になることは1回もありませんでした。

　ただ**1,000円以下の報酬額だと赤字になる商品も出てくるので、1,000円以上の報酬額があるアフィリエイト商品を選ぶようにしましょう。**

● PPCアフィリエイトの鉄則

| 1クリックあたりの報酬額が50円以上のもの | × | アフィリエイト報酬額が1,000円以上のもの | = | 黒字になる可能性が極めて高い |

サンプルやお試し品もねらい目

　「サンプル品」「お試し品」「無料商品」も赤字になることが極めて少ないアフィリエイト商品です。これらの商品は非常に転換率の高い商品なので、PPCアフィリエイト向きのアフィリエイト商品ということができます。

　逆にアフィリエイト報酬額が高くても、購入までに時間がかかるような商品はあまりお勧めできません。1クリックあたりの報酬額が50円以上であれば問題はないのですが、たとえば何十万円もする事業者向けのサービスや専門知識が必要な商品は、転換率が非常に低くなるのでお勧めはできません。

　そういった商品をアフィリエイトするなら、サンプル品や無料登録関連のアフィリエイト商品のほうがリスクが少なく、大きく稼ぐことができます。

● PPCアフィリエイトで稼ぎやすい商品・稼ぎにくい商品

報酬額が高いもの	報酬額が低いもの	サンプル品・無料登録	高価格の商品
↓○	↓×	↓○	↓×
PPCで稼ぎやすい	PPCでは稼ぎにくい	PPCで稼ぎやすい	PPCでは稼ぎにくい

Check!
1. 報酬額が高いほどチャンスが増える
2. 報酬額が1,000円以上のものをねらえ
3. 転換率の高い商品を積極的にねらえ

絶対法則 58 １クリックあたりの具体的な報酬額の計算方法

１クリックあたりの報酬額が50円以上と書かれた商品の中で、広告費を１クリック50円以上に設定してもいいものを見極める方法があります。この計測方法をしっかりとマスターしてから、広告費を上げるようにしてください。

重要度 ★★★★☆　難易度 ★★★★★　対応 HTML　無料ブログ　WordPress

１クリックあたりの具体的な報酬額の調べ方

　１クリックあたりの具体的な報酬額の調べ方は、プロモーション広告のクリック数と成果発生数で計算をします。プロモーション広告のクリック数とアフィリエイトリンクのクリック数は厳密には違います。

　プロモーション広告のクリック数とは「自分が出稿しているYahoo!のプロモーション広告がクリックされた数」であり、アフィリエイトリンクのクリック数とは「Yahoo!のプロモーション広告をクリックして自分のサイトに訪問してくれたユーザーが自分のサイトのアフィリエイトリンクをクリックした数」です。

　よって、１クリックあたりの具体的な報酬額としては、プロモーション広告のクリック数で計算したほうが、お金の流れとしては正確なので、プロモーション広告のクリック数をここでは使用します。

● 具体的な報酬額を算出する計算式

$$１クリックあたりの具体的な報酬額 = \frac{アフィリエイト報酬額}{プロモーション広告クリック数}$$

　プロモーション広告のクリック数は、Yahoo!プロモーション広告の管理画面で簡単に見ることができます。次頁の図の青枠で囲んだ個所がクリック数になります。

　またアフィリエイト報酬額は各アフィリエイトASPの管理画面で見ることができます。

● Yahoo! プロモーション広告の管理画面でクリック数を見る

1ページ目上部掲載に必要な入札価格	1ページ目掲載に必要な入札価格	品質インデックス	インプレッション数	クリック数	クリック率	平均掲載順	合計コスト	平均
			590,020	505	0.09	12.2	15,991	32
35	10	8	282,351	402	0.14	5.1	12,251	30
40	40	8	56,156	24	0.04	28.2	970	40
25	25	10	9,188	10	0.11	41	433	43
1,000	65	3	69,949	15	0.02	8.3	351	23
55	55	7	64,511	9	0.01	13.7	317	35
30	30	10	9,386	8	0.09	44.2	275	34
15	15	10	7,491	7	0.09	13.6	256	37
1,000	225	3	36,528	4	0.01	10.9	168	42
675	50	3	2,275	3	0.13	17.4	118	39
75	75	7	6,042	3	0.05	46.4	117	39
125	125	4	4,436	3	0.07	25.8	110	37
60	50	7	13,420	4	0.03	10.3	99	25
575	45	4	3,320	2	0.06	4	87	44
350	100	4	3,088	2	0.06	11.9	78	39
1	1	10	257	1	0.39	62	72	72

　たとえば、美容化粧品Aのプロモーション広告のクリック数が20クリックだとします。そして、アフィリエイトの成果報酬が2件×1,000円あったと仮定します。この場合下記の計算式で、1クリックあたりの具体的な報酬額がわかります。

2,000円（2件×1,000円）÷20クリック＝100円

　ここでは1クリックあたりの報酬額が100円となりました。ということは、プロモーション広告の1クリックあたりの広告費用を99円まで出しても赤字にはならないという計算になります。

報酬額は1カ月以上測定して計算する

　このように具体的な報酬額を計算することができますが、この数値を計算するときは1カ月以上の期間で測定するようにします。なぜなら1カ月という期間の中でも、ある一定の期間だけを見ると転換率が微妙に異なるからです。
　たとえば**月末25日以降は給料日の関係で、訪問者の購入意欲が高いので転換率が高くなる傾向にありますが、25日以前は給料日前なので転換率が悪い傾向にあります**。こういったこともあるので、念のため1カ月のデータをもとにして

具体的な報酬額を計算するようにしてください。

　またGW期間中、お盆、年末年始などの連休期間は、通常のインターネット通販の動きとは違う動きを見せるので、データ算出の際はこの時期を避けるようにしましょう。

初心者は1クリックあたり50円以上の広告費は避ける

　ある程度具体的な報酬額がわかるので、初心者でもこういったデータをもとに、1クリックあたり50円以上の広告費を使ってPPCアフィリエイトをしてもいいのですが、できるだけそれは避けるようにしてください。

　なぜなら 絶対法則02 でも紹介したような季節トレンドやさまざまな要因があるからです。このような大きな要因によって、1クリックあたり100円の報酬額が20円に激減することもあるからです。

　たとえば4月1日にバイクを所有していると税金がかかるため、バイクを売りたい人は何が何でも3月31日までに手放したいと思っています。よって3月中の「バイク買取」関連のアフィリエイトは非常に転換率が高いのです。

　そんなことは知らずに3月1日〜31日の1カ月間のデータをもとに1クリックあたりの具体的な報酬額を算出して、4月に入って1クリック200円という広告費を使ってもまったくアフィリエイト報酬が発生せず、広告費用だけがかかるという恐ろしい事態に陥る可能性があるからです。

　もちろんこのような季節需要だけでなく、データ算出した期間にアフィリエイトしている商品がテレビで話題になり、たまたま転換率がよかっただけといったこともあります。

　このようなイレギュラーな時期にデータ算出をしてもまったく意味がないので、注意が必要なのです。中級者以上のアフィリエイターなら、アフィリエイトで稼いだ資金もありますし、アフィリエイト感覚も身についているので、1クリック50円以上の広告を出してもいいのですが、**初心者はこれらの要因をすべて盛り込んで検討できるわけではないので、1クリック50円以上の広告費を使ってPPCアフィリエイトをするのは、できるだけ避ける**ようにしましょう。

> Check!
> 1 データは1カ月以上のデータを使え
> 2 イレギュラーな出来事が起こっていないか考えろ
> 3 初心者は極力50円以下の広告費でアフィリエイトしろ

絶対法則 59 プロモーション広告に使う広告キーワードの選び方

プロモーション広告を出稿するときの広告キーワードによって転換率に大きな違いが出てくるので、キーワードはしっかりと考えて広告出稿しなければなりません。

重要度 ★★★★★　難易度 ★★★★☆　対応 HTML 無料ブログ WordPress

絶対に使用してはいけないキーワード

　Yahoo!のプロモーション広告とは、ユーザーがYahoo!の検索エンジンで、特定のキーワードで検索したときに、自分のサイトへ誘導する広告が表示されるものです。よって、基本的には自分のサイトに興味を持ちそうなユーザーを集客することができます。

　たとえば、**転職サイトの比較サイトを構築してPPCアフィリエイトをするときに、「転職サイト」というキーワードで広告を出稿すれば、「転職サイト」に興味のあるユーザーをピンポイントで集客することができるので、アフィリエイト報酬も得やすくなります。**

　しかしキーワードによってユーザーの検索意図が大きく異なるので、キーワードの選定を間違えると、PPCアフィリエイトの場合は報酬が発生しないということも起こり得るのです。

　たとえば「転職サイト」を運営している場合、次の2つの例は絶対に使用してはいけないキーワードです。

1 キーワード「美容液　購入」

　自分が運営するサイトと、まったく関係のないキーワードでプロモーション広告を出稿することは論外です。このようなキーワードで広告を出しても、アフィリエイト報酬が発生することは100%ありません。

2 キーワード「転職サイト　口コミ」「転職サイト　評判」

　実は「〇〇　口コミ」「〇〇　評判」「〇〇　デメリット」「〇〇　効果」「〇〇　効能」というようなキーワードはアフィリエイト報酬が発生しづらいキーワード

です。このようなキーワードで検索しているユーザーは「疑い深い人」が非常に多く、PPCアフィリエイト用のサイトに集客して公式サイトに誘導しても、なかなか商品の購入はしてくれません。

　ほかのアフィリエイト方法であれば、「〇〇　口コミ」というようなキーワードで集客して、しっかりと情報を掲載することでサイトを信頼させて、アフィリエイト商品を購入させるという流れが可能ですが、PPCアフィリエイトではそれができないので絶対に避けるべきキーワードになります。

確認 PPCアフィリエイトは情報提供するべきではない

　これは、**PPCアフィリエイトは情報提供を主として行うのではなく、商品販売ページへの誘導係に徹するべき**だからです。PPCアフィリエイトは「情報提供係」ではなく「誘導係」です。これはこの書籍で何度もお話ししてきましたが、本当に間違いやすいことなのでしっかりと覚えておいてください。

転換率の高いキーワードとは

　ではどのようなキーワードが転換率の高いキーワードなのかというと、「**買う気満々の顧客**」**が調べそうなキーワード**になります。

1 キーワード「転職サイト　登録」「転職サイト　登録方法」

　「〇〇　登録」「〇〇　購入」「〇〇　通販」というようなキーワードは、「〇〇に登録したい人」「〇〇を購入したい人」「〇〇を通販で購入したい人」が検索するキーワードなので、このようなキーワードで集客することができれば、アフィリエイトリンクもクリックしてもらいやすく、商品ページに誘導したあとの転換率も非常に高くなります。

2 キーワード「転職サイト　おススメ」

　「〇〇　おススメ」というワードは、その分野のお勧めの商品サービスを購入したいと思っている人が検索するキーワードなので、転換率が非常に高いです。先ほどもお話ししましたが、これとは逆の「〇〇　評判」というようなキーワードは、このキーワードよりもネガティブな検索方法かつ疑い深い人なので避けるようにしましょう。

3 キーワード「転職名での検索」

　アフィリエイトしている商品・サービスの固有名詞で検索する人も、その商品

を購入したい、登録したいと思っている人が多いです。**商品の固有名詞でプロモーション広告を出せる場合は、絶対に出稿するべきキーワード**です。ただし、商品名でのプロモーション広告を禁止しているアフィリエイト商品もあるので、商品名で広告を出してもいいのかどうか、あらかじめASPの管理画面で確認するようにしましょう。詳しくは 絶対法則61 でお話しします。

● 転換率が高いキーワードと転換率が低いキーワード

転換率が高いキーワード

- 「○○ 登録」「○○ 購入」など購入意欲が高いと推測されるキーワード ○
- 「○○ おススメ」など商品やサービスについてポジティブに検討しているキーワード ○
- 「商品名」などの固有名詞を表すキーワード ○

転換率が低いキーワード

- まったくその商品とは無関係のキーワード ×
- 「口コミ」「評判」「デメリット」「効果」「効能」など疑い深い人が調べるキーワード ×

キーワードの「完全一致」と「部分一致」の違いとは

プロモーション広告を出稿するときに、キーワードを「部分一致」にするか「完全一致」にするのかを設定することができます。

1 プロモーション広告の「部分一致」とは

広告を出したキーワードが含まれるすべてのキーワードで、検索されたときに広告が表示されます。たとえば「転職サイト」というキーワードの部分一致で広告を出稿した場合、「転職サイト」というワードが含まれるキーワードで検索されたときに広告が表示されるので、「転職サイト　比較」「転職サイト　登録」「転職サイト　評判」「転職サイトとは」など「転職サイト」というワードが入っているキーワードであれば、広告が表示されるということです。

2 プロモーション広告の「完全一致」とは

指定したキーワードで検索されたときだけ広告が表示されます。たとえば「転

職サイト」というキーワードで広告出稿をすれば、「転職サイト」と検索されたときだけ広告が表示され、「転職サイト　比較」など、ほかのキーワードと一緒に検索されたときは広告が表示されないしくみです。

部分一致のメリット、デメリット

　部分一致のメリットは、より多くの人を集客することができるということです。また広告設定をするときに、キーワードを深く検討しなくても1つの簡単なキーワードで広告出稿をしておけば、さまざまなキーワードで広告が表示されるということです。

　しかしこのやり方はとにかく広く自分のサイトを広めるときなどのやり方で、PPCアフィリエイトには不向きです。なぜなら、先ほどの転換率の悪いキーワードでも広告が出稿されるようになり、広告費がアフィリエイト報酬を上回る可能性が高くなってしまうからです。

完全一致のメリット、デメリット

　完全一致のメリットは、意図したユーザーをピンポイントに集客することができる点です。先ほどの転換率の高いキーワードだけで、広告を出稿することができます。ただし、転換率が高そうなキーワードを1つひとつ設定しなければならず、設定に時間がかかるというデメリットも存在します。そうはいっても、PPCアフィリエイトを行う場合のプロモーション広告のキーワードは、「完全一致」で出稿するようにしましょう。

Check!
1. 「〇〇　口コミ」など意外と転換率の低いキーワードに気をつけろ
2. 転換率の高いキーワードで広告出稿しろ
3. 完全一致で広告出稿しろ

絶対法則 60 プロモーション広告のつくり方

無駄なクリックをなくすための広告の出し方や、理想的な広告掲載順位を紹介します。これを実践することで、広告費の無駄を削減して、転換率をアップすることが期待できます。

重要度 ★★★★★　難易度 ★★☆☆☆　対応 HTML　無料ブログ　WordPress

広告文と広告タイトルに入れるべきキーワード

　Yahoo!プロモーション広告は、「広告タイトル」と「広告文」で構成されていますが、この広告タイトルと広告文によって、不要な広告料金を削減することができます。
　広告タイトルや広告文は下図のようなものです。

● Yahoo! プロモーション広告の広告タイトルと広告文

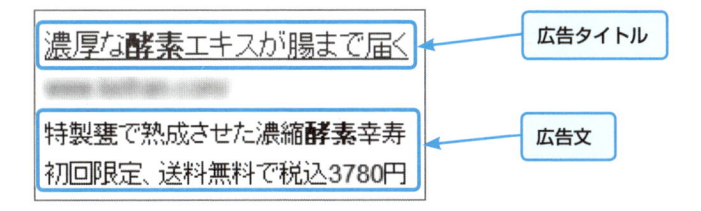

```
濃厚な酵素エキスが腸まで届く     → 広告タイトル
特製甕で熟成させた濃縮酵素幸寿   → 広告文
初回限定、送料無料で税込3780円
```

　広告タイトルか広告文に必ず入れるべきキーワードは、「❶ 商品の価格」「❷ 税込金額の価格」「❸ 送料」「❹ そのほかの条件」になります。

1 「商品の価格」を入れる理由

　広告に商品の価格が入っていなければ、「広告をクリックしないと価格がわからない」という状況になるので、興味本位で広告がクリックされやすくなります。しかし広告に価格が記載されていると「このような商品が〇〇円」という**価格設定に納得したうえでクリックする**ので、購入する確率が高くなり、無駄なクリックを減らすことができます。

2 「価格は税込金額」を入れる理由

　2014年4月より消費税が8%になり、商品の価格表示も大きく変わりました。商品購入ページの価格に税抜価格が表示されている場合、買い物直前のショッピングカート内で税金が加算されて、少し高い印象を持って購入をやめてしまう場合があります。こうなるとアフィリエイトサイトへの報酬もなくなってしまうので、広告にはしっかりと税込の金額を書くようにしましょう。

3 「送料」を入れる理由

　商品の中には、お試し価格は500円だけど送料も500円かかってしまい、合計1,000円支払わなければならない商品があります。500円で購入できると思ったものが1,000円になるわけですから、商品ページ誘導後に購入をやめるユーザーも出てきます。この場合広告に商品価格が500円、送料が500円の合計1,000円必要なことを記載しておけば、それに納得した人がクリックしてくれるため、無駄なクリックを削減することができます。

4 「そのほかの条件」を入れる理由

　そのほかの条件とは、「初回購入者であること」や「○○地域に住んでいる人限定」などのことです。たとえば看護師の転職サイトであれば、「准看護師の資格ではなく、正看護師の資格を持っている人」が登録対象のサイトもあります。
　これらの条件を満たさない人を誘導して商品・サービスの購入やサイトへの登録をされても、アフィリエイトサイトに報酬が発生しない場合もあります。よって対象外の人が広告をクリックしないように、何かの条件がある場合は広告に条件を記載しておかなければなりません。

● 必要要素を盛り込んだプロモーション広告例

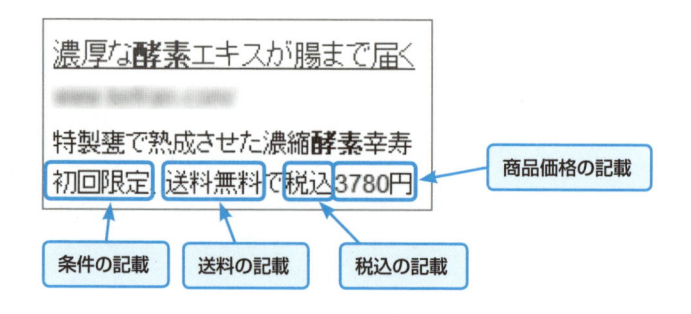

濃厚な**酵素**エキスが腸まで届く

特製甕で熟成させた濃縮**酵素幸寿**
初回限定　送料無料で税込3780円

- 条件の記載：初回限定
- 送料の記載：送料無料
- 税込の記載：税込
- 商品価格の記載：3780円

広告文と広告タイトルに入れてはいけないキーワード

これとは反対に、入れてはいけないキーワードというのも存在します。それは**価格に対して過度に期待をさせるような表現**です。たとえば「格安」「お得」「激安」「最安値」というような表現です。

これらの価格に対するイメージは人によって異なります。1,000円なら安いと思うのか、100円でないと安いと思わないのかなどは人それぞれです。ですから、このような人の感覚によって変わる「お得感」というのは、絶対に広告に記載をしてはいけません。

もし商品・サービスのアピールをしたいのであれば「効果」「効能」「他社との違い」などの部分でアピールするようにします。

プロモーション広告で1位はねらうな

ここまでの工夫で、無駄なクリックを避けて広告費を抑えることができました。では**もう1つ、広告設定上で無駄なクリックを抑える方法があります。それが「1位」をねらわない**ということです。

確かに検索キーワードで1位で広告が表示されると、たくさんのユーザーが広告をクリックしてサイトに訪問します。しかしそれだけ広告費が増えてしまうということになります。

もちろん、広告費が増えても正比例してアフィリエイト報酬も上がればいうことはないのですが、そんなに簡単にはいきません。

ユーザーの行動原理

ネットで何かの商品を探している人は、さまざまな情報を得たいと思っている人が多いはずです。確かに、購入意欲が高いキーワードで調べている人は、商品販売ページに行って即購入してくれることが多いですが、これも100%購入してくれるとはかぎりません。ただ単に即購入してくれる人の割合が多いということだけです。

即購入する人以外の人は、買う気満々の人でも商品ページを見たあとに、念のため口コミサイトやレビューなどを見て購入に至るということがよくあります。

つまり、**1位に広告が表示されてたくさんのユーザーを集客できたとしても、買ってもらえる割合は実は低く、転換率が低いということが多い**のです。さらに1位に表示するためには、1クリックあたりの広告費もほかの広告主より高く設

定しないと1位に表示されません。ですから**1位に広告を表示させることは「無駄なクリックが増える」というデメリットと、「1クリックあたりの広告費が増える」というダブルのデメリットがある**のです。

▍5位前後をねらうことで広告費を削減

　そういった意味で、**PPCアフィリエイトでは広告の表示順位は5位前後をねらうことがお勧め**です。つまり無駄なクリックや検討中のユーザーにはほかのサイトの広告を見せておいて、そのサイトを見て商品の情報を仕入れてもらいます。口コミやレビュー、価格調査などはほかのサイトで仕入れてもらえればいいのです。

　もちろんほかのサイトを見て、そのまま商品購入をしてしまうユーザーもいます。その点はPPCアフィリエイトでは割り切らないといけません。

　ほかのサイトで情報を仕入れて、商品購入への気持ちを高めてもらい、購入意欲が育ったユーザーを自分のサイトから商品ページへ誘導して商品を購入させるというのが、PPCアフィリエイトの鉄則なのです。

　これはほかのアフィリエイトとはまったく違う手法です。なぜならPPCアフィリエイトで集客したユーザー1人には広告費がかかっているのです。この1人が「情報を探し中の1人」ではもったいないのです。この1人を「買う気満々の1人」にすることが、PPCで稼ぐコツなのです。

Check!
1 納得して広告をクリックさせろ
2 無駄なクリックが増える広告はつくるな
3 広告表示順位は5位前後をねらえ

絶対法則 61　PPCアフィリエイトで気をつけること

プロモーション広告は気をつけてアフィリエイトしないと、広告費が膨大に膨らんでしまいます。そして広告費が売上を上回ってしまうと、「稼げない」から「赤字」になってしまいます。

重要度 ★★★★★　難易度 ★★★★☆　対応 HTML 無料ブログ WordPress

唯一、赤字になる恐れのあるのが「PPCアフィリエイト」

　何度も説明しているように、PPCアフィリエイトは「稼げなかった」では終わりません。PPCアフィリエイトは、「赤字になった」で終わることがある唯一のアフィリエイト方法なのです。もちろんこの書籍で紹介しているノウハウで実践してもらえば、赤字になることはありませんが油断は禁物です。PPCアフィリエイトは実際の広告費がかかるだけあって、さまざまなことが起こって赤字になることがあるのです。

　この最後の法則 絶対法則61 で書かれていることをしっかりと頭に叩き込んで、**赤字にならないようにPPCアフィリエイトの「稼げるかもしれないけれど赤字になるかもしれない知識」を、「稼げるうえに絶対に赤字にならない知識」へと変革させてアフィリエイトするようにしてください。**

リスティングNGのアフィリエイト商品

　アフィリエイト商品の中には、PPCアフィリエイトができないものもあります。リスティングで集客できないアフィリエイトプログラムには、ASPの管理画面上にその旨の記載があります。このアフィリエイトプログラムをリスティングで集客してユーザーを誘導し、商品を購入させても残念ながらアフィリエイト報酬にはなりません。

　それを知らずにアフィリエイト商品をリスティングしていれば、最悪の場合広告費だけがかかったのに報酬がすべて確定されないということが起こってしまい、大赤字になってしまうこともあるので注意が必要です。

リスティング「一部可能」のアフィリエイト商品

　プロモーション広告で集客することを、「一部制限」しているアフィリエイトプログラムも存在します。一部制限とは、プロモーション広告を出稿する際、「こういうことをして広告を出稿してはいけません」というルールを守ったうえでプロモーション広告を出稿してくださいということになります。

　たとえば**あるアフィリエイトプログラムでは、「商品名」を含むキーワードでプロモーション広告を出稿しないでくださいといったような制限があります。これは「商品名」以外のキーワードであれば、プロモーション広告を出稿してもいいですよという意味**です。

　PPCアフィリエイトは初心者に最適なアフィリエイト方法なので、1番管理画面がわかりやすいA8の管理画面を例に載せておきます。下図の青枠で囲んだところが「リスティングOK」「リスティング一部OK」「リスティングNG」の3つに分かれます。

● A8の管理画面でリスティング可能かどうかを確認する

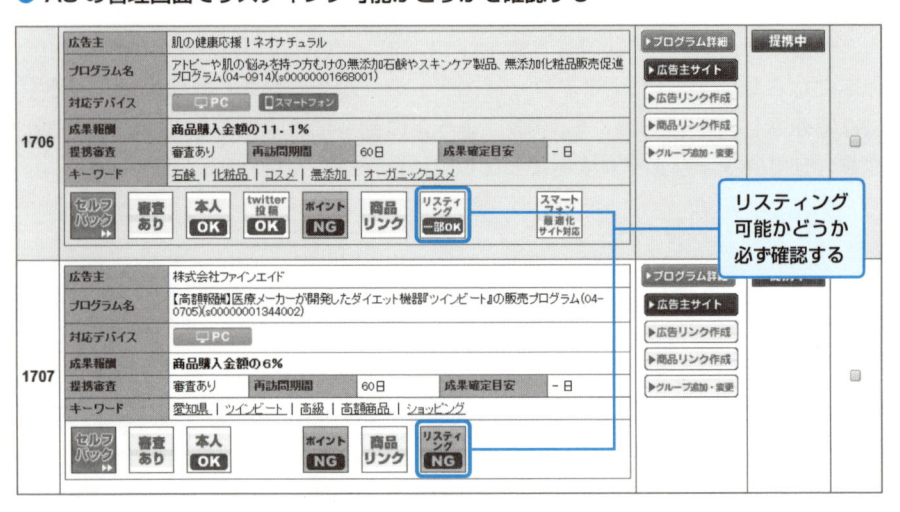

　リスティングNGのアフィリエイト商品をアフィリエイトするのはもちろんダメですが、**リスティング一部OKのアフィリエイトプログラムは、ルールを守ったうえでプロモーション広告を出稿する**ようにしましょう。

明らかにおかしなアフィリエイトプログラム

アフィリエイト報酬は、次の手順でアフィリエイターの手元に振り込まれます。

> ❶ アフィリエイト報酬が「発生」
> ❷ その後広告主によってアフィリエイト報酬が「確定」
> ❸ そしてアフィリエイターに報酬額が振り込まれる

　この「発生」した報酬がすべて「確定」になるとはかぎりません。
　たとえば購入者がキャンセルをした場合などは確定になりません。広告主側は「確定したもの」はアフィリエイターに還元し、キャンセルされたものは「確定をせず」にキャンセル扱いとします。
　基本的には広告主側も誠実に対応してくれていますが、ごくわずかに異常なほどキャンセル率が高い商品も存在します。もちろんこのキャンセルは正当なものと考えたいですが、異常なほどキャンセルが多い広告主ほど少し怪しげな広告主が多いのが現状です。もちろんその真相はわかりませんが、**異常なほどキャンセルが多いアフィリエイトプログラムに関しては、PPCアフィリエイトでは取り扱わないようにしたほうが無駄な出費を抑えられます。**
　ほかのアフィリエイト方法であれば少々キャンセルが多くても、トータル的に見てほかの類似するアフィリエイトプログラムより利益が出ているなら取り扱いを継続してもいいのですが、集客した1人に対して広告費が発生しているPPCアフィリエイトの場合は、リスクを最小限にするという観点から取り扱いを避けたほうがいいでしょう。

Check!
❶ リスティングNGのプログラムをアフィリエイトするな
❷ プロモーション広告のルールを守ってアフィリエイトしろ
❸ 異常にキャンセル率が高いプログラムはアフィリエイトするな

コラム

アフィリエイトと税金対策

　このお話は、これから稼ぐぞ！　という人には少し早いお話かもしれません。アフィリエイターを指導する立場になって1番多い質問が「本当に稼げるの？」というものです。最近では、やっとまともなアフィリエイトマニュアルや塾、スクールが出てきたおかげで稼げる人が多くなってきたこともあり減ってきましたが、少し前までは「本当に稼げるの？」と「今からでも遅くないの？」という質問がツートップでした。

　でも大丈夫です。本書を読んでいるみなさんは稼げるようになりますし、本書だけでなく、いろいろなセミナーに参加したり、実際に稼いでいる人に相談することによって、絶対に稼げるようになります。これから自動車メーカーを創業するという難しさが100だとすれば、ITベンチャーを立ち上げるのが30、飲食店を開業するのが1、アフィリエイトで稼げるようになるのが0.001という感じでしょうか。

　ひとりでやってみてもアフィリエイトは稼げませんが、稼いでいる人と一緒に前に進めばほぼ100%稼げるようになります。だからこそ「アフィリエイトで収益が上がってきたときのお話」をしておきます。

　本当はダメですが、アフィリエイトは税務署に個人事業主の申請をしなくても開始することができます。申請をしないということは、稼いだ分の収益のすべてが自分のものになり、税金を納めなくてもいいということになります。しかし、残念ながらアフィリエイト報酬が大きくなればバレてしまいます。絶対に必ずバレます。

　しかも個人でアフィリエイトする人が増えてから、税務署には「IT専門」というか「アフィリエイト専門」の人がいるようです。もちろん数千円、数万円稼いでいるうちからASPを通じて収入のあるアフィリエイターを認知はしているのですが、数千円、数万円程度で税務署から人が来て調査に入られることはまずありません。なぜなら調査に入っても取れる税金が少ないからです。

　しかしこれが月商100万円（年商1,000万）を超えるあたりから税務署の人たちも見逃してくれなくなります。

　アフィリエイト専門の人たちはASPの管理画面の見方を熟知しているので、隠すことができません。たとえば年間の利益が多ければ多いほど税金は引かれるので、利益を少なく見せようとする人も出てきます。ところが、どのASPからいくら収益を上げているのかを知っている税務署の人たちの目をごまかすことはできません。

　ただ、売上をごまかすことができないとはじめからわかっていれば対応策はいくらでもあります。高級車や飲食代金、洋服（個人事業主であれば）、旅行代など、上手に節税すれば経費で落とすことができることもあります。

　ただし、「高級腕時計」はどのような言い訳をしても経費として認めてくれないので注意してください。

　こんな会話ができるアフィリエイターがたくさん出てくることを、願っています。

あとがき

　私がはじめてアフィリエイトを学んだのは、19万円もするセミナーに参加したときです。そのセミナーも「寝ながらで」や「たった1分で」「楽して」などのようなキャッチフレーズで勧誘していました。

　そして、出席した結果「寝ながらで」「たった1分で」「楽して」というフレーズに期待した僕は、がっかりしながら東京から大阪に帰ってきたことを覚えています。

　なぜなら「講師の自慢話」と「ありきたりなインターネット集客方法」だけが延々8時間も話されたからです。

　そのとき僕は、「絶対にアフィリエイト業界のトップになって、多くのアフィリエイターを育てよう」と決心しました。そして本当に経費がかかるものは高額になってもしかたないけれど、数千円の書籍でアフィリエイターを支援したり、できるだけ安い金額で多くのアフィリエイターが学べる場所をつくろうと思ったのです。

　その夢を実現するべく、3万円、5万円、20万円、30万円など高額な情報商材を購入してみたり、高額なスクールや塾に数多く参加して勉強をしました。多くの教材は役には立ちませんでしたが、中には本当に中身の濃いマニュアルやスクールもありました。

　そしてさまざまなセミナーにも参加して知識を深め、アフィリエイトを続けていきました。そしてやっと某大手ASPでブラック会員になって、ASP担当者と連絡を取りあうようになり、さまざまな裏情報を聞き出すことができました。

　このようにしてアフィリエイトの「基礎知識」「トップアフィリエイターの考え方」「具体的なノウハウ」を取得したので、「アフィリエイターに向けての書籍が出版できる」という夢が実現したことを大変うれしく思っています。

　これからアフィリエイトをはじめる人は、「本当に稼げるの？」「今からでも遅くないの？」という疑問があるでしょう。すでにアフィリエイトをはじめているけれど稼げていない人は、「どうせこのまま稼げないのだろう」とあきらめていることでしょう。

　しかし絶対にそんなことはありません。「キチン」としたノウハウさえ得ることができれば、必ず稼ぐことはできます。

　最後になりましたが、この書籍の出版を決めてくれたソーテック社の福田清峰さん、アフィリエイト活動を支援していただいた株式会社ハイスピードの川口貴史さん、株式会社メリディオンの沼倉裕さん、そしてASP担当者の方々に厚く御礼申しあげます。

株式会社スマートアレック　代表取締役　河井　大志

//著者紹介/

河井大志（かわい だいし）

株式会社Smartaleck（スマートアレック）代表取締役。1986年生まれ、大阪出身。
2009年会社設立。ECサイト4店舗の運営、50以上のアフィリエイトサイトを運営する。ECサイトでは年商3,000万円以上の売上を実現し、アフィリエイトサイトでは某大手ASPのブラック会員になるなど、インターネットを利用した集客ノウハウを生かして会社の規模を拡大。現在は集客ノウハウをフル活用してエステサロン4店舗を運営し、インターネット集客だけで予約の取れないお店に成長させる。

そのほかにも、アフィリエイターを支援するアフィリエイト専門大学「ALISA」の運営や、全国の商工会議所での講演会、各種インターネット集客関連のセミナーの開催、同志社大学ビジネスプランコンテスト審査員（インターネット集客という観点から審査）など「インターネットの集客」という分野において幅広く活動している。

● **アフィリエイト専門大学**「ALISA」（アリサ）
http://www.alisa.link/syoseki
※ このURLは検索エンジンでは表示されず、直接URLを入力していただかないと見られないページとなっています。

「ALISA」は、「トップアフィリエイターのセミナー」「ASP共同セミナー」「IT専門家セミナー」に無料で参加ができ、「売れている商品リスト」「アフィリエイト戦略概論」「インターネットマーケティング戦略」「モチベーション維持管理法」「アフィリエイト時間管理法」「サイトテンプレート」といった資料やデータを無料で取得することができるアフィリエイト専門の会員サービスです。本書の読者は月額980円のみで入学できます。

アフィリエイト　報酬アップの絶対法則61

2014年9月30日　初版第1刷発行

著　者	河井大志
装　幀	Ryo Takahashi（NYA）
発行人	柳澤淳一
編集人	福田清峰
発行所	株式会社　ソーテック社
	〒102-0072 東京都千代田区飯田橋4-9-5　スギタビル4F
	電話：注文専用　03-3262-5420
	FAX：　　　　　03-3262-5326
印刷所	図書印刷株式会社

本書の全部または一部を、株式会社ソーテック社および著者の承諾を得ずに無断で複写（コピー）することは、著作権法上での例外を除き禁じられています。
製本には十分注意をしておりますが、万一、乱丁・落丁などの不良品がございましたら「販売部」宛にお送りください。送料は小社負担にてお取り替えいたします。

©DAISHI KAWAI 2014, Printed in Japan
ISBN978-4-8007-1051-2